高等职业教育系列教材

传感器技术及应用项目教程

第 2 版

主　编　刘娇月　杨聚庆

副主编　郭素娜　王明绪

参　编　汪丽娟　黄　燕　杨　笋

主　审　唐建生

U0126954

机械工业出版社

本书以传感器检测核心参量和工作场景为载体，精选智能制造、智能机器人及物联网应用中的典型测量案例组织教学单元，采用项目化教学，学用结合，实现了岗位技能要求与学习内容的对接，突出了传感器在新兴智能化产业中的重要作用与典型应用，强调了学生应用知识的能力与素质的培养。本书分为7个项目，每个项目又分为几个任务，主要包括常用传感器的工作原理、基本结构、性能特点和应用案例等。

本书针对典型的检测参量，深入浅出地将传感器技术与应用的相应知识点融入工作任务之中，将与检测相关的国家、行业标准和规范融入学习过程和学习要求，增加了智能型传感器性能、选用、装调与使用。本书以传感器技术应用为目的，删减了过深的理论分析和公式推导，突出了现代新型传感器与检测技术，给出了较多的应用实践案例，符合实际岗位应用的需求。

本书可作为高等职业院校及应用型普通高等学校自动化类、仪器仪表类、电子信息类、人工智能类等专业的教学用书，也可供从事检测、控制技术的工程技术人员以及科研人员参考。

为配合教学，本书配有电子课件、二维码视频、自测题答案、实验指导书等数字资源，读者可登录机械工业出版社教育服务网 www.cmpedu.com 免费注册后下载，或联系编辑（微信：15910938545，电话：010-88379739）索取。

图书在版编目（CIP）数据

传感器技术及应用项目教程/刘娇月，杨聚庆主编．—2版．—北京：机械工业出版社，2022.1
高等职业教育系列教材
ISBN 978-7-111-69472-4

Ⅰ.①传… Ⅱ.①刘… ②杨… Ⅲ.①传感器-高等职业教育-教材
Ⅳ.①TP212

中国版本图书馆 CIP 数据核字（2021）第 218098 号

机械工业出版社（北京市百万庄大街 22 号　邮政编码 100037）
策划编辑：李文轶　　责任编辑：李文轶
责任校对：张艳霞　　责任印制：李　昂

北京中科印刷有限公司印刷

2022 年 1 月第 2 版·第 1 次印刷
184mm×260mm·14 印张·345 千字
标准书号：ISBN 978-7-111-69472-4
定价：55.00 元

电话服务　　　　　　　　　　网络服务
客服电话：010-88361066　　　机 工 官 网：www.cmpbook.com
　　　　　010-88379833　　　机 工 官 博：weibo.com/cmp1952
　　　　　010-68326294　　　金 书 网：www.golden-book.com
封底无防伪标均为盗版　　　　机工教育服务网：www.cmpedu.com

　　传感器技术作为现代信息技术的支柱，是自动测控系统工作的重要保障，国内外已将其列为优先发展的科技之一。作为信息获取的工具，传感器在当今科技迅猛发展的信息时代中的重要性越来越为人们所认识。计算机、互联网、机器人、物联网以及人工智能技术的发展，推动了传感器的迅速发展。传感器在智能制造、智能家居、可穿戴设备、智能移动终端、智慧农业等领域得以广泛应用。

　　为了更好地满足社会及教学的需要，依据高等职业教育人才培养目标的要求，编者在第 1 版的基础上，总结了近年来传感器技术及应用的教学与科研经验，结合职业岗位需求，突出学生应用实践能力的培养，对第 1 版教材进行了内容的调整、更新和完善。保持了第 1 版的特色，以培养职业能力为主线，采用项目化教学设计。体现了"基本理论够用为度，职业技能贯穿始终"的编写原则，压缩理论推导知识，重点介绍了常用传感器的典型应用与原理、传感系统设计和分析的方法、传感器选型的方法、集成设计应用及装调技术应用。删减了一些繁杂、过时的理论知识和应用，对任务进行修改，增添了新型传感检测系统的分析与智能型传感器的应用项目，力求使知识内容更加新颖、实用，体现当今最新的传感技术和应用现状，适应现代新兴产业技术发展的方向。

　　本书分为 7 个项目：项目 1 为温度的检测；项目 2 为力和压力的检测；项目 3 为流量的检测；项目 4 为运动学量的检测；项目 5 为物位的检测；项目 6 为环境量的检测；项目 7 为现代检测技术中新型传感器的应用。

　　本书参考学时为 48~80 学时，教学时可结合专业实际情况，对教学内容和学时数进行适当调整。

　　本书由河南工业职业技术学院的刘娇月、杨聚庆担任主编，河南工业职业技术学院的郭素娜、王明绪担任副主编，佛山职业技术学院的汪丽娟、黄燕以及河南省经济管理学校的杨笋担任参编。全书由刘娇月、杨聚庆进行统稿。

　　在编写过程中，编者参阅了许多同行专家们的论著和文献资料，在此谨致诚挚的感谢。

　　限于编者水平有限，书中难免有疏漏和错误，恳请广大读者批评指正。

编　者

目 录 Contents

绪论　初识传感器

随着工业化、信息化时代的到来，传感器技术已经成为一门迅猛发展的综合性技术学科，广泛应用于人类的社会生产和科学研究中，并起着越来越重要的作用，成为国民经济发展和社会进步的一项不可或缺的重要技术。它与通信技术、计算机技术共同构成了信

0-1 初识传感器

息技术系统的"感官""神经"和"大脑"，三者一起成为信息技术的三大支柱。对于机电一体化产品来说，三者都不可或缺。自动化程度越高，系统对传感器的依赖性就越大，传感器对系统功能的决定作用就越明显。

传感器（Transducer/Sensor）是一种检测装置，是获取自然界和生产领域中相关信息的主要途径与手段。它能感受到被测量信息，并将其按一定规律转换为电信号或其他所需形式的信息输出，以满足信息的传输、处理、存储、显示、记录和控制等要求，是实现自动检测和自动控制的首要环节，为自动控制提供控制依据。

绪论部分首先举例介绍传感器在现代社会发展中的重要作用，给出了传感器的一般定义、组成结构、常用分类方法及未来发展趋势，重点讲述传感器的基本特性和实际使用过程中的选用原则。要求学生初步认识传感器的应用领域与技术发展趋势，了解传感器的选用方法，熟悉其定义及组成部分，掌握传感器的分类及特性。

一、传感器的认知

1. 传感器的应用

从20世纪80年代起，全世界范围内掀起了一股"传感器热"，各先进工业国都极为重视传感技术和传感器的研究、开发和生产。传感技术领域已成为现代科技重要的领域，传感技术已经成为科学和生产实践的必要手段，其水平的高低是科技现代化的重要标志之一，传感器及其系统的生产成为重要的新兴产业。

在现代工业生产尤其是自动化生产过程中，各种传感器通常被用来监测和控制生产过程中的各个参数，使设备能工作在正常状态或最佳状态，从而生产出质量最好的产品。传感器在智慧工厂中的应用示意图如图0-1所示。可见传感器与检测技术在工程技术领域占有非常重要的地位，没有众多性能优良的传感器，现代化生产就失去了基础，现代化的工业产品也就失去了功能。

在基础学科研究中，传感器更具有突出的地位。现代科学技术的发展，拓展了许多新领域。此外，还出现了物质深化认识、新能源和新材料等所需各种条件的研究，如超高温、超低温、超高压、超高真空、超强磁场、超弱磁场等。以上的这些研究领域都离不开传感器的帮助，如图0-2所示。

传感器早已渗透到工业生产、宇宙开发、海洋探测、环境保护、资源调查、医学诊断、生物工程甚至文物保护等领域，应用极其广泛。毫不夸张地说，从茫茫的太空到浩瀚的海洋，以及各种复杂的工程系统，几乎每一个现代化项目，都离不开各种各样的传感器。由此可见传感

器技术在发展经济、推动社会进步等方面起着重要作用。世界各国也都十分重视这一领域的发展。相信在不久的将来，传感器技术将会出现一个飞跃，达到与其重要地位相称的新水平。

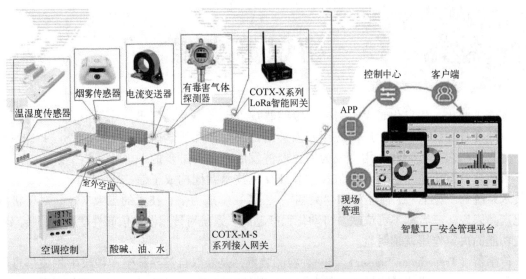

图 0-1　传感器在智慧工厂中的应用示意图

2. 传感器的定义

国家标准 GB/T 7665—2005《传感器通用术语》对传感器的定义是：能感受被测量并按照一定的规律转换成可用输出信号的器件或装置，通常由敏感元件和转换元件组成。

韦氏大词典中传感器定义为：从一个系统接受功率，再将功率以其他形式传送到另一个系统中的器件（A device that is actuated by power from one system and supplies power usually in another form to a second system.）。根据这个定义可知，

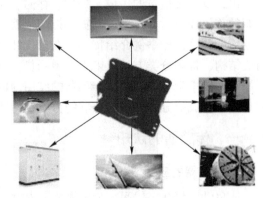

图 0-2　传感器的广泛应用

传感器的作用是将一种能量形式转换为另一种能量形式，所以不少学者也用"换能器"（Transducer）来表示"传感器"。

传感器的输出量通常是电信号，它便于传输、转换、处理、显示等。电信号有很多形式，如电压、电流、电容、电阻等，输出信号的形式通常由传感器的原理决定。

3. 传感器的组成

传感器的组成按其定义一般由敏感元件、转换元件、转换电路 3 部分组成，如图 0-3 所示，有时还需外加辅助电源提供转换能量。其中，敏感元件是指传感器中能直接感受或响应被测量的部分。转换元件是指传感器中能将敏感元件感受或响应的被测量转换为适合于传输或测量的电信号部分。由于传感器输出信号一般都很微弱，因此需要由信号调理转换电路将其进行信号调理、转换、放大、运算与调制之后才能进行显示和参与控制。

随着半导体器件与集成技术在传感器中的应用，目前已经实现了将传感器的信号调理转换电路与敏感元件一起集成在同一芯片上的传感器模块和集成电路传感器，如集成温度传感器 AD590、DS18B20 等。

图 0-3 传感器的组成

4. 传感器的分类

从不同的角度来讲，传感器有许多分类方法，对某一物理量的测量可以使用不同类型的传感器，而同一种传感器也可以测量多种不同的物理量。目前对传感器一般采用两种分类方法：一种是按被测参数分类，如对温度、压力、位移、速度等的测量，相应的有温度传感器、压力传感器、位移传感器、速度传感器等；另一种是按传感器的工作原理分类，如按应变、电容、压电、磁电、光电效应等原理工作时，相应的有应变式传感器、电容式传感器、压电式传感器、磁电式传感器、光电式传感器等。

表 0-1 列出了常用传感器的分类。

表 0-1 常用传感器的分类

分 类 法	类 别	说 明
按工作依据的基本效应	物理量传感器、化学量传感器、生物量传感器	根据转换中的物理效应、化学效应和生物效应
按工作机理	结构型传感器	依据结构参数变化实现信息转换
	物性型传感器	依据敏感元件物理特性的变化实现信息转换
	混合型传感器	由结构型传感器和物性型传感器组成
按能量关系	能量转换型无源传感器	传感器输出量直接由被测量能量转换而得
	能量控制型有源传感器	传感器输出量直接由外电源供给，但受被测输入量控制
按输入物理量的性质	位移、压力、温度、气体成分等传感器	以被测物理量的性质分类
按输出信号形式	模拟量传感器	输出信号为模拟信号
	数字量传感器	输出信号为数字信号

5. 传感器的发展趋势

在科学技术领域、工农业生产以及日常生活中，传感器发挥着越来越重要的作用。人类社会对传感器提出越来越高的要求是传感器技术发展的强大动力，而现代科学技术突飞猛进的发展则为其提供了坚强的后盾。随着科技的发展，传感器也在不断地更新换代。

当前传感器的发展方向是：智能化、微型化、多功能化和网络化。

（1）智能化。

传感器与微处理器相结合，使之不仅具有检测功能，还具有信息处理、逻辑判断、自诊断以及"思维"等人工智能，这称之为传感器的智能化，智能传感器如图 0-4 所示。借助半导体集成技术把传感器部分与信号预处理电路、输入/输出接口、微处理器等制作在同一块芯片上，成为大规模集成智能传感器。可以说智能传感器是传感器技术与大规模集成电路技术相结合的产物，它的实现取决于传感技术与半导体集成化工艺水平的提高与发展。

与一般传感器相比，智能传感器有以下几个显著特点。

1）精度高。智能传感器具有信息处理的功能，通过软件可以修正各种确定性系统误差（如传感器的非线性误差、温度误差、零点误差、正反行程误差等），还可以适当补偿随机误差，降低噪声，从而使传感器的精度大大提高。

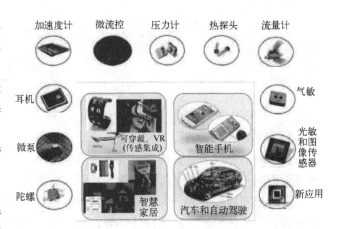

图0-4　智能传感器

2）稳定性、可靠性好。智能传感器具有自诊断、自校准和数据存储功能，对于智能结构系统还有自适应功能。

3）检测与处理方便。智能传感器具有可编程的能力，能根据检测对象或条件的改变，方便地改变量程及输出数据的形式等，而且输出的数据可以通过串行通信线路直接送入远程计算机进行处理。

4）功能广。智能传感器不仅可以实现多传感器多参数的综合测量，能扩大其测量与使用范围，还允许有多种形式输出。

图0-5为智能传感器基本结构。

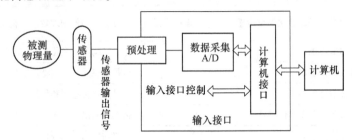

图0-5　智能传感器基本结构

（2）微型化。

由于计算机技术的发展，计算机辅助设计（Computer Aided Design，CAD）技术和集成电路技术迅速发展，微机电系统（Micro-Electro-Mechanical System，MEMS）技术应用于传感器技术，从而引发了传感器的微型化。图0-6所示为传统陀螺仪与MEMS陀螺的差别。

微机电系统是采用微机械加工技术，将微型传感器、微型执行器、微型机构和相应的处理电路集成在一起的微型器件或微型系统。MEMS为"微米级"加工技术（可参阅"知识拓展"中相关内容）。1988年美国科学家成功研制第一台静电电动机，其转子直径为120 μm，厚为1 μm。在380 V电压驱动下，最大转速可达500 r/min。

（3）多功能化。

传感器的多功能化也是其发展方向之一。作为多功能化的典型实例，美国研制的单片硅多维力传感器，主要元件是由4个正确设计并安装在一个基板上的悬臂梁组成的单片硅结构，以及9个准确布置在各个悬臂梁上的压阻敏感元件。该传感器可以同时测量3个线速度、3个离心加速度（角速度）和3个角加速度。多功能化不仅可以降低生产成本，减小体积，而且可以有效地提高传感器的稳定性、可靠性等性能指标。

（4）网络化。

随着通信技术的发展和无线技术的广泛应用，无线传感器网络也得到了大量应用。例如，在航天技术中，可通过卫星把多个传感器的采集数据发回地面，从而了解到太空中的情况。

a)

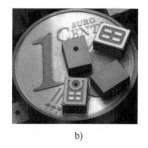
b)

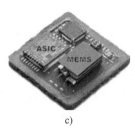
c)

图 0-6　传统陀螺仪与 MEMS 陀螺

a）传统陀螺仪外形图　b）MEMS 传感器外形尺寸与硬币大小比较图　c）MEMS 传感器与专用集成电路芯片封装图

　　无线传感器网络由成千上万个微型传感器组成，每个微型传感器称为网络的一个"结点"。无线传感器网络是利用大量的微型传感器，通过无线通信形成网络，用来感知现场的信息。结点中的微处理器对原始数据进行初步处理后，经网络层层转发，最终发送给基站，再由基站传送给用户，从而实现对现场的监控。

　　综上所述，传感器的发展日新月异，特别是人类由高度工业化进入信息时代以来，传感器技术向更新、更高的方向发展。美、日等发达国家的传感器技术发展很快，我国的传感器技术与之相比还有差距，因此我们应该加大对传感器技术研究和开发的投入，促进我国仪器仪表工业和自动化技术的发展。

0-2　传感器的特性

二、传感器的特性

　　传感器一般将各种信息量（物理量、化学量、生物量）转换为电信号，这种转换的输入与输出关系描述了传感器的基本特性，如图 0-7 所示。它有静态、动态之分。传感器的静态特性是指当输入量为常量或变化极慢时，即被测量各个值处于稳定状态时的输入输出关系。传感器的动态特性是指当输入量随时间变化的响应特性。本书主要介绍传感器静态特性的一些指标。

1. 传感器的静态特性

（1）线性度。

　　线性度也称为非线性误差，是指传感器的输出与输入之间数量关系的线性程度，即实际特性曲线与拟合直线（也称为理论直线）之间的最大偏差与传感器满量程输出值比。理论上希望传感器具有理想的线性化输入输出关系，实际上传感器大多为非线性，传感器线性度示意图如图 0-8 所示。

　　线性度通常用相对误差 δ_{L} 表示，即

$$\delta_{\mathrm{L}} = \pm \frac{\Delta L_{\max}}{Y_{\mathrm{FS}}} \times 100\% \qquad (0-1)$$

式中　$\Delta L_{\max}$——最大非线性绝对误差；

　　　　Y_{FS}——输出满量程值。

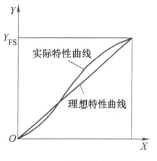

图 0-7　传感器的输入
与输出关系

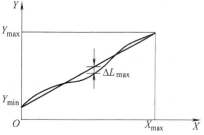

图 0-8　传感器线性度示意图

（2）迟滞。

传感器在正（输入量增大）反（输入量减小）行程中输入/输出特性曲线不重合的现象称为迟滞。

正反行程的特性曲线是不重合的，且反行程特性曲线的终点与正行程特性曲线的起点也不重合。也就是说，对于同一大小的输入信号，传感器的正反行程输出信号大小不相等。这种现象主要是由于传感器敏感元件材料的物理性质和机械零部件的缺陷所造成的，如弹性敏感元件的弹性滞后、运动部件摩擦、传动机构的间隙、紧固件松动等。

一般希望迟滞越小越好，传感器迟滞示意图如图0-9所示。

迟滞误差 δ_H 可由下式计算

$$\delta_H = \pm \frac{\Delta H_{max}}{Y_{FS}} \times 100\% \tag{0-2}$$

式中　ΔH_{max}——正反行程输出值间的最大差值。

（3）重复性。

重复性是指传感器在输入端按同一方向做全量程连续多次变动时所得特性曲线不一致的程度，其示意图如图0-10所示。

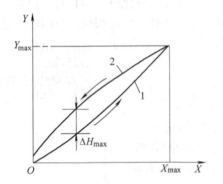

图0-9　传感器迟滞示意图
1—正行程特性曲线　2—反行程特性曲线

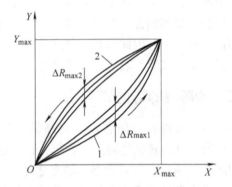

图0-10　传感器重复性示意图
1—正行程特性曲线　2—反行程特性曲线

重复性误差属于随机误差，常用标准偏差 δ_R 表示

$$\delta_R = \pm \frac{(2 \sim 3) \Delta R_{max}}{Y_{FS}} \times 100\% \tag{0-3}$$

式中　ΔR_{max}——最大变化量。

（4）灵敏度。

传感器的灵敏度指到达稳定工作状态时输出变化量与引起此变化的输入变化量之比。

$$K = \frac{输出变化量}{输入变化量} = \frac{\Delta Y}{\Delta X} \tag{0-4}$$

（5）分辨力。

分辨力是指传感器能检测到的最小的输入增量。分辨力可用绝对值表示，也可用与满量程的百分数表示。

⊖　标准偏差，也称标准离差或均方根差，是反映一组测量数据离散程度的统计指标，是指统计结果在某一个时段内，误差上下波动的幅度。

数字式传感器一般分辨力为输出的数字指示值的最后一位数字。

（6）稳定性。

稳定性分为长期稳定性和短期稳定性。传感器常用长期稳定性表示，一般是指经过一段时间后，传感器的输出量和初始标定时的输出量之间的差值。通常用不稳定度来表征传感器输出的稳定程度。

（7）漂移。

传感器的漂移是指在外界干扰下，输出量出现与输入量无关的变化。漂移有很多种，如时间漂移和温度漂移等。时间漂移是指在规定的条件下，零点或灵敏度随时间发生变化；温度漂移是指随环境温度变化而引起的零点或灵敏度的变化。

2. 传感器的动态特性

传感器的动态特性是指检测系统的输入为随时间变化的信号时，系统的输出与输入之间的关系特性。设计传感器时，要根据其动态特性要求与使用条件选择合理的方案和确定合适的参数。使用传感器时，要根据其动态特性要求与使用条件确定合适的使用方法，同时对给定条件下的传感器动态误差做出估计。

动态特性是传感器性能的重要指标，在测量随时间变化的参数时，只考虑静态性能指标是不够的，还要注意其动态性能指标，如一阶传感器动态性能指标中的稳态误差和时间常数 τ 等。

传感器的常用性能指标见表 0-2。

表 0-2　传感器的常用性能指标

基本参数	量程指标	量程范围、过载能力等
	灵敏度指标	灵敏度、满量程输出、分辨力和输入/输出阻抗等
	精度指标	精度（误差）、重复性、线性度、迟滞、灵敏度、阈值、稳定性及漂移等
	动态性能指标	固有频率、阻尼系数、频率范围及频率特性、时间常数、上升时间、响应时间、过冲量、衰减率、稳态误差、临界速度及临界频率等
环境参数	温度指标	工作温度范围、温度误差、温度漂移、灵敏度温度系数和热迟滞等
	抗冲量指标	各向冲振容许频率、振幅值、加速度及冲振引起的误差等
	其他环境参数	抗潮湿、抗介质腐蚀及抗电磁场干扰等
可靠性指标		工作寿命、平均无故障时间、保险期、疲劳性能、绝缘电阻、耐压及反抗飞弧性能等
其他指标	使用要求	供电方式（交直流、频率波形等）、电压幅度与稳定度、功耗及各项分布参数等
	结构参数	外形尺寸、重量、外壳、材质及结构特点等
	安装连接	安装方式、馈线及电缆等

三、传感器的一般选用原则

现代传感器在原理与结构上千差万别，如何根据具体的测量目的、测量对象以及测量环境合理地选用传感器，是在组成测量系统时首先要解决的问题。当传感器确定之后，与之相配套的测量方法和测量设备也就可以确定了。测量结果的成败，在很大程度上取决于传感器的选用是否合理。

要进行一个具体的测量工作，如何选择合适的传感器，需要分析多方面的因素之后才能确定。要根据被测量的具体特点和各种传感器的使用条件认真分析，如测量量程大小、对传感器体积的要求、测量方式是否为接触式、信号的传递方式是否为远传、传感器的性价比等。概括说来，应该从以下几方面的因素进行考虑。

1. 与测量条件有关的因素

（1）测量的目的；
（2）被测量的选择；
（3）测量范围；
（4）输入信号的幅值，频带宽度；
（5）精度要求；
（6）测量所需的时间。

2. 与传感器有关的技术指标

（1）精度；
（2）稳定性；
（3）响应特性；
（4）模拟量与数字量；
（5）输出幅值；
（6）对被测物体产生的负载效应；
（7）校正周期；
（8）超标准过大的输入信号保护。

3. 与使用环境条件有关的因素

（1）安装现场的条件及情况；
（2）环境条件（湿度、温度、振动等）；
（3）信号传输距离；
（4）所需现场提供的功率容量；
（5）安装现场的电磁环境。

4. 与购买和维修有关的因素

（1）价格；
（2）零部件的储备；
（3）服务与维修制度，保修时间；
（4）交货日期。

自测：

（1）什么是传感器？传感器由哪几部分组成？它在自动控制系统中有什么作用？
（2）举几个传感器应用的典型案例并查阅资料，明确案例中所使用的传感器的名称和类别。
（3）传感器在装配生产线中广泛应用，请根据所学知识查询生产线中传感器的选择原则。
（4）通过互联网了解智能传感器的发展和应用情况。

【知识拓展】

1. MEMS 传感器及其应用

MEMS 即微机电系统，是在微电子技术基础上发展起来的多学科交叉的前沿研究领域，经过 40 多年的发展，MEMS 已成为备受瞩目的重大科技领域之一。它涉及电子、机械、材料、物理、化学、生物、医学等多种学科与技术，迅速推动了传感器和物联网（IoT）的发展，具有广阔的应用前景。

MEMS 传感器是采用微电子和微机械加工技术制造出来的新型传感器。在物联网新型应用中，基于 MEMS 的传感器技术可以使所有的智能对象与现实世界进行互动。与传统的传感器相比，它具有体积小、重量轻、成本低、功耗低、可靠性高、适于批量化生产、易于集成和实现智能化的特点。同时，微米量级的特征尺寸使得它可以完成某些传统机械传感器所不能实现的功能。

（1）MEMS 传感器的种类。

1）微机械压力传感器。

微机械压力传感器分为压阻式和电容式两类，有圆形、方形、矩形、E 形等多种结构。压阻式压力传感器的精度可达 0.01% ~ 0.05%，长期稳定性可在一年 FS（Full Scale，全量程）的 ±0.1% 范围波动，温度误差为 0.0002%，耐压可达几百兆帕，过电压保护范围可达传感器量程的 20 倍以上，并能进行大范围的全温补偿，性能偏差小。

2）微加速度传感器。

微加速度传感器主要类型有压阻式、电容式、力平衡式和谐振式。

3）微机械角速度传感器。

传统陀螺仪是利用高速转动的物体具有保持其角动量的特性来测量角速度的，这种陀螺仪的精度很高，但结构复杂，使用寿命短，成本高，一般仅用于导航方面，而难以在一般的运动控制系统中应用。微机械角速度传感器降低了制造成本，在诸如汽车牵引控制系统、摄像机的稳定系统、医用仪器、军事仪器、运动机械、计算机惯性鼠标等领域有广泛的应用前景。常见的微机械角速度传感器有双平衡环结构、悬臂梁结构、音叉结构、振动环结构等。

4）微流量传感器。

微流量传感器不仅外形尺寸小，能达到很低的测量量级，精度高，检测流量范围广，而且死区容量小，响应时间短，适合于微流体的精密测控和各种需求的流量计测。

5）微气敏传感器。

微气敏传感器可满足人们对气敏传感器集成化、智能化、多功能化等的要求。例如许多气敏传感器的敏感性能与工作温度密切相关，因而要同时制作加热元件和温度探测元件，以监测和控制温度。MEMS 技术很容易将气敏元件和温度探测元件制作在一起，以保证气敏传感器优良性能的发挥。

6）微机械温度传感器。

微机械温度传感器与传统的传感器相比，具有体积小、重量轻的特点，使其在温度测量方面具有传统温度传感器不可比拟的优势。MEMS 非接触温度传感器也能检测人体，是高灵敏度的人体感应传感器。

7）其他微机械传感器。

利用微机械加工技术还可以实现其他多种传感器，例如，瑞典查尔姆斯理工大学的谐振式流体密度传感器；浙江大学的力平衡微机械真空传感器；中科院合肥智能机械研究所的振梁式微机械力敏传感器以及具有高频段、小型化、长寿命的 MEMS 开关。

（2）MEMS 传感器的发展趋势。

1）新兴器件，如气体传感器、微镜和环境组合传感器。

2）新应用，如压力传感器应用于位置（高度）感测。

3）颠覆性技术，包括封装、新材料（如压电薄膜和晶圆）。

4）新的设计，包括 NEMS（纳机电系统）和光学集成技术。

2. 智能可穿戴设备中的传感器

随着科技的进步及生活水平的不断提高，智能可穿戴设备逐渐融入人们的生活中，例如智能手环、智能眼镜、智能头盔等电子产品。例如，穿戴式健康监护系统是生理信息检测、无线通信和穿戴式等技术相融合的结果，因其具有体积小、质量轻、易穿戴等优点，在军用和民用两个领域都得到高度重视，并取得一定成果。研究者将生理信息检测设备设计成背心、戒指、手表、胸带等形式，受试者穿戴这类设备，在不影响日常活动的情况下，检测人体各项生理信息。

美国佐治亚理工学院在世界上首先展开了穿戴式主板的研究。此后，基于穿戴式主板的概念，他们又提出了智慧衫的概念。图 0-11a 所示为该研究小组开发的第三代产品。在布料生产过程中，作为数据总线的金属纤维和柔性光纤呈螺旋状编织在布料里。传感器可以插入与光纤相连的 T 形连接器，通过与数据总线相连的 T 形连接器把检测到的生理信号传输给监测装置。这种棉质智慧衫可以监测心率、呼吸、体温及其他生理参数。

图 0-11b 所示是针对睡眠失调而设计的智能穿戴式健康监控系统，它包括 4 部分：衣服、记录器、软件系统和数据中心，质量只有 8 盎司（约 0.23 kg）重，各种传感器内置其中，可检测包括呼吸、心电、姿态、血压、血氧等在内的 30 多种生理参数。穿戴者的生理信号数据由网络传输到数据中心，数据中心将分析结果以简报或高分辨率波形式提交给医生，辅助医生做出正确的诊断。

图 0-11c 所示是基于电子织物的多生理参数检测衣，检测的生理参数有心电、心率、血压、血压变化率等。该衣具有无袖带式血压测量功能，可利用液体静力学原理完成血压测量的校准。两个袖口里缝有具备导电性的电子织物，充当采集心电信号的电极。光电传感器被设计成戒指形式，采集光电容积描记信号。血压显示表佩戴在手腕上，用来显示心电、光电容积脉搏波、血压等信号，并具有危险报警功能。

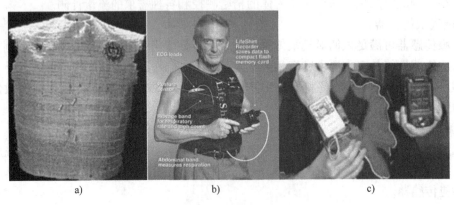

图 0-11 智能可穿戴设备部分产品

a）智慧衫 b）智能穿戴式健康监控系统 c）多生理参数检测衣

3. 智能图像传感器

随着制造业的蓬勃发展，产品质量控制要求日益严格，从生产过程到产品质量把关，在很多环境相对恶劣、人员介入受限制、劳动强度大、精度要求高、效率要求高的生产中，传统的依赖人工进行识别的检测方式，已经无法满足连续性、大批量的现代化生产方式和对产品外观质量的更高要求。于是人们开始考虑利用计算机技术和现代传感技术，在生产线上进行快速、精确、可重复性的检测。工业化的机器视觉也应运而生。

机器视觉为生产和产品检测带来了极大的帮助，大大提高了生产效率。人们也在不断探索更快速、更高效、更易使用的机器视觉方法。在此过程中，传统的机器视觉系统复杂且不易维护，用户使用起来有一定的困难，他们往往需要聘请外部视觉顾问来设计、集成和安装系统。另外，鉴于此类系统的专用性和复杂性，因而不能被轻易改作其他用途，还要求有持续的专业技术支持。这就为视觉系统的产品化和批量化生产造成了一定的阻碍。

为解决这些问题，机器视觉生产商将视觉系统中的部分组件模块化，使其集成性显著提高，由此产生了智能图像传感器。视觉系统的稳定性提高了，其产品化和批量化得以实施。对于用户来说，智能图像传感器相对更廉价、更小型、更易使用，为一些工业应用提供了性价比更高的解决方案，在提高工厂自动化产品品质及生产效率、检验应用等方面功不可没。

如图 0-12 所示，智能图像传感器是一种高度集成化的微小型光电视觉模块。一般由图像采集单元、图像处理单元和通信接口 3 部分组成。

图像采集单元由面阵或者线阵图像传感器组成，有些还配有光源，其作用是"看"，即图像采集，将光学图像转换为数字图像信号，并输出至图像处理单元；图像处理单元采用嵌入式技术，对图像采集单元的图像数据进行实时存储，先把"看"到的图像"记"下来，然后再"想"，即在封装好的图像处理软件的支持下进行图像处理；通信接口输出数据，利于与其他设备间进行交换，方便后续数据处理，或将智能图像传感器应用于更大更复杂的光电视觉系统中。

图 0-12 智能图像传感器

图 0-13 所示为智能图像传感器的典型应用举例。

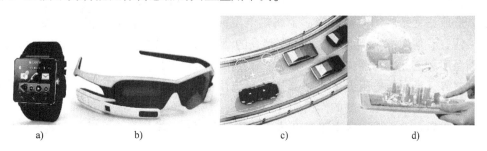

图 0-13 智能图像传感器的典型应用举例

a）智能手表　b）智能眼镜　c）智能交通　d）物联网

【本章小结】

传感器是指能够感受被测量，并按照一定的规律转换成可用输出信号的器件或装置，一般由敏感元件、转换元件、转换电路及辅助电源组成。

传感器应用广泛，其发展方向是智能化、微型化、多功能化、网络化。

传感器的特性分为静态特性及动态性能，静态性能指标有线性度、迟滞、灵敏度、重复性、分辨力、稳定性和漂移等。

选用传感器时，要综合考虑传感器性能指标、测量条件、使用环境、价格及安装调试等多方因素。

<table>
<tr><td>

项目 1

</td><td>

温度的检测

</td></tr>
</table>

【项目引入】

本项目主要介绍常用温度传感器的结构、工作原理及应用，包括金属热电阻温度传感器、热敏电阻温度传感器、热电偶温度传感器、半导体集成温度传感器以及常用非接触式温度传感器的测温原理、结构分类和应用案例等，要求学生能够理解常用温度传感器的基本原理，了解温度检测的方法，能够选用合适的温度传感器进行温度测量。

温度是不能直接检测的，需要借助于物体随温度高低而明显变化的某种特性来间接检测。温度传感器就是通过检测物体的这种随温度变化的物理量参数来间接测温的。温度传感器由感温元件和转换电路组成，按照感温元件与被测对象接触与否，可以分为接触式温度传感器和非接触式温度传感器两大类。

任务 1.1 金属热电阻测温

【任务背景】

1-1 金属热电阻温度传感器

粮食在粮仓存储过程中，温度过高或过低都会对粮食的存储产生影响，造成粮食品质的大幅下降。金属热电阻温度传感器结构简单、价格便宜、使用方便，被广泛使用在粮仓的温度测量系统中。通过调节粮仓温度与粮食适宜的存储温度相匹配，来避免粮食品质的下降，减少粮食损失。

除此之外，金属热电阻温度传感器还广泛应用于人们的日常生活中及工业生产的各个方面，在温度检测上发挥了重要的作用。

本任务将重点介绍金属热电阻温度传感器的测温原理、结构分类及其在一些温度检测领域中的应用。

【相关知识】

1.1.1 金属热电阻的测温原理

金属热电阻利用金属的电阻随温度升高而增大这一特性来检测温度。在金属中，载流子为自由电子。当在金属导体两端加上电压后，导体内部杂乱无章的自由电子开始有规律地运动。随着温度升高，金属内部原子晶格的振动加剧，获得较多的能量，能从定向运动中挣脱出来，从而使金属内部的自由电子通过金属导体时的阻碍增大，宏观上表现出电阻率变大，电阻值增加，称之为正温度系数，即电阻值与温度的变化趋势相同。

热电阻的温度特性，是指热电阻 R_t 随温度变化而变化的特性，即 R_t-t 之间的函数关系。大多数金属导体的电阻随温度变化的关系为

$$R_t = R_0(1 + \alpha_1 t + \alpha_2 t^2 + \cdots + \alpha_n t^n) \tag{1-1}$$

式中　　R_t——温度为 t℃时的电阻值；

　　　　R_0——温度为 0℃时的电阻值；

α_1、$\alpha_2\cdots\alpha_n$——由材料和制造工艺所决定的系数。

1.1.2　热电阻的结构和分类

按其结构类型来分，热电阻有普通型、铠装型、薄膜型等。普通型热电阻由感温元件（金属电阻丝）、骨架、引线、保护套管及接线盒等基本部分组成。

1. 感温元件（金属电阻丝）

金属热电阻的感温元件主要以铂电阻和铜电阻为主。铂的电阻率较大，相对机械强度也较大。通常铂丝的直径为（0.03～0.07）mm±0.005 mm，可单层绕制。若铂丝太细，电阻体可做得较小，但强度低；若铂丝粗，虽然电阻体强度大，但电阻体积大，热惯性也大，成本高。铜的机械强度较低，电阻丝的直径需较大。一般由 0.1 mm±0.005 mm 的漆包铜线或丝包线分层绕在骨架上，并涂上绝缘漆制成。

2. 骨架

热电阻是绕制在骨架上的，骨架用来支持和固定电阻丝。骨架应使用电绝缘性能好、机械强度高、体积膨胀系数小、物理化学性能稳定且对热电阻无污染的材料，常用的有云母、石英、陶瓷、玻璃及塑料等。

3. 引线

引线的直径应当比热电阻丝大几倍，以便最大限度地减少引线的电阻，增加引线的机械强度和连接的可靠性。对于工业用铂热电阻，一般采用 1 mm 银丝作为引线；对于标准的铂热电阻，可采用 0.3 mm 的铂丝作为引线；对于铜热电阻则，常用 0.5 mm 的铜线作为引线。

在骨架上绕制好热电阻丝，并焊好引线之后，在其外面加上云母片进行保护，然后装入外保护套管，并与接线盒或外部导线相连接，即得到热电阻传感器。

目前生产的薄膜型热电阻是利用真空镀膜法或糊浆印刷烧结法使金属薄膜附着在耐高温基底上。其尺寸可以小到几平方毫米，可将其粘贴在被测高温物体上，检测局部温度，这种方法具有测温迅速的特点。

1.1.3　金属热电阻传感器性能

热电阻传感器具有电阻温度系数大、线性好、性能稳定、使用温度范围宽、加工容易等特点，可检测 −200～500℃范围内的温度。

铂热电阻温度传感器利用纯铂丝电阻随温度的变化而变化的原理设计研制，可检测和控制 −200～850℃范围内的温度。有时也可用来检测介质的温差和平均温度，具有良好的稳定性和互换性。铂电阻测温精度高、稳定性好，所以在温度测量中得到了广泛应用。常用的铂热电阻温度传感器规格有 $R_0=10\ \Omega$，$R_0=100\ \Omega$，$R_0=1000\ \Omega$，分度号分别为 Pt10、Pt100、Pt1000。其结构示意图如图 1−1 所示。

铜热电阻在测温范围内其电阻值和温度呈线性关系，温度系数大，适用于无腐蚀介质，但当温度超过 150℃时易被氧化。常用的铜热电阻温度传感器有 $R_0=50\ \Omega$ 和 $R_0=100\ \Omega$ 两种规格，分度号分别为 Cu50、Cu100。

热电阻传感器阻值变化时，工作仪表便显示出阻值所对应的温度值，其优点如下：

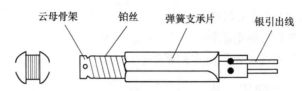

云母骨架　　铂丝　　弹簧支承片　　银引出线

图1-1　铂热电阻温度传感器结构示意图

（1）适于要求检测精度高的场合，一些材料的电阻温度特性稳定，复现性好。

（2）适于要求有较大的检测范围的场合，尤其在低温方面。

（3）适于使用在自动检测和远距离检测中。

1.1.4　热电阻传感器的检测电路

用热电阻传感器测温时，检测电路经常采用电桥电路。热电阻内部引线方式有二线制、三线制和四线制。二线制中因引线电阻对检测结果影响大，故可用于测温精度要求不高的场合；三线制可以减小因热电阻与检测仪器之间连接导线的电阻随环境温度变化而带来的检测误差；四线制则可以完全消除引线电阻对检测结果的影响，可用于精度较高的温度检测。热电阻的引线对检测结果具有较大的影响，为了减小误差，需采用三线制电桥检测电路或四线制恒流源检测电路。所以工业用铂电阻温度传感器常采用三线制或者四线制检测电路。

1. 二线制电桥检测电路

图1-2所示为二线制电桥检测电路，可以看出，热电阻 R_t 连接两根导线，每根导线电阻为 r，由于这两根导线与热电阻 R_t 串联在一起，导线本身的阻值会造成检测误差，则电桥平衡时

$$(2r+R_t)R_2 = R_1 R_3 \tag{1-2}$$

如果电桥是等臂电桥，即 R_1 等于 R_2，则有

$$R_3 = 2r + R_t \tag{1-3}$$

可见，检测结果有 $2r$ 的误差，由于该误差是由导线本身客观存在引起的，无法进行修正，所以二线制连接方法不宜应用在工业热电阻上。

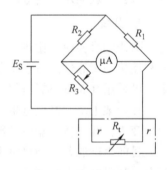

图1-2　二线制电桥检测电路

2. 三线制电桥检测电路

为了避免导线电阻对温度检测的影响，常采用三线制电桥检测电路，其电路如图1-3所示。

热电阻的一端与一根导线相连，另一端与另两根导线相连，这3根导线的材料、粗细和长度都必须相同。从图中可以看出，和电桥电源上相连的导线对电桥平衡没有任何影响。如果每根导线的阻值都是 r，则电桥平衡时，对角线上的电阻乘积应该是相等的，即

$$(r+R_t)R_2 = R_1(R_3+r) \tag{1-4}$$

如果电桥是等臂电桥，即 R_1 等于 R_2，则有

$$R_t = R_3 \tag{1-5}$$

从式（1-5）中可以看出，导线电阻 r 对检测结果毫无影响。

3. 四线制恒流源检测电路

图1-4所示为四线制恒流源检测电路。

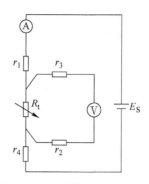

图 1-3 三线制电桥检测电路　　　　图 1-4 四线制恒流源检测电路

　　热电阻分别与 4 根导线相连，导线电阻分别为 r_1、r_2、r_3 和 r_4。若 4 根导线电阻阻值都为 r，虽然每根导线上都有电阻，但是导线上电流形成的压降 rI 不在检测范围内，导线上电阻因没有电流流过，所以 4 根导线对检测结果没有影响。

【应用案例】

案例 1　铠装热电阻在石油化工中的应用

　　图 1-5 所示是铠装热电阻实物图。铠装热电阻是一种温度传感器，它利用物质在温度变化时其电阻随之发生变化的特征来检测温度。在石油化工等部门，铠装热电阻可以直接检测 -200～600 ℃ 范围内的液体、蒸汽和气体介质以

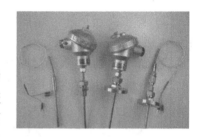

图 1-5　铠装热电阻

及固体表面的温度，可以解决石油化工生产过程中高温高压场所的温度检测问题，是炼油厂高压聚乙烯生产等不可缺少的温度检测装置。

案例 2　专用耐磨热电阻在水泥厂等场所的应用

　　图 1-6 所示为耐磨热电阻实物图。耐磨热电阻是电厂循环流化床锅炉、沸腾锅炉、粉磨煤机造气炉，水泥厂窑头、窑尾、炉头罩，及化工、冶炼等高温耐磨环境中较为理想的专用测温产品。由于这些场所环境温度差、温控点过高、振动较大、鼓风机风速过高和磨损严重，造成其温度检测非常困难，且温度传感器使用寿命很短暂。而耐磨热电阻因为具有抗振、耐磨、耐腐蚀、灵敏度高、稳定性好、精度高和使用寿命长等优点，被广泛应用在上述工业生产中。

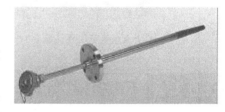

图 1-6　耐磨热电阻

【技能提升】

1.1.5　选择热电阻温度传感器的注意事项

　　(1) 在要检测的温度范围内，热电阻温度传感器的物理和化学性能要稳定。

　　(2) 构成温度传感器的热电阻温度系数要大，灵敏度要求比较高。

　　(3) 构成温度传感器的电阻的温度特性要尽可能地接近线性。

　　(4) 要尽量选择价格比较低廉的热电阻温度传感器。

1.1.6 感温元件的安装

感温元件安装前要根据设计要求核对型号和规格。感温元件应该安装在便于测温、便于维护检查、不受剧烈振动或者冲击影响的地方。感温元件通常采用插入式安装方法，保护套管直接与被测介质接触。为了减小感温元件的传热误差，应使感温元件与介质充分接触，缩短外露部分，并对外露部分保温，以减小放热系数。

【巩固与拓展】

自测：

（1）热电阻有什么特点？试比较铂热电阻和铜热电阻的优缺点。

（2）热电阻检测温度时，为了减小误差，检测电路应该采用哪种接线方式？为什么？

（3）举出生活中利用金属热电阻温度传感器测温的一些实例。

拓展：

（1）图1-7所示是应用于工业领域的热电阻气体流量计，试根据热电阻温度传感器的测温原理，查阅相关资料，分析其在工业领域的使用方法。

（2）图1-8所示的防腐热电阻是中低温区常用的一种温度检测器。它的主要特点是检测精度高，性能稳定。查阅相关资料，比较防腐铜电阻和防腐铂电阻的优缺点。

图1-7 热电阻气体流量计

图1-8 防腐热电阻

任务 1.2 热敏电阻测温

【任务背景】

1-2 热敏电阻传感器

笔记本计算机的主板对温度极其敏感，非常容易发热，随着科技的不断发展，提高了主频的CPU在提高运算速度的同时也使得其工作温度逐渐增高。针对这种情况，可以选用表面封装式热敏电阻，它既可以快速响应温度的变化，又有过热保护，且易于使用。另外，热敏电阻还广泛应用在汽车空调、发动机、水箱等的温度测试方面。

工业生产中对热敏电阻提出了很高的要求，如较小的尺寸、较高的稳定性、较好的高温测试性能等。由于其性能不断改进，在许多场合下（-40～350℃）热敏电阻已经逐步取代传统的温度传感器，越来越受到欢迎。

本任务介绍热敏电阻温度传感器的测温原理，分析其材料特性和结构分类，以及其在温度检测中的应用。

【相关知识】

1.2.1　热敏电阻的定义

热敏电阻是一种新型的半导体测温元件，是利用某些金属氧化物或单晶锗、硅等材料，按特定工艺制成的感温元件。热敏电阻的温度系数远远大于金属热电阻，所以灵敏度很高。

热敏电阻尺寸小，热惯性小，结构简单，可以根据不同的要求制成各种各样的形状；响应速度快，灵敏度高；化学稳定性好，机械性能好，价格低廉；使用方便，寿命长，适于远距离检测。但是热敏电阻的阻值随温度变化是非线性的，并且同一型号的热敏电阻的重复性和互换性也比较差。

1.2.2　热敏电阻的测温原理

热敏电阻温度传感器的感温元件是热敏电阻，所用材料是陶瓷半导体，陶瓷半导体的导电性取决于电子-空穴的浓度。低温下，电子-空穴浓度很低，所以电阻率比较大，但是随着温度的升高，电子-空穴的浓度成指数函数倍增，即电阻率迅速下降。热敏电阻的电阻-温度特性用公式表示为

$$R_t = R_0 e^{B\left(\frac{1}{T}-\frac{1}{T_0}\right)} \tag{1-6}$$

式中：R_t——温度为 T 时的电阻值，单位为 Ω；R_0——温度为 20 ℃时的电阻值，单位为 Ω；

T——热力学温度，单位为 K；B——与热敏电阻材料有关的热敏电阻常数。

如图 1-9 所示，为不同种类热敏电阻的电阻-温度特性曲线（R-T 曲线）。按照温度系数不同，热敏电阻分为正温度系数热敏电阻器（PTC）、负温度系数热敏电阻器（NTC）和在某一特定温度下阻值会发生突变的临界温度系数电阻器（CTR）。正温度系数热敏电阻器（PTC）在温度越高时电阻值越大，负温度系数热敏电阻器（NTC）在温度越高时电阻值越小。曲线 1 为 CTR 的电阻-温度特性曲线，曲线 2 为 NTC 的电阻-温度特性曲线，曲线 3 和 4 为 PTC 的电阻-温度特性曲线。从图中可以看出特性曲线 2 和 3 对应的热敏电阻更适用于温度的检测，而曲线 1 和曲线 4 对应的热敏电阻则更适合用来组成温控开关电路。

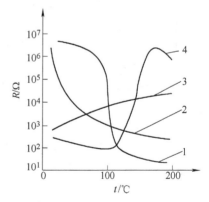

图 1-9　不同种类热敏电阻的电阻—温度特性曲线

1—CTR　2—NTC　3、4—PTC

由于热敏电阻与温度呈非线性关系，所以热敏电阻的检测范围和检测精度受到了一定的限制。为了解决检测范围和检测精度的问题，常常利用温度系数很小的金属电阻与热敏电阻串联或者并联，这样可以使热敏电阻在一定的温度范围内与温度呈线性关系，以便于对温度的检测。故热敏电阻测温常用电桥检测方法。

1.2.3　热敏电阻的材料和结构

敏感陶瓷是某些传感器中的关键材料，多属于半导体陶瓷，是继单晶半导体材料之后的又

一类新型多晶半导体电子陶瓷,用于制作敏感元件。敏感陶瓷是根据其电阻率、电动势等物理量对热、湿、光、电压、某些气体及某种离子的变化特别敏感的特性而制成的,按其特性分类有热敏、湿敏、光敏、压敏、气敏及离子敏感陶瓷。热敏陶瓷是指对温度变化敏感的陶瓷材料。

热敏电阻传感器主要是利用热敏陶瓷的电阻、磁性、介电性等随温度变化而变化的特性制成的,可以进行温度测定、线路温度补偿及稳频等,具有灵敏度高、稳定性好、制造工艺简单及价格便宜等特点。根据不同的用途,热敏电阻有多种封装结构,图 1-10 所示为柱形热敏电阻结构原理图和热敏电阻符号。

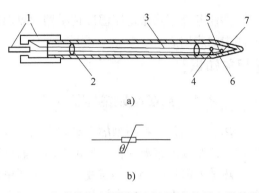

图 1-10　柱形热敏电阻结构原理图和热敏电阻符号
1—电极　2—绝缘柱　3—杜镁丝　4—银焊点
5—铂丝　6—保护管　7—电阻体

1.2.4 热敏电阻的分类

按照工作温度的范围可以分为低温热敏电阻,工作温度低于-55 ℃;常温热敏电阻,工作范围为-55~315 ℃;高温热敏电阻,工作温度高于315 ℃。

按照热敏陶瓷的电阻-温度特性,一般可分为以下 3 大类。

(1) PTC 热敏电阻。

PTC(正温度系数热敏电阻)的主要材料是掺杂的 $BaTiO_3$ 半导体陶瓷,在检测温度范围内其阻值随着温度的升高而增加。PTC 热敏电阻作为感温元件在现代乃至将来都属于一种高科技尖端产品,它被广泛应用于轻工、住宅、交通、航天、农业、医疗、环保、采矿、民用器械等。

(2) NTC 热敏电阻。

NTC(负温度系数热敏电阻)的材料主要是金属氧化物半导体陶瓷,其阻值随着温度的升高而降低,一般用于检测-50~300 ℃的温度。在实现小型化的同时,还具有灵敏度高、温度稳定性好、响应快、寿命长、价格低的特点,可进行高灵敏度、高精度的检测。它是以锰、钴、镍和铜等金属氧化物为主要材料,采用陶瓷工艺制造而成。温度低时,这些氧化物材料的载流子(电子和孔穴)数目少,所以其电阻值较高;随着温度的升高,载流子数目增加,电阻值降低。

NTC 热敏电阻器在室温下的变化范围为 1 Ω~100 MΩ,温度系数为-6.5%~-2%。NTC 热敏电阻器可广泛应用于温度检测、温度补偿等场合。图 1-11 所示为 NTC 热敏电阻的外形结构图,图 1-12 所示为玻璃封装 NTC 热敏电阻。

图 1-11　NTC 热敏电阻的外形结构图

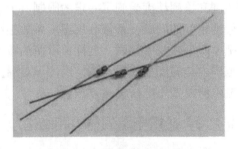

图 1-12　玻璃封装 NTC 热敏电阻

NTC 热敏电阻的应用很广，如电子温度计、电子万年历、电子温度显示、电子礼品；冷暖设备、加热恒温电器；汽车电子温度测控电路；温度传感器、温度仪表；医疗电子设备、电子盥洗设备；手机电池及充电器等。

（3）CTR 热敏电阻。

其阻值在某些特定的温度范围内随着温度的升高而降低 3~4 个数量级，具有很大的负温度系数。其主要材料是二氧化钒和一些金属氧化物的掺杂，主要用于温度开关类的控制。

【应用案例】

案例 1　用 PTC 热敏电阻器对灯丝预热

PTC 热敏电阻器用于各种荧光灯电子镇流器、电子节能灯中。如图 1-13 所示的 PTC 热敏电阻灯丝预热电路中，不必改动电路，将 PTC 热敏电阻器直接跨接在灯管谐振电容器的两端，可以将电子镇流器、电子节能灯的硬启动改为预热启动，使灯丝的预热时间达 0.4~2 s，可延长灯管寿命 3 倍以上。利用 PTC 材料制成的产品体积小、耐压高、寿命长、正常工作时功耗小。应用 PTC 热敏电阻器实现预热启动的原理为：刚接通开关时，R_t 处于常温态，其阻值远远低于 C_2 阻值，电流通过 C_1，当 R_t 自热温度超过居里点温度 T 跃入高阻态，其阻值远大于 C_2 的阻值，电流通过 C_1、C_2 形成回路导致 LC 谐振，从而产生高压点亮灯管。

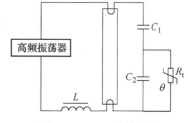

图 1-13　PTC 热敏电阻
灯丝预热电路

案例 2　热敏电阻在电饭锅中的应用

如图 1-14 所示是电饭锅用磁钢限温器的结构原理图。传感器的受热板（内胆底）1 紧靠内锅锅底，当压下煮饭开关时，通过杠杆将永久磁铁推上，与热敏铁氧体相吸，簧片开关接通电源。当热敏铁氧体的温度超过居里点温度时，将失去磁化特性。铁氧体的吸力不仅与温度有关，还与其厚度有关。选择热敏铁氧体的材料配方和弹簧的弹性力，当锅中米饭做好，锅底的温度升高到 103 ℃ 时，弹簧力大于永久磁铁与热敏铁氧体的吸力，弹簧力将永久磁铁压下，电源被切断。

案例 3　热敏电阻在电子温度控制器中的应用

如图 1-15 所示，电子温度控制器主要以金属导体或半导体的电阻为感温元件，利用其电阻值随温度变化而明显改变的特性制成。常用的感温元件有铂热电阻、铜热电阻和热敏电阻。热敏电阻电子温度控制器是由感温元件（负温度系数热敏电阻）、放大器、直流继电器和电源变压器等组成。当温度发生变化时，热敏电阻感应温度的变化。温度上升时，热敏电阻阻值下降，系统开始制冷，控制温度的上升；当温度降低时，热敏电阻阻值增加，电子温度控制器控制温度的下降。

【巩固与拓展】

自测：

（1）热敏电阻的定义是什么？什么材料可以制成热敏电阻？

（2）热敏电阻温度传感器是如何进行温度检测的？

（3）按照物理特性，热敏电阻可以分为哪几类？分别是什么？

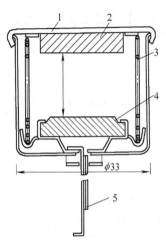

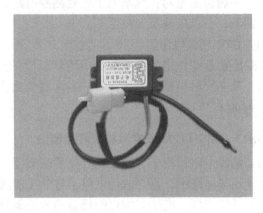

图1-14　电饭锅用磁钢限温器的结构原理图 　　　　图1-15　电子温度控制器
1—内胆底　2—感温磁钢　3—弹簧
4—永磁体　5—杠杆

拓展：

（1）热敏电阻在汽车上的应用非常广泛，图1-16所示是用热敏陶瓷制作的陶瓷绝缘功率型车用热敏电阻，主要用于油温、水温的检测。请查阅相关资料分析此种热敏电阻是NTC型还是PTC型，并分析其在汽车油温、水温检测中是如何进行温度检测的。

（2）热敏电阻温度计可测量体温和室温，它有一个安培计/电流计和电源。自2003年以来流行性呼吸系统传染性疾病给中国和全世界带来了极大的痛苦。这类疾病的主要症状之一就是发热。为此，许多车站、码头、学校、企事业单位、医务点均以检测体温作为判断是否感染"甲流"等疾病的前提。而热敏电阻温度计以其使用方便、检测时间短、精确度高、显示清晰直观、安全性好、价格合理等优点得到了更广泛的应用。如图1-17所示为手持热敏电阻温度计，试分析该温度计是如何工作的。

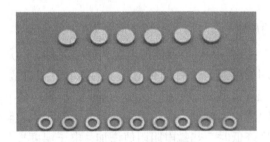

图1-16　车用热敏电阻 　　　　　　　　　图1-17　手持热敏电阻温度计

任务1.3　热电偶测温

【任务背景】

热电偶温度传感器在工业生产过程中应用极为广泛。由于其结构简单、制造方便、温度测量范围广、精度高、惯性小，可用于各

1-3　热电偶传感器

个行业温度检测的场合，如真空炉、塑料注塑成型机、炼钢炉、飞机发动机等温度的检测。热
电偶温度传感器通常与显示仪表、记录仪表、电子计算机等配套使用，直接检测各种生产过程中 0~1 300 ℃范围内液体、蒸汽和气体介质以及固体的表面温度，输出信号便于远传。另外，热电偶是一种有源传感器，测量时不需外加电源，使用十分方便。图 1-18 所示为常用热电偶测温传感器实物图。

图 1-18　常用热电偶测温传感器

本任务主要介绍热电偶温度传感器的测温原理及其在温度检测中的应用。

【相关知识】

1.3.1　热电偶的测温原理

热电偶的测温原理是基于热电效应。在两种不同材料的导体或半导体 A 和 B 组成的闭合回路中，如果两个导体 A 和 B 的连接点温度不同，设 $T > T_0$，则回路中会产生一个电动势，即在此闭合回路中有电流产生，这种现象称为热电效应。热电效应是由塞贝克在 1821 年发现的，所以又称为塞贝克效应。回路产生的电动势称为热电动势。由两种不同的导体或半导体 A 和 B 组成的闭合回路称为热电偶，如图 1-19 所示。导体或半导体 A 和 B 称为热电偶的热电极。热电偶的两个连接点，温度为 T 的被测对象的接点称为热端，又称为检测端或者工作端；温度为参考温度 T_0 的另一接点称为冷端，又称为参考端和自由端。

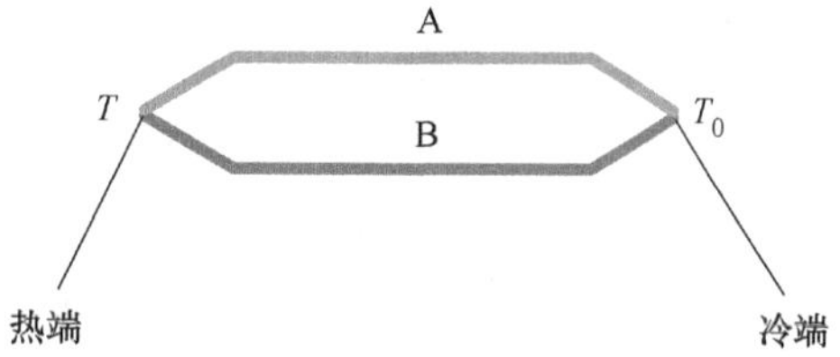

热电偶产生的热电动势是由接触电动势和温差电动势两部分组成的。

图 1-19　热电偶原理图

1. 接触电动势

两种不同材料的导体 A 和 B 接触时，由于两者内部的自由电子密度不同，而在接触点会产生的电动势，称为接触电动势，又称为帕尔贴电动势。当两种不同材料的金属接触在一起时，由于各自的自由电子密度不同，自由电子通过接触处相互向对方扩散。电子密度大的材料由于失去的电子比获得的电子多，所以在接触处附近会积累正电荷，而电子密度小的材料由于获得的电子多于失去的电子，因此在接触处附近会积累负电荷，这样就在接触处产生了电位差 e_{AB}。

$$e_{AB}(T) = \frac{kT}{e} \ln \frac{N_A}{N_B} \tag{1-7}$$

式中　$e_{AB}(T)$——导体 A、B 在接点温度为 T 时形成的接触电动势；T 为接触处的绝对温度，单位为 K；

　　　e——单位电荷，$e = 1.6 \times 10^{-19} C$；

　　　k——波尔兹曼常数，$k = 1.38 \times 10^{-23} J/K$；

　N_A、N_B——导体 A、B 在温度为 T 时的自由电子密度。

导体 A 和 B 在温度 T_0 时的接触电动势为

$$e_{AB}(T_0) = \frac{kT_0}{e}\ln\frac{N_A}{N_B} \tag{1-8}$$

回路中总的接触电动势为

$$e_{AB}(T,T_0) = e_{AB}(T) - e_{AB}(T_0) \tag{1-9}$$

从上述公式中可以看出，接触电动势的大小与温度高低及导体中的电子密度有关。温度越高接触电动势越大，导体的电子密度越高，接触电动势也越大。

2. 温差电动势

对导体 A 或者导体 B 来说，其两端的温度不同也会产生电动势，该电动势称为温差电动势，又称为汤姆逊电动势。如果设导体两端的温度分别为 T 和 T_0。由于高温端 T 的电子能量比低温端 T_0 的电子能量大，因此从高温端扩散到低温端的电子数要比从低温端扩散到高温端的电子数多，从而使高温端失去电子而带正电，低温端因得到电子而带负电，从而形成了一个从高温端到低温端的静电场，因此在导体的两端便产生了一个电动势差，这就是温差电动势。图 1-20 所示为温差电动势原理图。

图 1-20 温差电动势原理图

$$e_A(T,T_0) = \int_{T_0}^{T}\sigma_A dT \tag{1-10}$$

$$e_B(T,T_0) = \int_{T_0}^{T}\sigma_B dT \tag{1-11}$$

式中　e_A、e_B——导体 A、B 两端温度为 T、T_0 时形成的温差电动势；

　　T，T_0——高温端、低温端的绝对温度；

　　σ_A、σ_B——汤姆逊系数，表示导体 A、B 两端的温度差为 1℃时所产生的温差电动势，例如在 0℃时，铜的汤姆逊系数 $\sigma = 2\,\mu V/℃$。

3. 热电偶回路的总的热电动势

由导体 A 和 B 组成的热电偶回路，其接点温度分别为 T、T_0，如果 $T > T_0$，则热电偶的总的热电动势包括两个接触电动势和两个温差电动势，即

$$E_{AB}(T,T_0) = e_{AB}(T) - e_{AB}(T_0) + e_A(T,T_0) - e_B(T,T_0)$$

$$= \frac{kT}{e}\ln\frac{N_{AT}}{N_{BT}} - \frac{kT_0}{e}\ln\frac{N_{AT_0}}{N_{BT_0}} + \int_{T_0}^{T}(\sigma_A - \sigma_B)dT \tag{1-12}$$

式中　N_{AT}、N_{AT_0}——导体 A 在接点温度为 T 和 T_0 时的电子密度；

　　N_{BT}、N_{BT_0}——导体 B 在接点温度为 T 和 T_0 时的电子密度；

　　σ_A、σ_B——导体 A 和 B 的汤姆逊系数。

总热电偶及热电动势原理图如图 1-21 所示。

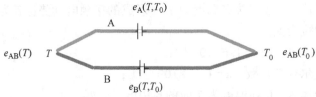

图 1-21 总热电偶及热电动势原理图

由于温差电动势比接触电动势要小得多，又因为 $T > T_0$，所以热电偶所产生的总的热电动势 $E_{AB}(T, T_0)$ 主要由两个接触电动势组成，故

$$E_{AB}(T, T_0) = e_{AB}(T) - e_{AB}(T_0) \qquad (1-13)$$

对于固定的热电偶来说，若冷端温度 T_0 恒定，则 $e_{AB}(T_0)$ 为常数，用 C 来表示，则总的热电动势就变成了与热端温度 T 成单值的函数，即

$$E_{AB}(T_1, T_0) = E_{AB}(T_1, 0) + E_{AB}(0, T_0) \qquad (1-14)$$
$$= E_{AB}(T_1, 0) - E_{AB}(T_0, 0) = E_{AB}(T) - E_{AB}(T_0) = E_{AB}(T) - C$$

这就是热电偶测温的基本公式，从以上分析可以看出：

（1）热电偶回路热电动势只与组成热电偶的材料及两端温度有关，与热电偶的长度、粗细无关。

（2）只有用不同性质的导体（或半导体）才能组合成热电偶；相同材料不会产生热电动势，因为当 A、B 两种导体是同一种材料时，$\ln(N_A/N_B) = 0$，也即 $E_{AB}(T, T_0) = 0$。

（3）只有当热电偶两端温度不同，热电偶的两导体材料不同时，才能有热电动势产生。

（4）导体材料确定后，热电动势的大小只与热电偶两端的温度有关。如果使 $E_{AB}(T_0) =$ 常数，则回路热电动势 $E_{AB}(T, T_0)$ 就只与温度 T 有关，而且是 T 的单值函数，这就是利用热电偶测温的原理。

在实际应用中，热电动势和温度的关系是通过热电偶的分度表来确定的。根据热电动势与温度的函数关系，制成热电偶分度表；分度表是自由端温度在 0 ℃时的条件下得到的，不同的热电偶具有不同的分度表。

1.3.2 热电偶的基本定律

1. 均质导体定律

由同一种匀质材料（导体或半导体）两端焊接组成闭合回路，不论导体截面积或长度如何以及温度如何分布，回路中没有电流（都不会产生热电动势），即不产生接触电动势，温差电动势相互抵消，回路中总电动势为零。反之，如果有电流流动，则此材料一定是非匀质的，因此热电偶的电极必须由两种不同的匀质导体或半导体构成。如果热电极材料不均匀，由于温差存在，将会产生附加热电动势。

2. 中间导体定律

一个由几种不同材料的导体连接成的闭合回路，只要它们彼此连接的接点温度相同，则此回路各接点产生的热电动势的代数和为零。

如图 1-22 所示，由 A、B、C 三种材料组成的闭合回路，则

$$E_{总} = E_{AB}(T) + E_{BC}(T) + E_{CA}(T) = 0 \qquad (1-15)$$

在热电偶回路中接入中间导体（即第三种导体、第四种导体……），只要接入的中间导体两端温度相同，且接入的导体是匀质的，则无论接入的导体温度分布如何，中间导体的引入对热电偶回路的总电动势没有影响，这就是中间导体定律，如图 1-23 所示。

将第三种材料 C 接入由 A、B 组成的热电偶回路中，则图 1-23a 中的 A、C 接点 2 与 C、A 的接点 3，均处于相同温度 T_0 之下，此回路的总电动势不变，即

$$E_{AB}(T_1, T_2) = E_{AB}(T_1) - E_{AB}(T_2) \qquad (1-16)$$

同理，若图 1-23b 中 C、A 接点 2 与 C、B 的接点 3 同处于温度 T_0 之下，此回路的电动势

也为

$$E_{AB}(T_1, T_2) = E_{AB}(T_1) - E_{AB}(T_2) \tag{1-17}$$

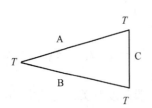

图 1-22 三种不同导体
组成的热电偶回路

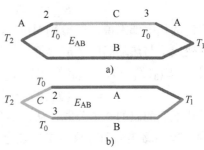

图 1-23 中间导体定律

a) A、C 的接点 2 与 C、A 的接点 3 处于相同温度 T_0

b) C、A 的接点 2 与 C、B 的接点 3 同处于温度 T_0

依据中间导体定律,在热电偶实际测温应用中,常采用热端焊接、冷端开路的形式,冷端经连接导线与显示仪表连接构成测温系统。根据上述原理,可以在图 1-24 的热电偶回路中接入电位计 E,只要保证电位计与连接热电偶处的接点温度相等,就不会影响回路中原来的热电动势。

根据中间导体定律,应用热电偶时可以采用任何方式来焊接导线,这不影响检测准确度。

如果任意两种导体材料的热电动势是已知的,它们的冷端和热端的温度又分别相等,如图 1-25 所示,则它们相互间热电动势的关系为

$$E_{AB}(T, T_0) = E_{AC}(T, T_0) + E_{CB}(T, T_0) \tag{1-18}$$

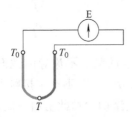

图 1-24 电位计接入热电偶回路

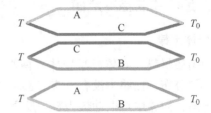

图 1-25 中间导体定律的应用

3. 中间温度定律

如果两种不同材料的导体组成热电偶回路,其接点温度分别为 T_1、T_2 时,如图 1-26 所示,则其热电动势为 $E_{AB}(T_1, T_2)$;当接点温度为 T_2、T_3 时,其热电动势为 $E_{AB}(T_2, T_3)$;当接点温度为 T_1、T_3 时,其热电势为 $E_{AB}(T_1, T_3)$,则

$$E_{AB}(T_1, T_3) = E_{AB}(T_1, T_2) + E_{AB}(T_2, T_3) \tag{1-19}$$

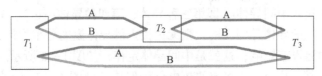

图 1-26 热电偶中间温度定律

由于热电偶的热电动势与温度之间通常呈非线性关系,所以当冷端温度不为 0 ℃时,不能利用已知回路中实际热电动势直接查表求取热端温度值;也不能利用已知回路中实际热电动势

直接查表求取的温度值，再加上冷端温度确定热端温度值，需要按中间温度定律进行修正。当 $T_2 = 0\,℃$ 时，则

$$
\begin{aligned}
E_{AB}(T_1, T_3) &= E_{AB}(T_1, 0) + E_{AB}(0, T_3) \\
&= E_{AB}(T_1, 0) - E_{AB}(T_3, 0) \\
&= E_{AB}(T_1) - E_{AB}(T_3)
\end{aligned}
\tag{1-20}
$$

还应注意的是，热电动势只取决于冷端和热端接触点的温度，与热电极上的温度分布是没有关系的。

4. 参考电极定律

如图 1-27 所示，已知热电极 A 和 B 与参考电极 C 组成热电偶，则有

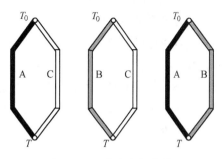

图 1-27　参考电极定律

$$
E_{AB}(T, T_0) = E_{AC}(T, T_0) - E_{BC}(T, T_0)
\tag{1-21}
$$

这就是参考电极定律。只要测得它与各种金属组成的热电偶的热电动势，则各种金属间相互组合成热电偶的热电动势就可根据标准电极定律计算出来。由于纯铂丝的物理化学性能稳定，熔点较高，易提纯，所以常用纯铂丝作为标准电极。

1.3.3　热电偶的结构

热电偶的基本结构是热电极、绝缘材料和保护管，并与显示仪表、记录仪表或计算机等配套使用。在现场使用中根据环境、被测介质等多种因素研制成适合各种环境的热电偶。热电偶简单分为装配式热电偶，铠装式热电偶和特殊形式热电偶；按使用环境细分有耐高温热电偶，耐磨热电偶，耐腐热电偶，耐高压热电偶，隔爆热电偶，铝液测温用热电偶，循环流化床用热电偶，水泥回转窑炉用热电偶，阳极焙烧炉用热电偶，高温热风炉用热电偶，汽化炉用热电偶，渗碳炉用热电偶，高温盐浴炉用热电偶，铜、铁及钢水用热电偶，抗氧化钨铼热电偶，真空炉用热电偶，铂铑热电偶等。

1. 工业用热电偶

图 1-28 所示为典型工业用热电偶结构示意图。它由热电偶丝、绝缘套管、保险套管以及接线盒等部分组成。实验室用时，为减小热惯性，也可不装保险套管。

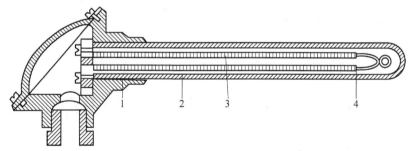

图 1-28　工业热电偶结构示意图

1—接线盒　2—保险套管　3—绝缘套管　4—热电偶丝

2. 铠装式热电偶

铠装式热电偶（又称为套管式热电偶）断面如图 1-29 所示。它是由热电偶丝、绝缘材料，金属套管三者拉细组合成一体的。又由于它的热端形状不同，可分为如图 1-29 所示四种

型式。其优点是小型化（直径为0.25 mm~12 mm），寿命长，热惯性小，使用方便。测温范围在1100℃以下的有：镍铬—镍硅、镍铬—考铜铠装式热电偶等。

3. 快速反应薄膜热电偶

用真空蒸镀等方法使两种热电极材料蒸镀到绝缘板上从而形成薄膜热电偶，如图1-30所示，其热接点极薄（0.01 μm~0.1 μm）。因此，它特别适用于对壁面温度的快速检测。安装时，用粘结剂将它粘结在被测物体的壁面上。目前我国试制的有铁-镍、铁-康铜和铜-康铜三种；绝缘基板用云母、陶瓷片、玻璃及酚醛塑料纸等制成；测温范围在300℃以下；反应时间仅为几毫秒。

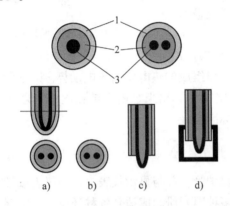

图1-29 铠装式热电偶断面结构示意图
a）碰底型 b）不碰底型 c）露头型 d）帽型
1—金属套管 2—绝缘材料 3—热电极

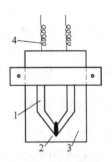

图1-30 快速反应薄膜热电偶
1—热电极 2—热接点
3—绝缘基板 4—引出线

1.3.4 热电偶的冷端温度补偿

由于热电偶的分度表是在冷端温度为0℃时测得的，如果冷端温度不为0℃，则测得的热电动势就不能直接去查相应的分度表，另外热电偶的热电动势是热端温度和冷端温度的函数差，为保证输出的热电动势是被测温度的单值函数，必须使冷端温度保持恒定。热电偶分度表给出的热电动势是以冷端温度0℃为依据，否则会产生误差。为了消除或者补偿冷端温度的影响，常采用以下几种方法进行处理。

1. 0℃冷端恒温法

把热电偶的冷端置于冰水混合物容器里，如图1-31所示，使$T_0 = 0℃$。这种办法仅限于科学实验中使用。为了避免冰水导电引起两个连接点短路，必须把连接点分别置于两个玻璃试管里，浸入同一冰点槽，确保相互绝缘。

2. 计算修正法

用普通室温计算出冷端实际温度T_H，利用公式计算

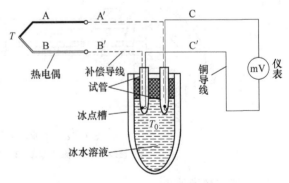

图1-31 0℃冷端恒温法

$$E_{AB}(T, T_0) = E_{AB}(T, T_H) + E_{AB}(T_H, T_0) \qquad (1-22)$$

例如，用铜-康铜热电偶测某一温度 T，冷端在室温环境 T_H 中，测得热电动势 $E_{AB}(T, T_H) = 1.999\,\text{mV}$，又用室温计测出 $T_H = 21\,℃$。

查此种热电偶的分度表可知，$E_{AB}(21,0) = 0.832\,\text{mV}$，故得

$$E_{AB}(T,0) = E_{AB}(T,21) + E_{AB}(21,T_0)$$
$$= (1.999 + 0.832)\,\text{mV}$$
$$= 2.831\,\text{mV}$$

再次查分度表，与 2.831 mV 对应的热端温度 $T = 68\,℃$。

3. 零点迁移法

零点迁移法主要应用于冷端不为 0 ℃，但十分稳定的场合，如恒温车间或有空调的场所。它的实质是在检测结果中人为地加一个恒定值，因为冷端温度稳定不变，电动势 $E_{AB}(T_H, 0)$ 是常数，利用指示仪表上调整零点的办法，加至某个适当的值而实现补偿。例如，用动圈仪表配合热电偶测温时，如果把仪表的机械零点调到室温 T_H 的刻度上，在热电动势为零时，指针指示的温度值并不是 0 ℃ 而是 T_H。而热电偶的冷端温度已是 T_H，则只有当热端温度 $T = T_H$ 时，才能使 $E_{AB}(T, T_H) = 0$，这样，指示值就和热端的实际温度一致了。这种办法非常简便，而且一劳永逸，只要冷端温度总保持在 T_H 不变，指示值就永远正确。

4. 冷端补偿器法（电桥补偿法）

利用不平衡电桥产生热电动势补偿热电偶因冷端温度变化而引起热电动势的变化值。不平衡电桥由 R_1、R_2、R_3（锰铜丝绕制）和 R_{Cu}（铜丝绕制）四个桥臂及桥路电源组成，如图 1-32 所示。设计时，在 0 ℃ 下使电桥平衡（$R_1 = R_2 = R_3 = R_{Cu}$），此时 $U_{ab} = 0$，电桥对仪表读数无影响。供电为直流 4 V，在 0 ℃~40 ℃ 或 -20 ℃~20 ℃ 的范围起补偿作用。注意：不同材质的热电偶所配的冷端补偿器，其限流电阻 R 不一样，互换时必须重新调整。另外还要注意的是桥臂 R_{Cu} 必须和热电偶的冷端靠近，使其处于同一温度。

从图 1-33 中可以得到，$E_{AB}(T, T_0) + U_{AB}$ 是一个定值，随着温度的升高，$E_{AB}(T, T_0)$ 是下降的，而 R_{Cu} 升高，U_{AB} 也升高，若使 U_{AB} 升高的值等于 $E_{AB}(T, T_0)$ 下降的值，仪表读出的热电动势就不受冷端温度变化的影响，即起到了自动补偿的作用。

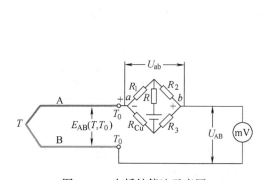

图 1-32 电桥补偿法示意图

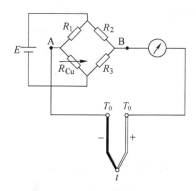

图 1-33 电桥补偿法原理图

5. 软件处理法

对于计算机系统，不必全靠硬件进行热电偶冷端处理。例如，冷端温度恒定但不为 0 ℃ 的情况，只需在采样后加一个与冷端温度对应的常数即可。

对于 T_0 经常波动的情况，可利用热敏电阻或其他传感器把 T_0 信号输入计算机，按照运算公式设计一些程序，便能自动修正。后一种情况除了必须考虑输入的采样通道中热电动势之外，还应该考虑冷端温度信号。如果多个热电偶的冷端温度不相同，还要分别采样，若占用的通道数太多，宜利用补偿导线把所有的冷端接到同一温度处，只用一个冷端温度传感器和一个修正 T_0 的输入通道就可以了。冷端集中，对于提高多点巡检的速度也很有利。

【应用案例】

案例1　热电偶在炉温检测控制中的应用

常用炉温检测控制系统如图1-34所示。毫伏定制器给出给定温度的相应毫伏值，将热电偶的热电动势与定制器的毫伏值相比较，若有偏差则表示炉温偏离给定值，此偏差经放大器送入调节器，再经过晶闸管触发器推动晶闸管执行器来调整电炉丝的加热功率，直到偏差被消除，从而控制温度。

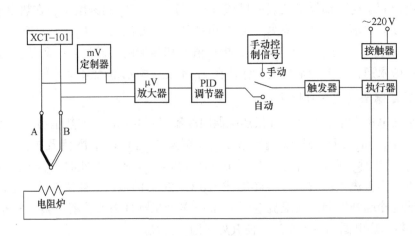

图1-34　常用炉温检测控制系统

案例2　热电偶在加热容器内部的温度检测

热电偶广泛应用在加热容器内部的温度检测中。例如，石油领域中原油集输使用的大型加热炉和热电厂蒸汽锅炉等炉内温度的检测以及家庭用燃气热水器的温度检测等。上述热电偶均采用插入式安装方法，如图1-35所示。

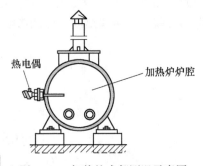

图1-35　加热炉内部测温示意图

【技能提升】

1.3.5　热电偶的选择、安装与使用

应根据被测介质的温度、压力、介质性质、测温时间长短来选择热电偶和保护套管。热电偶的安装地点要有代表性，方法要正确，图1-36所示是热电偶安装在管道上的两种常用方法。在工业生产中，热电偶常与毫伏计联用（XCZ型动圈式仪表）或与电子电位差计联用，后者精度较高，且能自动记录。另外也可使其与温度变送器连接，经放大后再接指示仪表，或作为控制信号使用。

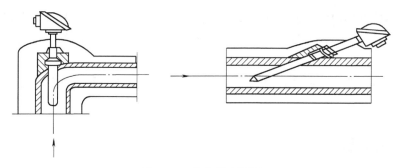

图 1-36 热电偶安装图

1.3.6 热电偶的定期校验

校验的方法是用标准热电偶与被校验热电偶装在同一校验炉中进行对比，误差超过规定允许值为不合格。图 1-37 所示为热电偶校验装置示意图，最佳校验方法可查阅有关标准。

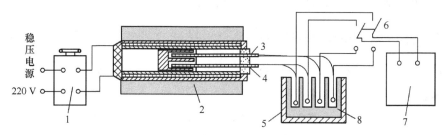

图 1-37 热电偶校验装置示意图

1—调压变压器 2—管式电炉 3—标准热电偶

4—被校验热电偶 5—冰瓶 6—切换开关 7—测试仪表 8—试管

【巩固与拓展】

自测：

（1）热电效应的定义是什么？

（2）热电偶的四大定律分别是什么？

（3）利用电桥补偿法补偿冷端温度的原理是什么？

（4）热电偶在测温过程中应该注意哪些问题？

拓展：

（1）叙述热电偶在工业制造领域中不同介质下的测温安装方法。

任务1.4 集成温度传感器测温

【任务背景】

汽车温度传感器主要用于检测发动机温度、吸入气体温度、冷却水温度、燃油温度以及催化温度等。目前已实用化的产品主要有热敏电阻式温度传感器、铁氧体式温度传感器（ON/OFF 型）、金属或半导体膜空气温度传感器。由于传统的温度传感器难以满足多功能化、集成化、智能化控制的要求，现代汽车正在开发精度更高、响应时间更快的集成温度传感器。

集成温度传感器输出线性好、检测精度高,其传感驱动电路、信号处理电路等都与温度传感部分集成在一起,因而封装后的组件体积非常小,使用方便,价格便宜,故在测温技术中得到越来越广泛的应用。

本任务将重点介绍集成温度传感器的工作原理及其在检测温度方面的应用。

【相关知识】

1.4.1 集成温度传感器

集成温度传感器是利用晶体管 PN 结的正向压降随温度升高而降低的特性,将晶体管的 PN 结作为感温元件,把敏感元件、放大电路和补偿电路等部分集成,并把它们封装在同一壳体里的一种一体化温度检测元件。

它与半导体热敏电阻一样除具有体积小、反应快的优点外,还具有线性好、性能高、价格低、抗干扰能力强等特点,虽然由于 PN 结受耐热性能和特性范围的限制,只能用来测 150℃以下的温度,但在低温测量领域仍得到了广泛的应用。

1.4.2 集成温度传感器的分类

常用的集成温度传感器可分为模拟输出式、逻辑输出式、数字输出式三类。

1. 模拟输出式集成温度传感器

模拟输出式集成温度传感器的主要特点是功能单一(仅测量温度)、测温误差小、价格低、响应速度快、传输距离远、体积小、功耗小等,适合远距离测温、控温,不需要进行非线性校准,外围电路简单,是目前国内外应用最为普遍的一种集成传感器,其分为电压型和电流型两种,典型产品有 AD590、AD592、TMP17、LM135 等。

电压型集成温度传感器是将温度传感器基准电压、缓冲放大器集成在同一芯片上,制成一四端器件。因器件有放大器,故输出电压高,线性输出为 10 mV/℃。另外,由于其具有输出阻抗低的特性,抗干扰能力强,故不适合长线传输。这类集成温度传感器特别适合于工业现场检测。

电流型集成温度传感器是把线性集成电路和与之相容的薄膜工艺元件集成在一块芯片上,再通过激光微加工技术,制造出性能优良的测温传感器。这种传感器的输出电流正比于热力学温度,为 1 μA/K。其次,因电流型输出恒流,所以传感器具有高输出阻抗,其值可达 10 MΩ,这为远距离传输,如深井测温等实际应用提供了一种新的思路。

2. 逻辑输出式集成温度传感器

逻辑输出式集成温度传感器主要包括温控开关、可编程温度控制器,典型产品有 LM56、AD22105 和 MAX6501/02/03/04 等。在逻辑输出式集成温度传感器的应用中,并不需要严格测量具体的温度数值,只需要关心温度是否超出了某个设定范围。一旦温度超出了设定的范围,传感器即发出报警信号,启动或关闭风扇、空调、加热器或其他控制设备。LM56 是 NS 公司生产的高精度低压温度开关,内置 1.25 V 参考电压输出端,最大只能带 50 A 的负载。MAX6501/02/03/04 具有逻辑输出和 SOT-23 封装的温度监视器件开关,其设计非常简单:用户选择一种接近于自己需要的温度控制门限(由厂方预设在-45~115℃,预设值间隔为10℃),直接将其接入电路即可使用,不需要任何外部元件。

3. 数字输出式集成温度传感器

数字输出式集成温度传感器可把温度信号直接转换为并行或串行数字信号供微机处理，可以克服模拟输出式传感器与微处理器接口时需要增加信号调理电路和 A/D 转换器的弊端，被广泛应用于工业控制、电子测温计、医疗仪器等各种温度控制系统中。比较有代表性的数字输出式温度传感器有 DS1820、MAX6575、DS1722、MAX6635 等。

1.4.3　集成温度传感器举例——数字温度计 DS18B20

Dallas 半导体公司的数字温度传感器 DS18B20 是世界上第一片支持一线总线接口的温度传感器，其体积小，抗干扰能力强，精度高，硬件开销低，超低功耗（静态功耗<3 μA）。图 1-38 所示为 DS18B20 的外形图。

1. DS18B20 简介

DS18B20 数字温度传感器接线方便，封装后可应用于多种场合。其封装形式多样，有管道式、螺纹式、磁铁吸附式、不锈钢封装式等；其型号也有多种，包括 LTM8877、LTM8874 等，主要根据应用场合的不同而设计不同外观。封装后的 DS18B20 可用于电缆线槽、高炉水循环、锅炉、电力电信机房、农业大棚、洁净室、弹药库、中低温干燥箱、供热/制冷管道等测温和控制领域；DS18B20耐磨耐碰，体积小，使用方便，适用于各种狭小空间和控制领域。其技术性能如下：

图 1-38　DS18B20 外形图

（1）独特的单线接口方式。DS18B20 在与微处理器连接时仅需要一条接口线即可实现微处理器与 DS18B20 的双向通信。

（2）测温范围为-55℃~125℃，固有测温误差为 1℃。

（3）支持多点组网功能。多个 DS18B20 可以并联在唯一的三线上实现多点测温，但最多只能并联 8 个，如果数量过多，会使供电电源电压过低，从而造成信号传输不稳定。

（4）工作电源为 DC3.0~5.5 V。

（5）在使用中不需要任何外围元件。

（6）检测结果以 9~12 位数字量方式串行传送。

2. DS18B20 的结构

DS18B20 内部结构主要由四部分组成：64 位光刻 ROM、温度传感器、非挥发的温度报警触发器（简称高温触发器 TH 和低温触发器 TL）、配置寄存器，如图 1-39 所示。

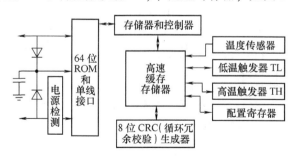

图 1-39　DS18B20 结构示意图

DS18B20 的外形及引脚排列如图 1-40 所示。DS18B20 的引脚定义如下：

（1）DQ 为数字信号输入/输出端；

（2）GND 为电源接地端；

（3）V$_{DD}$ 为外接供电电源输入端（在寄生电源接线方式时接地）。

3. DS18B20 的测温原理

DS18B20 的测温原理框图如图 1-41 所示。图中低温度系数晶振的振荡频率受温度影响很小，用于产生固定频率的脉冲信号送给计数器 1。高温度系数晶振随温度变化，其振荡频率明显改变，所产生的信号作为计数器 2 的脉冲输入。计数器 1 和温度寄存器被预置在-55 ℃所对应的一个基数值上。计数器 1 对低温度系数晶振产生的脉冲信号进行减法计数，当计数器 1 的预置值减到 0 时，温度寄存器的值将加 1，计数器 1 的预置将重新被装入，计数器 1 重新开始对低温度系数晶振产生的脉冲信号进行计数，如此循环，直到计数器 2 计数到 0 时，停止温度寄存器值的累加，此时温度寄存器中的数值即为所测温度。

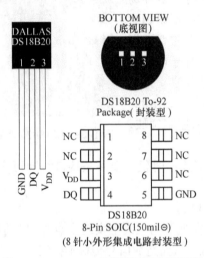

图 1-40　DS18B20 的外形及引脚排列图

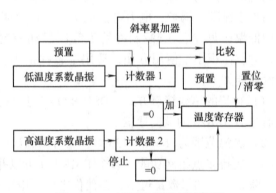

图 1-41　DS18B20 测温原理框图

4. DS18B20 寄生电源供电方式电路

在寄生电源供电方式下，DS18B20 从单线信号线上汲取能量：在信号线 DQ 处于高电平期间把能量存储在内部电容里，在信号线处于低电平期间消耗电容上的电能进行工作，直到高电平到来再给寄生电源（电容）充电，如图 1-42 所示。

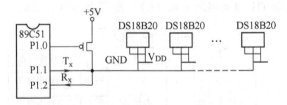

图 1-42　采用寄生电容供电的温度检测系统

p1.1—输出口用，相当于 T$_x$　P1.2—输入口用，相当于 R$_x$

⊖　1 mil = 0.0254 mm。

独特的寄生电源供电方式有以下三个优势：

（1）进行远距离测温时，不需要本地电源；

（2）可以在没有常规电源的条件下读取 ROM；

（3）电路更加简单，仅用一根 I/O 口即实现测温。

由于单线数字温度传感器 DS18B20 有在一条总线上可同时挂接多片的特点，所以可同时检测多点温度，而且 DS18B20 的连接线可以很长，抗干扰能力强，便于远距离检测，因而得到了广泛应用。

要想使 DS18B20 进行精确的温度转换，必须保证在温度转换期间 I/O 线能提供足够的能量。由于每个 DS18B20 在温度转换期间工作电流都达到 1 mA，当几个温度传感器挂在同一根 I/O 线上进行多点测温时，只靠 4.7 kΩ 上拉电阻就无法提供足够的能量，会造成温度无法转换或温度误差极大的情况。寄生电源供电方式电路只适应于单一温度传感器测温情况下使用，不适宜采用电池供电系统。并且工作电源 V_{CC} 的值必须保证在 5 V，当电源电压下降时，寄生电源能够汲取的能量也会降低，使温度误差变大。

【应用案例】

案例　集成温度传感器在笔记本计算机 CPU 散热保护电路中的应用（图 1-43）

集成温度传感器的温度控制原理如图 1-44 所示。

在笔记本计算机 CPU 上加入一个贴片式集成温度传感器 AN6701S。AN6701S 是日本松下公司生产的电压输出型集成温度传感器。它有四个引脚，三种连线方式，如图 1-45 所示，其中图 1-45a 为正电源供电，图 1-45b 为负电源供电，图 1-45c 为输出极性颠倒。AN6701S 电源电压为 5 V~15 V。当

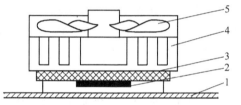

图 1-43　集成温度传感器用于 CPU 温度的检测

1—PC 印制电路板　2—贴片式集成温度传感器
3—CPU　4—散热片　5—散热风扇

电源电压为 5 V 时，测量范围只是-10~20℃；仅当电源电压大于且等于 12 V 时，测量范围才达到-10~80℃，其典型电源电压为 15 V。通过改变调整 R_C 值对偏置温度进行调整，也就是在某一温度下改变 R_C 值就改变了输出电压。计算机运行时如果温度超限，集成温度传感器即执行关断控制，风扇故障报警，提示温度过高。

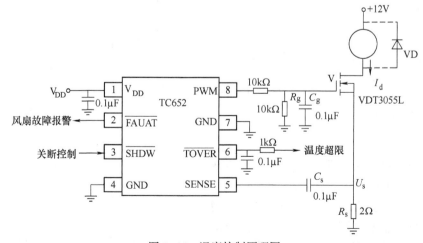

图 1-44　温度控制原理图

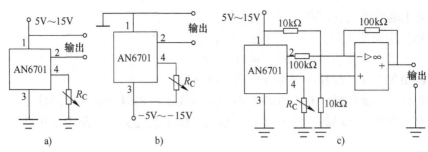

图1-45　AN6701S三种连线方式

a) 正电源供电　b) 负电源供电　c) 输出极性颠倒

【技能提升】

1.4.4　集成温度传感器的选择

在工业生产和日常生活中，要选择正确的集成温度传感器，需要注意以下选择原则。

1. 要考虑应用类型

在实际使用中需考虑环境和安全因素、每个传感器的成本预算以及传感器到仪器的检测距离等。例如，在进行深井长线传输测温时，最好应用集成温度传感器AD590，这是因为应用AD590作为传感器时，传输的电缆可以达到1 000 m以上，而由于AD590本身具有恒流和高阻抗的特点，对于1 000 m的铜质电缆，其直流电阻值约为150 Ω，对电缆的影响微乎其微。

2. 要考虑温度测量的预计量程

要根据测量的温度范围选择传感器，每种集成温度传感器都有其测量的范围。例如，在选择DS18B20时，可以测量-55 ℃~125 ℃的温度。一旦测量的温度超过这个范围，就要更换其他类型的集成温度传感器。

3. 要考虑传感器的可用安装区域

待测器件必须要有足够的空间用于安装所选传感器。例如，集成电路是微型电子器件，因此传感器的正确选择取决于待测参数、集成电路封装、引脚框架及芯片本身。大多数集成温度传感器具有多种形状和尺寸，选取必须符合应用要求。

【巩固与拓展】

自测：

（1）集成温度传感器的工作原理是什么？按输出形式可以分为哪两类？

（2）DS18B20的特点是什么？试分析DS18B20的工作原理。

拓展：

（1）查阅资料，找出其他种类常用的集成温度传感器并简述其应用。

（2）AD590是美国ANALOG DEVICES公司的单片集成两端感温电流源，其输出电流与绝对温度成比例。其内部结构如图1-46所示，试

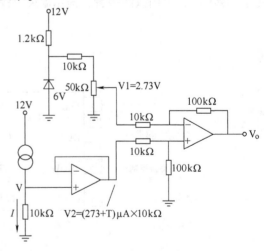

图1-46　AD590内部结构图

分析其工作原理。

（3）根据 DS18B20 的工作原理和特点，结合 89C51 单片机设计一个简易温度计。

任务 1.5 非接触式温度传感器

【任务背景】

非接触式温度传感器利用物体表面的热辐射与温度的关系来检测温度，通过检测一定距离处被测物体发出的热辐射强度来确定被检测物的温度。常见的非接触式温度传感器有辐射高温计、光谱高温计、激光和超声波温度传感器等。非接触式温度传感器的主要优点有测温迅速、不存在滞后现象、测温范围不受限制，还可以检测腐蚀性物体温度等；缺点是易受被测物体与仪器之间距离、灰尘、水汽和被测物体辐射率的影响，即检测精度较低。

本任务中将重点介绍非接触式温度传感器的工作原理及其在温度检测方面的应用。

【相关知识】

非接触式温度传感器的敏感元件与被测对象互不接触。这种温度传感器可用来检测运动物体、小目标、热容量小或温度迅速变化（瞬变）的对象的表面温度，也可用于检测温度场的温度分布。最常用的非接触式温度传感器基于黑体辐射的基本定律，称为辐射温度传感器。辐射测温法主要包括亮度法（光学高温计）、辐射法（辐射高温计）和比色法（比色温度计）。图 1-47 所示为某非接触式温度传感器实物图。

非接触式温度计大致可以分为四类。

（1）辐射高温计：用来检测 1 000 ℃ 以上高温。共分四种：光学高温计、比色高温计、辐射高温计和光电高温计。

（2）光谱高温计：利用光谱发射率的变化来对温度进行测量。俄罗斯研制的 YCI-I 型自动测温通用光谱高温计，其检测范围为 400 ℃ ~ 6 000 ℃，采用电子化自动跟踪系统，保证有足够的精度。

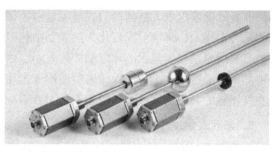

图 1-47 某非接触式温度传感器实物图

（3）超声波温度传感器：是利用超声波的特性研制而成的传感器。超声波是一种振动频率高于声波的机械波，由换能晶片在电压的激励下发生振动而产生的，它具有频率高、波长短、绕射现象小、方向性好、能够成为射线而定向传播等特点。超声波传感器响应快（为 10 ms 左右），方向性强。目前国外有可测到 5 000 F（约 2 760 ℃）的产品。

（4）激光温度传感器：是利用激光技术进行测量的传感器。它由激光器、激光检测器和测量电路组成，适用于远程和特殊环境下的温度检测。如 NBS 公司用氦氖激光源的激光作为光反射计测量较高温度，精度为 1%。美国麻省理工学院所研制的一种激光温度计，最高检测温度可达 8 000 ℃，专门用于核聚变研究。

对于 1 800 ℃ 以上的高温，主要采用非接触测温方法。随着红外技术的发展，辐射测温方式逐渐由可见光向红外线扩展，700 ℃ 以下直至常温都可以采用，且分辨率很高。

1.5.1 辐射式温度传感器

辐射式温度传感器利用物体的热辐射特性与温度之间的关系来实现温度检测，只要将传感

器与被测对象对准即可检测其温度的变化。它采用热辐射和光电检测的方式检测温度。因热引起的电磁波辐射称为热辐射。它是由物体内部微观粒子在运动状态改变时所激发出来的能量，可分为红外线、可见光和紫外线等。由于电磁波的传播不需要任何介质，所以热辐射是真空中唯一的传热方式。其中红外线对人体的热效应显著。图1-48所示是辐射式温度传感器的测温原理图。

图1-48　辐射式温度传感器测温原理图

辐射式温度传感器一般包括以下两部分：

1）光学系统：用于瞄准被测物体，并把被测物体的辐射能聚焦在辐射接收器上。

2）辐射接收器：利用各种热敏元件或者光电元件将汇聚的辐射能转换为电信号。

1. 全辐射温度传感器

全辐射温度传感器是通过检测被测物体辐射的全光谱积分能量来检测被测物体的温度。通常把能全部吸收投射到它表面的辐射能量的物体称为黑体；能全部反射的物体称为镜体；能全部透过的物体称为透明体；能部分反射、部分吸收的物体称为灰体。因为实际物体的吸收能力小于绝对黑体，所以用全辐射温度传感器测得的温度总是低于物体的真实温度。

全辐射温度传感器的结构如图1-49所示，它由辐射感温器及显示仪表组成。被测物的辐射能量经物镜聚焦到热电堆的靶心铂片上，将辐射能转化为热能，由热电堆变成热电动势，再由显示仪表显示出热电动势的大小，由热电动势数值可知所测温度的大小。这种传感器适用于远距离测量且不能直接接触的高温物体，其测温范围为100℃～2 000℃。

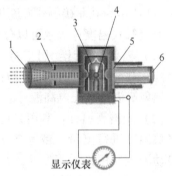

图1-49　全辐射温度传感器的结构
1—物镜　2—光阑　3—玻璃泡
4—热电堆　5—灰滤色片　6—目镜

2. 亮度式温度传感器

亮度式温度传感器利用物体的单色辐射亮度随温度变化的原理，并以被测物体光谱的一个狭窄区域内的亮度与标准辐射体的亮度进行比较来检测温度。物体在波长 λ 下的亮度 L_λ 和它的光谱辐射出射度 E_λ 成正比。

这种传感器量程较宽，有较高的检测精度，一般用于检测700℃～3 200℃范围的浇铸、轧钢、锻压、热处理时的温度。亮度式温度传感器的形式有很多，较常用的是灯丝隐灭式亮度传感器和各种光电亮度式传感器。灯丝隐灭式亮度传感器以其内部高温灯泡灯丝的单色亮度作为标准，并与被测辐射体的单色亮度进行比较来测温。光电亮度式温度传感器则利用光电元件进行亮度比较，从而实现自动化测温。图1-50所示是灯丝隐灭式高温计的工作原理图，调节物镜使被测物的像落在灯泡的灯丝平面上，灯泡温度低时，从目镜中看到被测物像上的暗丝，接通电源并调节可变电阻，使灯泡变亮，当灯丝亮度与被测物亮度相同时，灯丝隐灭在被测物的像中。吸收玻璃的作用是减弱热源进入仪表所产生的亮度，保证在灯丝不过热的条件下加大光学高温计的测量范围。

3. 比色温度传感器

当温度变化时，物体的最大单色辐射出射度将向波长增大或减小的方向移动，使两个固定

波长 λ_1 和 λ_2 下的光谱辐射出射度比值变化，测出两者比值即可知被测物温度。由于是比较两个波长的亮度，故称之为比色测温法。用此法进行检测时，仪表显示的温度为"比色温度"。比色温度的定义为：非黑体辐射的两个波长 λ_1、λ_2 的亮度 $L_{\lambda_1 T}$ 和 $L_{\lambda_2 T}$ 之比等于绝对黑体两个光谱波长 λ_1、λ_2 相应的亮度 $L_{\lambda_1 T}$ 和 $L_{\lambda_2 T}$ 之比时绝对黑体的温度，以 T_p 表示，ε_{λ_1}、ε_{λ_2} 为介电常数，C_2 为第二辐射常数，$C_2 = \dfrac{h_c}{K}$，h 为普朗克常数，c 为电磁波在真空中的传播速度，K 为波尔兹曼常数。它与非黑体的真实温度 T 的关系为

$$\frac{1}{T} - \frac{1}{T_P} = \frac{\ln(\varepsilon_{\lambda_1}/\varepsilon_{\lambda_2})}{C_2(1/\lambda_1 + 1/\lambda_2)} \tag{1-23}$$

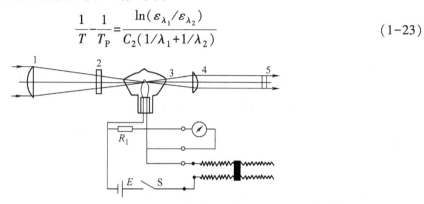

图 1-50　灯丝隐灭式高温计的工作原理图

1—物镜　2—吸收玻璃　3—灯泡　4—红色滤波片　5—目镜

若比色温度计所选波长 λ_1 和 λ_2 很接近，则单色辐射亮度系数也十分接近，所测比色温度近似等于真实温度，这是比色温度计最重要的优点之一。比色温度计的原理如图 1-51 所示。可求得 R_x 为

$$R_x = \frac{R_2 + R_4}{R_2}\left(R_1 \frac{I_{\lambda_1}}{I_{\lambda_2}} - R_3\right) \tag{1-24}$$

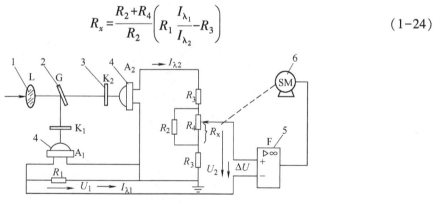

图 1-51　比色温度计原理图

1—透镜　2—分光镜　3—滤光片
4—光敏元件　5—放大器　6—伺服电动机

1.5.2　红外线测温仪

红外线测温仪由光学系统、红外探测器、信号放大器及信号处理、显示输出等部分组成，其原理如图 1-52 所示。光学系统汇聚其视场内目标的红外辐射能量，红外能量聚焦在红外探测器上并转变为相应的电信号，该信号再经换算转变为被测目标的温度值。当用红外线测温仪检测目标的温度时，首先要检测出目标在其波段范围内的红外辐射量，然后由测温仪计算出被

测目标的温度。单色测温仪与波段内的辐射量成比例；双色测温仪与两个波段的辐射量之比成比例。

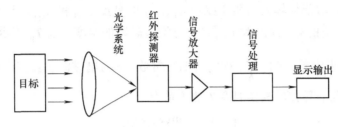

图1-52　红外线测温仪原理图

红外线测温仪的三种测温方法如下。

（1）点检测：测定物体全部表面温度，如测定发动机或其他设备的温度。

（2）温差检测：比较两个独立点的检测温度，如测定连接器或断路器的温度。

（3）扫描检测：探测较宽的区域或连续区域内目标温度的变化，如测定制冷管线或配电室的温度。

【应用案例】

案例1　非接触式温度传感器在医疗中的应用

一般来说，非接触式温度传感器可以检测远距离的红外辐射热源的热排放。卤化银红外光学纤维被认为是低温下检测的最佳选择方案，可用于辐射检测及工业和医疗应用的热成像。目前已经研究出一种卤化物红外线非接触式温度传感器，用于医疗内窥镜。它由一个内窥镜系统组成，包括映像导体单元、光导和辅助通道（光纤温度传感器作为非接触式的辅助通道）。图1-53所示为该内窥镜温度检测系统示意图。

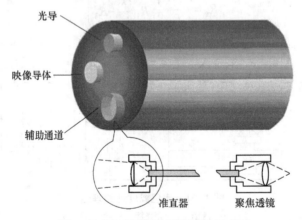

图1-53　内窥镜温度检测系统示意图

案例2　非接触式温度传感器在发动机温度检测中的应用

光纤热辐射温度传感器是一种非接触式温度传感器，它以光纤为测温元件，对于远距离检测很便利。其在固体火箭发动机中的应用如图1-54所示。其工作过程是当发动机发出的热辐射经光纤探头感知，由传输光纤送往光学处理单元，光学处理单元中的光学扫描器将接收到光信号，然后送往中央处理器分析结果。由于石英光纤对波长大于$2\ \mu m$的光强烈衰减，这种传感器测得的最低温度可以达到500℃，若要检测超过1 000℃的温度时，只需外加一冷却附件即可。

案例 3 焦炉炭化室侧壁连续测温系统

焦炉是冶金工业中最复杂的窑炉，随着市场对焦炭质量要求的日益提高，对焦炉各项温度的掌握也越来越重要。焦炉炭化室侧壁的温度对于炼焦生产的作用非常重要。光纤比色温度检测系统具有精度高、抗干扰能力强等特点，运用比色测温法能克服外界干扰，提高系统的测温精度和稳定性。图 1-55 所示为焦炉测温环境结构示意图，图 1-56 所示为光纤比色测温系统结构框图。

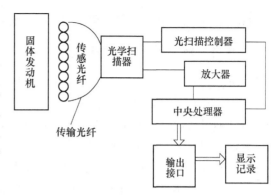

图 1-54 光纤热辐射温度传感器框图

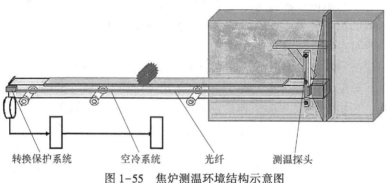

图 1-55 焦炉测温环境结构示意图

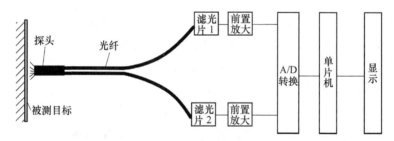

图 1-56 光纤比色测温系统结构框图

【技能提升】

1.5.3 温度传感器的发展趋势

温度传感器有未来发展分为如下 6 种。

（1）超高温与超低温传感器，如测量 3 000 ℃ 以上和 -250 ℃ 以下物体或环境的温度传感器。

（2）精度和可靠性提高的温度传感器。

（3）家用电器、汽车及农畜业所需要的廉价温度传感器。

（4）缆式热电偶与热敏电阻，薄膜热电偶，镍材、贵金属以及厚膜铂的热电阻，晶体管测温元件，高灵敏度 CA 型热电偶以及各类非接触式温度传感器。

（5）适应特殊测温要求的温度传感器。

（6）数字化、集成化和自动化的温度传感器。

1.5.4 红外测温技术的应用

红外测温技术主要应用在红外检测、红外诊断和红外成像等方面。红外检测技术是一种在线检测（不停电）式高科技检测技术，它集光电成像技术、计算机技术、图形图像处理技术于一身，通过接收物体发出的红外线（红外辐射），将其热像显示在荧光屏上，从而准确判断物体表面的温度分布情况，具有准确、实时、快速等优点。任何物体由于其自身分子的运动，不停地向外辐射红外热能，从而在物体表面形成一定的温度场，俗称"热像"。

红外诊断技术正是通过吸收这种红外辐射能量，测出设备表面的温度及温度场的分布，从而判断设备的发热情况。目前应用红外诊断技术的测试设备比较多，如红外测温仪、红外热电视、红外热像仪等。红外热电视、红外热像仪等设备利用热成像技术将这种看不见的"热像"转变为可见光图像，使测试效果直观，灵敏度高，能检测出设备细微的热状态变化，准确地反映设备内部、外部的发热情况，可靠性高，对发现设备隐患非常有效。

红外诊断技术对电气设备的早期故障缺陷及绝缘性能做出可靠的预测，使传统电气设备的预防性试验维修提高到预知状态检修，这也是现代电力企业发展的方向。特别是现在大机组、超高压的条件下，对电力系统的可靠运行，提出了越来越高的要求。随着现代科学技术的不断发展与日益成熟，利用红外状态检测和诊断技术具有远距离、不接触、不取样、不解体的特点，并且准确、快速、直观，能实时地在线监测和诊断电气设备大多数故障（几乎可以覆盖所有电气设备各种故障的检测），所以备受国内外电力行业的重视（是国外20世纪70年代后期普遍应用的一种先进状态检修体制），并得到快速发展。红外检测技术的应用，对提高电气设备的可靠性与有效性，提高运行经济效益，降低维修成本等都有很重要的意义，是目前在预知检修领域中普遍推广的一种较好方法，能使设备的维修水平和健康水平上升一个台阶。

红外成像检测技术还可以对正在运行的设备进行非接触检测，拍摄其温度场的分布，检测其任何部位的温度值，据此对各种外部及内部故障进行诊断，具有实时、遥测、直观和定量测温等优点，用来检测发电厂、变电所和输电线路的运转设备和带电设备非常方便、有效。图1-57所示是红外成像检测技术在混凝土结构无损检测中应用的示意图。

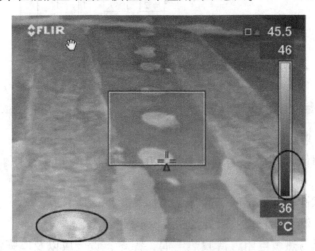

图1-57 红外成像检测技术在混凝土结构无损检测中的应用示意图

另外，医学红外热成像技术用于研究人体的健康状况，是一种无创的理想检查手段。由于大多数疾病都会引起人体组织的温度场变化，使得红外影像诊断系统检查的病症很广，再加上它能够实现提前诊断，检查成本低、无公害，因而被誉为"绿色检查"。图1-58所示为利用红外诊断技术诊断人体是否亚健康的示意图。

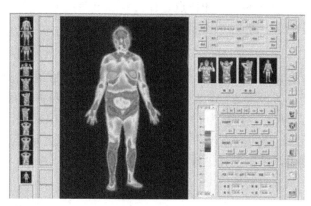

图1-58　利用红外诊断技术诊断人体是否亚健康的示意图

1.5.5　数字控温仪简介

数字控温仪属于智能型数字化温度仪表，能实现传统模拟量仪表无法达到的功能，性价比较高，其工作原理如图1-59所示。

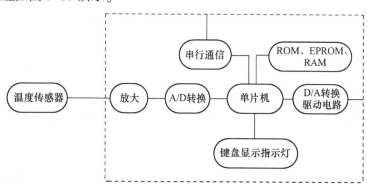

图1-59　数字控温仪结构框图

温度传感器信号经放大，模/数转换后为数字量，然后被送入单片机，经温度补偿、线性化处理后转换为实际温度值显示。与设定温度值求差值，经数字量PID运算求出控制数值，再经模/数转换、电压/电流转换为控制电流输出。同时还可输出脉宽调制、移向触发等控制信号，直接控制强电执行机构，按需对温度进行调节。目前在高质量控温或恒温要求的工业现场和科研计量场所得到广泛应用，精度可达（0.01~0.03）℃/10 min。其主要特点如下：

（1）控制采用数字量PID、自整定PID运算，在仪表面板上直接输入PID参数、温度设定值、脉宽调节周期和上下限保护值等，随时修改，永久记忆。

（2）利用软件对铂电阻、热电偶信号线性化，测量精度高，一般都优于0.2%。

（3）有电流控制、脉宽调制、移向触发多种控制方式，供用户选择。

（4）同时显示测量温度值、设定值，且可显示脉宽调制周期、上下限保护值、功率百分数。

（5）具有 RS-422、多种总线接口，可与计算机构成测控系统。

【巩固与拓展】

自测：

（1）非接触式温度传感器的定义和特点是什么？

（2）简述亮度式温度传感器的工作原理。

拓展：

（1）图1-60所示为 WGG2-201 型光学高温计，是非接触式测量高温的仪表，能在 10℃ ~ 50℃，相对湿度不大于85%的情况下连续工作，在测量时物镜与目标之间的距离不小于700 mm，标尺长度不小于90 mm，其有效波长为 0.66 μm。试分析其工作原理。

（2）图1-61所示为红外线测温仪。在乘坐飞机安检时可以远距离进行温度检测，试分析红外线测温仪的有效测温范围以及其工作原理。

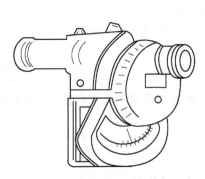
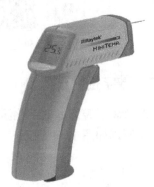

图1-60　WGG2-201 型光学高温计　　　　　　图1-61　红外线测温仪

任务 1.6　技能实训——冰箱温控中的热敏电阻

【任务描述】

日常生活中使用冰箱时，需要根据室外温度正确调节冰箱的温度吗？例如夏天室温比较高的情况下将冰箱调节在稍高温度，而冬天把温度调节到稍低的温度比较好呢？还是冬夏一直让冰箱保持在一个温度好呢？答案当然是前者。学习完本任务后，可结合本任务所涉及知识，查阅资料，设计一款简易的冰箱温度控制系统进行冰箱的温度检测与控制，要求不管外界气温如何变化，冰箱都能处于最合适的制冷工作温度。

【任务分析】

目前大多数冰箱的温控选择按钮基本上都是 0~7 共七档，数字越大，则冰箱冷藏室的温度就越低。因为冰箱在使用过程中，其工作时间和耗电量受环境温度影响很大，故环境温度高时，应该将温度调节在 1~2 档之间。一般春秋季只需要将冰箱温度调节到 3 档左右即可，从而达到更好的节能省电效果。冬季随着环境温度的降低，压缩机的启动次数会减少，要想维持正常的制冷温度，就要把设定温度调低，一般在 5~6 档。当环境温度在 10℃ 以下时，还要打开冰箱内部的温度补偿开关，否则压缩机难以正常工作，冰箱内部的温度也会因此而升高。

相对于热电阻和热电偶，热敏电阻温度系数大、灵敏度高、结构简单、体积小、热惯性小、使用寿命长、性价比高,所以本任务中选用合适的热敏电阻来控制冰箱的温度。

【任务实施】

1. 热敏电阻的选型

考虑到室外温度越高,冰箱内需要的温度越低,可选择负温度系数热敏电阻器(NTC),即随着温度的升高,热敏电阻的阻值降低。

具体的热敏电阻选型参考依据如下。

(1)材料选用锰、铜、硅、钴、铁、镍、锌等两种或两种以上的金属氧化物进行充分混合、成型、烧结等工艺制作而成的半导体陶瓷。

(2)测量温度的范围为-55~125 ℃。

(3)电阻温度系数为-8%~-2%。

(4)室温下阻值的变化范围为 100 Ω~1 MΩ。

(5)封装采用环氧封装。

(6)额定功率小于且等于 20 mW。

(7)耗散系数大于且等于 2.0 mW/℃。

(8)热时间常数小于且等于 15 s。

根据以上分析,选择热敏电阻传感器的具体型号为 MF52B103G45000,即珠状精密型 NTC 热敏电阻传感器,导线为漆包线,标称电阻为 10 kΩ,允许偏差为±2%。

2. 热敏电阻的检测与调试

冰箱的温度控制原理图如图 1-62 所示。对热敏电阻检测的具体操作步骤如下。

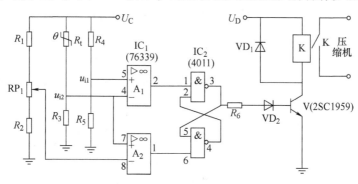

图 1-62 冰箱温度控制原理图

(1)开始检测时,将万用表的旋转按钮调到欧姆档(根据标称电阻值确定档位,一般为 $R \times 1$ 档)。

(2)首先进行常温检测(室内温度接近 25 ℃)。用鳄鱼夹代替表笔分别夹住 NTC 热敏电阻 R_t 的两引脚测出其实际阻值,并与标称阻值相对比,二者相差在±2 Ω 内即为正常。实际阻值若与标称阻值相差过大,则说明其性能不良或已损坏。

(3)再进行加温检测。在常温测试正常的基础上,即可进行第三步的加温检测。将一热源(例如电烙铁)靠近热敏电阻 R_t 对其加热,观察万用表示数。此时如看到万用表示数随温度的升高而改变,表明电阻值在逐渐改变(负温度系数热敏电阻器阻值会变小,正温度系数热敏电阻器阻值会变大),当阻值改变到一定数值时显示数据会逐渐稳定,说明热敏电阻正常,若阻值无变化,说明其性能变差,不能继续使用。

3. 热敏电阻控温

当冰箱接通电源时，冰箱内温度高于设定温度时，由于热敏电阻 R_t 和 R_3 的分压 U_{i2} 大于 U_{i1}，U_{i2} 大于 U_{i3}，所以 A_1 输出低电平，而 A_2 输出高电平。由 IC_2 组成的 RS 触发器的输出端输出高电平，使晶体管 V 导通，继电器 K 工作，其常开触点 K 闭合，接通压缩机电动机电路，压缩机开始制冷。当压缩机工作一定时间后，冰箱内的温度下降，当到达设定温度后，温度传感器的阻值增加使得 A_1 反相输入端和 A_2 同相输入端电位下降，U_{i2} 小于 U_{i1}，U_{i2} 小于 U_{i3}，A_1 的输出端变为高电平，而 A_2 的输出端变为低电平，RS 触发器的工作状态发生改变，其输出为低电平，从而使 VT 截止，继电器 K 停止工作，触点 K 被释放，压缩机停止运转，以达到控制温度的目的。

【项目小结】

热电偶是基于热电效应，由两种不同的金属构成，输出的热电动势与热端、冷端的温度差有关，常用的有 K 型、E 型、B 型等，使用时要注意其冷端补偿和补偿导线的匹配问题。

热电阻基于电阻的热效应，即电阻体的阻值随温度的变化而变化，常用的有金属热电阻和半导体热敏电阻。金属热电阻常用铂热电阻和铜热电阻，测量精度高，性能稳定。热敏电阻有负温度系数、正温度系数和临界温度系数热敏电阻，常用于家电和汽车的温度开关与过热保护。

集成温度传感器是一种新型传感器，其线性度好、灵敏度高、体积小、稳定性好，适合于远距离测温、控制，在计算机、家电以及工业上均广泛应用。表 1-1 为常用温度传感器的性能比较。

表 1-1　温度传感器的种类及特点

传感器类型	测温范围/℃	所利用的物理现象	特　点
气体温度计 液体压力式温度计 玻璃水银温度计 双金属片式温度计	$-250 \sim 1\,000$ $-200 \sim 350$ $-50 \sim 350$ $-50 \sim 300$	热膨胀体积变化	不需要电源，寿命长；感温部件体积较大
钨铼热电偶 铂铑热电偶 其他热电偶	$1\,000 \sim 2\,100$ $200 \sim 1\,800$ $-200 \sim 1\,200$	接触热电动势	自发电型，标准化程度高，品种多，可根据需要选择；须进行冷端温度补偿
铂热电阻 热敏电阻	$-200 \sim 850$ $-50 \sim 300$	电阻的变化	标准化程度高；需要桥路电源才能得到电压输出
集成温度传感器	$-50 \sim 150$	PN 结的结电压	体积小，线性好；测温范围小
硅半导体集成温度传感器	$-50 \sim 150$	PN 结的结电压	体积小，线性好；测温范围小
温度变色涂料传感器	$-50 \sim 1\,300$	某些物质受热发生颜色的变化	面积大，可得到温度图像；
液晶变色传感器	$0 \sim 100$	液晶在设定温度区间内随温度变化而呈现颜色变化	寿命衰减得快，准确度低
热成像仪 红外辐射温度计 光学高温温度计 热释电式传感器 光子探测器	$-50 \sim 500$ $-50 \sim 1\,500$ $500 \sim 3\,000$ $0 \sim 1\,000$ $0 \sim 3\,500$	光辐射热辐射	非接触式测量，反应快；易受环境及被测体表面状态影响，标定困难

项目 2　力和压力的检测

【项目引入】

力是最基本的物理量之一，因此测量各种动态力、静态力的大小十分重要。力学传感器是工业实践中最常用的传感器之一，其广泛运用于各种工业自控环境中。

1. 力和压力的概念

力是物体之间的一种相互作用，力学量主要包括力、压力、力矩和应力等。通过力与物体间的这种相互作用，物体产生了形变，改变了其机械运动状态，产生了应力和应变，动能和势能也随之改变。由于力是一种非电物理量，不能用电工仪表直接测量，需要借助某一装置将力转换为电信号进行测量，即通过力学传感器间接完成。力学传感器是将各种力学量转换为电信号或者电参数的仪器，主要由力敏感元件、转换元件、测量和显示电路组成，如图 2-1 所示。

图 2-1　力传感器的测量示意图

垂直作用在单位面积上的力的大小称为压强。在国际单位制（SI）和我国法定计量单位中，压强的单位是"帕斯卡"，简称"帕"，符号为 Pa。1 帕即 1N 的力垂直均匀作用在 $1\ m^2$ 的面积上。

物体间由于相互挤压而垂直作用在物体表面上的力称为压力，国际单位是"牛顿"，简称"牛"，符号为 N。

压力检测中常使用以下名词术语。

（1）绝对压力（简称绝压）P_a：是相对于绝对真空（绝对零压力）所测得的压力。

（2）表压力（简称表压）P：是高于大气压力的绝对压力 P_a 与大气压力 P_0 之差。

（3）负压 P_f 与真空度 V：当绝对压力小于大气压力 P_0 时，大气压力与绝对压力之差称为负压，即 $P_f=P_0-P_a$。低于大气压力的绝对压力，从绝对压力零线起计算时就称为真空度 V。

（4）差压 ΔP：两个压力之间的差值称为差压，也就是压力差。

2. 弹性敏感元件

弹性敏感元件的作用是把力或压力转换为应变或位移，再由转换电路将应变或位移转换为电信号。弹性敏感元件是力传感器中的一个关键性部件，可以分为两类：一类是将力转换为应变或位移的弹性敏感元件，主要有柱型、薄壁环型和梁型等；另一类是将压力转换为应变或位移的弹性敏感元件，主要有弹簧管、波纹管、波纹膜片、膜盒和薄壁圆筒等。在力学传感器中使用的敏感元件不仅应具有良好的弹性、足够的精度，而且还应保证长期使用和温度变化时的稳定性。

本项目将重点介绍电阻应变式传感器、压电式传感器和电感式压力传感器的工作原理和应用。

任务2.1　电阻应变式传感器测力

【任务背景】

在纱线加工过程中，随着纱线张力的变化，悬臂梁相应地产生与张力成比例的变形而使电阻应变片产生相应的应变，并输出相应的 $\Delta R/R$，破坏了电桥电路的平衡，从而输出相应的电压信号。此电压信

2-1　电阻应变式传感器

号再经动态电阻应变仪放大、检波、滤波后，输出一个与应变成比例的电压信号，最终由函数记录仪在感光纸上描绘成脉冲图形，这就是电阻应变式传感器在纱线加工中的应用。常用的电阻应变式传感器有应变式测力传感器、应变式压力传感器、应变式扭矩传感器、应变式位移传感器、应变式加速度传感器和测温应变计等。电阻应变式传感器的优点是精度高、测量范围广、寿命长、结构简单、频响特性好，能在恶劣条件下工作，易于实现小型化、整体化和品种多样化等。

本任务将重点介绍电阻应变片的结构和种类、应变片测量力的工作原理等。

【相关知识】

电阻应变式传感器是一种利用电阻材料的应变效应，将工程结构件的内部变形转换为电阻变化的传感器，是应用最为广泛的传感器之一。此类传感器主要是在弹性元件上通过特定工艺粘贴电阻应变片来制成的，可以测量力、压力和位移等。通过一定的机械装置将被测量转化为弹性元件的形变，再由电阻应变片将形变转换为电阻的变化，然后通过测量电路进一步将电阻值的改变转换为电压或电流信号输出。

2.1.1　电阻应变片的结构

常用的电阻应变片有金属应变片和半导体应变片两种。金属应变片分为体型和薄膜型。半导体应变片常见的有体型、薄膜型、扩散型、外延型、PN结及其他形式。图2-2所示为工程常见的应变片实物。

电阻应变片的典型结构如图2-3所示。它由敏感栅、基底、覆盖层和引线等部分组成。敏感栅由弯曲成栅状直径约为0.01 mm~0.05 mm高电阻率的细丝组成；基底的作用应能保证将构件上的应变准确地传递到敏感栅上去，因此必须做得很薄，一般为0.03 mm~0.06 mm。用电阻应变片测量时，应将其贴在被测对象表面上。当被测对象受力变形时，应变片的敏感栅也随之变形，其电阻值会发生相应变化，并通过转换电路转换为电压或电流的变化来进行测量。

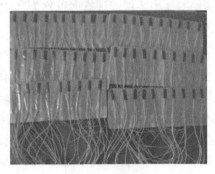

图2-2　应变片

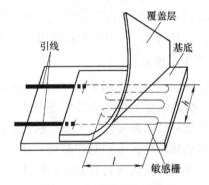

图2-3　电阻应变片的结构

l—应变片的工作基长　h—应变片的基宽

1. 敏感栅

敏感栅用于感受应变，并将应变转换为电阻的变化。敏感栅有丝式、箔式和薄膜式三种。无论哪种形式的电阻丝应变片，对敏感栅的金属材料都有以下基本要求：

（1）应变灵敏系数大，并在所测应变范围内保持为常数。

（2）电阻率高而稳定，以便于制造较小栅长的应变片。

（3）电阻温度系数要小。

（4）抗氧化能力强，耐腐蚀性能强。

（5）在工作温度范围内能保持足够的抗拉强度。

（6）加工性能良好，易于拉制成丝或轧压成箔材。

（7）易于焊接，对引线材料的热电动势小。

2. 基底

基底用于绝缘及传递应变。一般要求基底能准确地把试件的应变传递给敏感栅，同时基底绝缘性能要好，否则会漏掉应变片微小电信号。基底由薄纸、胶质膜等制成。

3. 粘结剂

粘结剂用于敏感栅与基底、基底与试件、基底与覆盖层之间的粘结。使用金属应变片时，需用粘结剂将应变片基底粘贴在试件表面某个方向和位置上，以便试件受力后将表面应变传递给应变片的基底和敏感栅。

4. 覆盖层

覆盖层主要起保护作用，可以防湿、防蚀、防尘。

5. 引出线

引出线用于连接电阻丝与测量电路，输出电参量，它是从应变片的敏感栅中引出的细金属线。对引出线材料的性能要求为：电阻率低、电阻温度系数小、抗氧化性能好、易于焊接。大多数敏感栅材料都可制作导线。

根据敏感栅材料的不同，可分为金属应变片和半导体应变片两大类。各类电阻应变片的结构形式如图2-4所示。

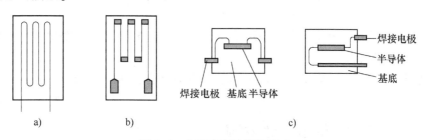

图2-4　电阻应变片结构形式

a）丝式应变片　b）箔式应变片　c）半导体应变片

2.1.2　电阻应变片的工作原理

电阻应变片的工作原理基于金属和半导体材料的应变效应。金属或半导体材料在外界力的作用下产生机械形变时，其电阻值随着形变的大小而发生相应变化，这种现象称为"应变效应"。

由电工学可知，金属丝电阻 R 可用式（2-1）表示

$$R = \rho \frac{l}{S} = \rho \times \frac{l}{\pi r^2} \tag{2-1}$$

式中　ρ——电阻率，单位为 $\Omega \cdot m$；

　　　l——电阻丝长度，单位为 m；

　　　S——电阻丝截面积，单位为 m^2；

　　　r——电阻丝截面半径，单位为 m。

当沿金属丝的长度方向施加均匀力 F 时，上式中 ρ、r、l 都将发生变化，导致了电阻值发生变化。经实验可得到以下结论：当金属丝受外力作用而伸长时，长度增加，而截面积减小，电阻值会增大；当金属丝受外力作用而压缩时，长度减小，而截面积增加，电阻值会减小。但阻值变化通常较小。

如图 2-5 所示，当电阻丝受到拉力 F 作用时，将伸长 ΔL，横截面积相应减小 ΔS，电阻率将因晶格变形等因素发生变化而改变 $\Delta \rho$，故引起电阻值相对变化量为

$$\frac{\Delta R}{R} = \frac{\Delta L}{L} - \frac{\Delta S}{S} + \frac{\Delta \rho}{\rho} \tag{2-2}$$

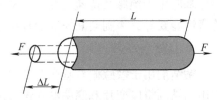

图 2-5　导线受力变形示意图

其中，$\Delta L/L$ 是长度相对变化量，用应变 ε 表示

$$\varepsilon = \frac{\Delta L}{L} \tag{2-3}$$

$\Delta S/S$ 为圆形电阻丝的截面积相对变化量，即

$$\frac{\Delta S}{S} = \frac{2\Delta r}{r} \tag{2-4}$$

其中，$\Delta L/L$ 为材料的横向形变，$\Delta r/r$ 为材料的纵向形变。由材料力学可知，$\varepsilon' = -\mu\varepsilon$（$\varepsilon$ 为纵向应变），其中 μ 为电阻丝材料的泊松比，即横向收缩与纵向伸长之比。把公式（2-3）和公式（2-4）代入公式（2-2）得

$$\frac{\Delta R}{R} = \frac{\Delta L}{L} - 2\frac{\Delta r}{r} + \frac{\Delta \rho}{\rho} = \left(1 + 2\mu + \frac{\Delta \rho/\rho}{\varepsilon}\right)\varepsilon = k_0\varepsilon \tag{2-5}$$

式中，k_0 为金属材料的灵敏度系数，表示单位应变所引起的电阻相对变化，主要取决于其几何效应，通常取 1.7~3.6。

大量实验表明，在电阻丝拉伸极限内，电阻的相对变化与应变成正比，而应变与应力也成正比。

2.1.3　电阻应变式传感器的测量电路

电阻应变式传感器的测量电路主要由四部分组成。

1. 电桥

电桥用于将应变片的电阻值变化转换为电压信号。电阻应变片传感器输出电阻的变化较小，一般为（5×10^{-4} ~ 1×10^{-1}）Ω，要精确地测量出这些微小电阻的变化，常采用桥式测量电路。根据所用电源的不同，电桥可分为直流电桥和交流电桥。四个桥臂均为纯电阻时，用直流电桥精确度高；若有桥臂为阻抗时，必须用交流电桥。电桥接入的是电阻应变片时，即为应变

桥。当一个桥臂、两个桥臂乃至四个桥臂接入应变片时，相应的电桥为惠斯通电桥、半桥（开尔文电桥）和全臂电桥。

2. 振荡器

振荡器用于为电桥提供正弦波交流电压，该电压作为载波电压，由信号电压对它进行调幅，输出一个窄频带的调幅电压信号，送入放大器。同时为相敏检波器提供参考电压。

3. 放大器

电桥输出的信号非常微弱，一般在几十微伏到几毫伏之间，必须经过放大器将电桥送来的调幅电压信号进行失真放大，输出足够的功率以推动指示仪表或记录器。

4. 相敏检波器

相敏检波器既具有检波的作用，又能完成辨别信号相位（如应变信号的拉伸或压缩性质）的任务。

由图2-6所示可以看出

$$U_o = U_{ba} - U_{da} = \frac{R_1 R_3 - R_2 R_4}{(R_1 + R_2)(R_3 + R_4)} U_i \qquad (2-6)$$

当输出电压为0时，电桥达到平衡，即 $R_1 R_3 - R_2 R_4 = 0$。也就是说电桥平衡条件是相邻两臂电阻的比值应相等，或相对两臂电阻的乘积相等，即 $R_2/R_1 = R_3/R_4$。为了获得最大的电桥输出，在设计时常使 $R_1 = R_2 = R_3 = R_4$（称为等臂电桥）。当四个桥臂电阻都发生变化时，电桥的输出为

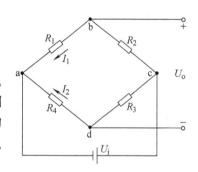

图2-6 应变片测量电路

$$U_o = \frac{U_i}{4}\left(\frac{\Delta R_1}{R_1} - \frac{\Delta R_2}{R_2} + \frac{\Delta R_3}{R_3} - \frac{\Delta R_4}{R_4}\right) = \frac{k_0 U_i}{4}(\varepsilon_1 - \varepsilon_2 + \varepsilon_3 - \varepsilon_4)$$

$$(2-7)$$

实际应用时，R_1、R_2、R_3、R_4 不可能成严格的比例关系，所以即使在未受力时，桥路输出也不一定为零，因此一般测量电路都设有调零装置，如图2-7所示。调节 RP 可使电桥达到平衡，输出为零。图2-7中 R_5 是用于减小调节范围的限流电阻。

如图2-8所示为恒流源供电的直流电桥测量电路。电桥输出为

$$U_o = I_1 R_1 - I_2 R_4 = \frac{R_1 R_3 - R_2 R_4}{R_1 + R_2 + R_3 + R_4} I \qquad (2-8)$$

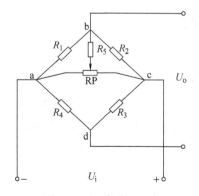

图2-7 调零测量电路

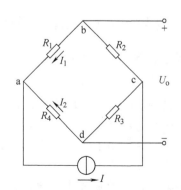

图2-8 恒流源供电的直流电桥测量电路

恒压源电桥输出为

$$U_o = U_{ba} - U_{da} = \frac{R_1 R_3 - R_2 R_4}{(R_1 + R_2)(R_3 + R_4)} U_i \qquad (2-9)$$

惠斯通电桥原理如图2-9所示，根据电桥输出公式

$$U_o = U_{ba} - U_{da} = \frac{R_1 R_3 - R_2 R_4}{(R_1 + R_2)(R_3 + R_4)} U_i \qquad (2-10)$$

得出惠斯通电桥输出为

$$U_o = \frac{1}{4} \frac{\Delta R}{R} U_i = \frac{1}{4} k \varepsilon U_i \qquad (2-11)$$

则四臂电桥总输出为

$$U_o = \frac{U_i}{4} \left(\frac{\Delta R_1}{R_1} - \frac{\Delta R_2}{R_2} + \frac{\Delta R_3}{R_3} - \frac{\Delta R_4}{R_4} \right) = \frac{k U_i}{4} (\varepsilon_1 - \varepsilon_2 + \varepsilon_3 - \varepsilon_4) \quad (2-12)$$

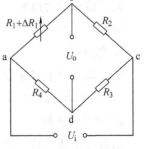

图2-9　惠斯通电桥

在试件上安装两个工作应变片，一片受拉，一片受压，它们的阻值变化大小相等，符号相反，接入电桥相邻臂，这时输出电压 U_o 与 $\Delta R_1 / R_1$ 成严格的线性关系，没有非线性误差，称为双臂电桥，如图2-10所示，同时电桥灵敏度比惠斯通电桥提高一倍，还具有温度误差补偿作用。

设初始时 $R_1 = R_2 = R_3 = R_4$，$\Delta R_1 = \Delta R_2$，则 $U_o = \frac{1}{2} \frac{\Delta R}{R} U_i = \frac{1}{2} k \varepsilon U_i$。

图2-11所示的全臂桥电路，设初始时 $R_1 = R_2 = R_3 = R_4$，$\Delta R_1 = \Delta R_2 = \Delta R_3 = \Delta R_4$，则

$$U_o = \frac{\Delta R}{R} U_i = k \varepsilon U_i \qquad (2-13)$$

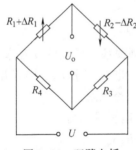

图2-10　双臂电桥

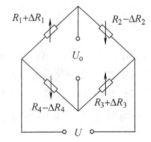

图2-11　全臂桥电路

2.1.4　电阻应变式传感器的温度误差及补偿

1. 电阻应变式传感器的温度误差

电阻应变式传感器是靠电阻值来测量应变的，所以我们希望它的电阻只随应变发生变化，而不受任何其他因素的影响。但实际上，虽然用作电阻丝材料的铜、康铜温度系数很小［大约为 $\alpha = (2.5 \sim 5.0) \times 10^{-5}/℃$］，但与所测应变电阻的变化比较，仍属同一量级。如不补偿，会引起很大误差。这种由于测量现场环境温度的变化而给测量带来的误差，称为应变片的温度误差。造成温度误差的原因主要有以下两个方面：

（1）敏感栅的电阻金属丝本身随温度的变化。

（2）试件材料与应变材料的线膨胀系数不一致，使应变片产生附加变形，从而造成电

阻变化。

2. 电阻应变式传感器的线路补偿

图 2-12 所示为电桥补偿法原理图。在不测量应变时电路成平衡状态，即

$$R_1 R_3 = R_4 R_B \tag{2-14}$$

由于温度变化电阻由 R_1 变为 $R_1 + \Delta R_1$ 时，由于 $\Delta R_1 = \Delta R_B$，因此温度变化后电路仍然平衡，即

$$(R_1 + \Delta R_1) R_3 = R_4 (R_B + \Delta R_B) \tag{2-15}$$

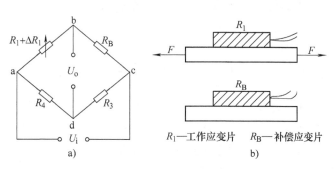

图 2-12 电桥补偿法

a) 单臂电桥 b) 温度补偿片

3. 电阻应变式传感器应变片自补偿

自补偿是指传感器利用自身具有补偿作用的应变片（称为温度自补偿应变片）来进行补偿的。这种自补偿应变片制造简单，成本较低，但必须在特定的试件材料上才能使用，对于不同材料的试件必须使用不同的应变片。

【应用案例】

案例 1　电阻应变式传感器在称重中的应用

电阻应变式称重传感器如图 2-13 所示，它是由电阻应变片、弹性体和检测电路三部分组成的。将一根电阻丝机械地分布在一块有机材料制成的基底上以组成电阻应变片。弹性体是一个有特殊形状的结构件，它的功能有两个，首先是它承受称重传感器所受的外力，对外力产生反作用力，以达到相对静平衡；其次，它要产生一个高品质的应变场（区），使粘贴在此区的电阻应变片比较理想地完成从应变到电信号的转换任务。检测电路的功能是把电阻应变片的电阻变化转变为电压输出。因为惠斯通电桥具有很多优点，如可以抑制温度变化的影响，可以抑制侧向

图 2-13 电阻应变片式称重传感器

力干扰，可以比较方便地解决称重传感器的补偿等问题，所以惠斯通电桥在称重传感器中得到了广泛的应用。

电阻应变式称重传感器在日常生活中得到了广泛的应用。比如拳击运动员在参加拳击比赛前都要进行体重的测量就是使用称重传感器，如图 2-14 所示。图 2-15 所示为超市用电阻应变式传感器给水果称重。

图 2-14　拳击运动员用称重传感器测体重

图 2-15　超市用电阻应变式传感器给水果称重

案例 2　电阻应变式传感器在汽车油压检测中的应用

利用半导体应变片和金属膜片应变片制成的压力传感器还可用于带油压助力装置的制动系统的油压控制。它可以检测出汽车储压器的压力、输出油泵的闭合或者断开信号，其根据半导体应变片和金属膜片应变片检测出压力的变化，并将其转换成电信号后对外输出的作用制成。汽车油压传感器如图 2-16 所示。

图 2-16　汽车油压传感器

【技能提升】

2.1.5　应变片的选型

选择应变片应从测试环境、应变的性质、应变变化梯度、粘贴空间、曲率半径、测量精度和应变片自身特点等方面去考虑。测试的环境主要考虑温度、湿度和电磁场等。应变的性质分为静态应变和动态应变，静态应变测量选择横向效应较小的应变片；动态应变测量选择疲劳寿命强的应变片。对于应变场均匀变化的被测对象，对应变片敏感栅的长度没有特殊要求，可选用栅长较长的应变片，易于粘贴；对于应变梯度变化大的测点，可选用栅长较短的应变片。可用的粘贴空间也会影响应变片的选择，特别是窄小空间宜选用栅长较短的应变片。选择的应变片应无气泡、霉斑、锈点等缺陷，阻值在（120±2）Ω 以内，具有自补偿功能。

还应根据被测对象的不同选择不同的应变片。用于混凝土应变测试的应变片要求敏感栅长度较长，如线型片的敏感栅长度宜用 60 mm、70 mm、80 mm、120 mm；箔式片的敏感栅长度宜用 10 mm、20 mm、30 mm。用于复合材料强度测试的箔式应变片的敏感栅长度宜选用 2 mm、5 mm。用于印制电路板测试的箔式应变片的敏感栅长度宜选用 0.2 mm、1 mm。木材、玻璃应变测量时宜选用敏感栅长度为 5 mm 的应变片。一般金属、丙烯的应变测量时宜选用敏感栅长度为 1 mm~6 mm 的应变片。应力集中测试时宜用敏感栅长度为 0.15 mm~2 mm 的单轴或双轴 5 片型应变片。在较窄空间中和存在碰撞应力等状态下应变片的测量时敏感栅长度宜选用 0.12 mm~1 mm。此外，还有专门用于测量残余应力、大变形和螺栓轴力的专用应变片。

【巩固与拓展】

自测：

（1）电阻式应变片的结构和工作原理是什么？

（2）电阻式应变片传感器测量电路中利用电桥电路的平衡条件是什么？

（3）试举例说明电阻式应变片传感器在日常生活中的应用。

拓展：

图 2-17 所示是利用全桥电路测量桥梁上下表面应变的原理图。将应变片对称地粘贴在桥梁的上下表面，如果应变片的起始电阻分别为 R_1、R_2、R_3、R_4，施加力于桥梁之上。试运用所学知识分析测量桥梁上下表面应变的工作原理。

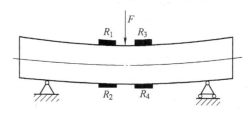

图 2-17　利用全桥电路测量桥梁的上下表面应变的原理图

任务2.2　压电式传感器测力

【任务背景】

2-2　压电式传感器

现代工业和自动化生产过程中，非电物理量的测量和控制技术会涉及大量的动态测试问题。被测量为变量的连续测量过程以动态信号为特征，研究了测试系统的动态特性问题，而动态测试中振动和冲击量的精确测量尤其重要。振动与冲击测量的核心是传感器，常用压电传感器来获取冲击和振动信号。压电式传感器是基于某些介质材料的压电效应，当材料受力作用而变形时，其表面会有电荷产生，从而实现非电信号的测量。压电式传感器具有体积小、重量轻、工作频带宽等特点，因此在各种动态力、机械冲击与振动的测量，以及声学、医学、力学、体育、制造业、军事、航空航天等领域都得到了非常广泛的应用。

本任务将重点介绍压电式传感器的工作原理、构成材料、测量电路以及典型应用等。

【相关知识】

2.2.1　压电效应

某些物质沿某一方向受到外力作用时，会产生形变，同时其内部产生极化现象，此时在这种材料的两个表面产生符号相反的电荷，当外力去掉后，它又重新恢复到不带电的状态，这种现象称为压电效应。当作用力方向改变时，电荷极性也随之改变。这种机械能转化为电能的现象称为"正压电效应"或"顺压电效应"。反之，如对晶体施加一定外电场，晶体本身将产生机械形变，外电场撤离，形变也随之消失，这称为"逆压电效应"或"电致伸缩效应"。

压电式传感器是一种有源的双向机电传感器。它的工作原理是基于压电材料的压电效应。石英晶体、钛酸钡、锆钛酸铅等材料是性能优良的压电材料。压电材料可以分为两大类：压电晶体和压电陶瓷。前者为晶体，后者为极化处理的多晶体。选用合适的压电材料是设计高性能传感器的关键。

下面简单介绍几种具有压电效应的压电材料。

1. 石英晶体

在几百摄氏度的温度范围内，石英晶体的介电常数和压电系数几乎不随温度的变化而变化。但是当温度升高到573℃时，石英晶体将完全丧失压电特性，此温度即它的居里点。石英晶体如图2-18所示。

石英晶体的突出优点是性能非常稳定，它有很大的机械强度和稳定的机械性能。但石英材料价格昂贵，且压电系数比压电陶瓷低得多，因此一般仅用于标准仪器或要求较高的传感器中。石英晶体有天然和人工培养两种类型。人工培养的石英晶体的物理和化学性质几乎与天然石英晶

图2-18　石英晶体

体没有区别，因此目前广泛应用的是成本较低的人造石英晶体。因为石英是一种各向异性晶体，因此，按不同方向切割的晶片，其物理性质（如弹性、压电效应、温度特性等）相差很大。在设计石英传感器时，应根据不同使用要求正确地选择石英片的切型。

2. 压电陶瓷

压电陶瓷片如图2-19所示，主要有以下几种类型。

图2-19　压电陶瓷片

（1）钛酸钡压电陶瓷。

钛酸钡（$BaTiO_3$）是由碳酸钡（$BaCO_3$）和二氧化钛（TiO_2）按分子比例1:1在高温下合成的压电陶瓷。

它具有很高的介电常数和较大的压电系数（约为石英晶体的50倍）。它的不足之处是居里点低（120℃），温度稳定性和机械强度不如石英晶体。

（2）锆钛酸铅系压电陶瓷（PZT）。

锆钛酸铅是由$PbTiO_3$（钛酸铅）和$PbZrO_3$（锆酸铅）组成的固溶体$Pb(Zr、Ti)O_3$。它与钛酸钡相比，压电系数更大，居里点在300℃以上，各项机电参数受温度影响小，稳定性好。此外，在锆钛酸中添加一种或两种其他微量元素（如铌、锑、锡、锰和钨等）还可以获得不同性能的PZT材料。因此锆钛酸铅系压电陶瓷是目前压电式传感器中应用最广泛的压电材料。

（3）高分子压电薄膜。

某些合成高分子聚合物薄膜经延展拉伸和电场极化后，具有一定的压电性能，这类薄膜称为高分子压电薄膜。目前已有的压电薄膜有聚二氟乙烯（PVF2）、聚氟乙烯（PVF）、聚氯乙烯（PVC）、聚γ甲基-L谷氨酸脂（PMG）等。高分子压电材料是一种柔软的压电材料，不易破碎，可以大量生产和制成较大的面积。

2.2.2 压电式传感器的等效电路

当压电晶体承受应力作用时，在它的两个极面上出现电量相等但极性相反的电荷，故可把压电传感器看成一个电荷源与一个电容并联的电荷发生器。其电容量为

$$C_a = \frac{\varepsilon S}{\delta} = \frac{\varepsilon_r \varepsilon_0 S}{\delta} \tag{2-16}$$

式中　C_a——电容器的电容量；

　　　S——电容器的面积；

　　　ε——介电常数；

　　　ε_r——相对介电常数；

　　　ε_0——真空介电常数；

　　　δ——极板间距离。

当压电元件受外力作用时，两表面产生等量的正、负电荷 q，压电元件的开路电压（认为其负载电阻为无穷大）u_a 为

$$u_a = \frac{q}{C_a} \tag{2-17}$$

这样，可以把压电元件等效为一个电荷源 q 和一个电容器 C_a 并联的等效电路；同时也等效为一个电压源 u_a 和一个电容器 C_a 串联的等效电路，如图 2-20 所示。

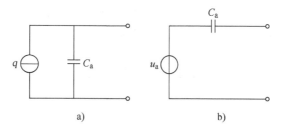

图 2-20　压电传感器的等效电路

a）电荷源　b）电压源

实际使用时，压电传感器通过导线与测量仪器相连接，连接导线的等效电容 C_c、前置放大器的输入电阻 R_i、输入电容 C_i 对电路的影响就必须一起考虑进去。当考虑了压电元件的绝缘电阻 R_a 以后，压电传感器完整的等效电路可表示成图 2-21a 所示的电压等效电路和图 2-21b 所示的电荷等效电路。这两种等效电路是完全等效的。

压电式传感器的灵敏度分为电压灵敏度和电荷灵敏度分别如下。

电压灵敏度：单位力所产生的电压，即

$$K_u = \frac{u}{F} \tag{2-18}$$

电荷灵敏度：单位力所产生的电荷，即

$$K_q = \frac{q}{F} \tag{2-19}$$

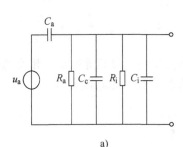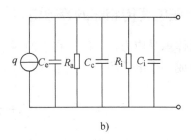

图 2-21　压电传感器的完整等效电路

a）电压源　b）电荷源

2.2.3　压电式传感器的测量电路

利用压电式传感器测量静态或准静态量时，必须采取一定的措施，使电荷从压电晶片上经测量电路的漏失减小到足够小的程度。而在动态力作用下，电荷可以得到不断补充，可以供给测量电路一定的电流，故压电传感器适宜进行动态测量。

由于压电式传感器的输出电信号很微弱，通常先把传感器信号先输入到高输入阻抗的前置放大器中，经过阻抗交换以后，方可用一般的放大检波电路将信号输入到指示仪表或记录器中。其中，测量电路的关键在于高阻抗输入的前置放大器。

前置放大器的作用：一是将传感器的高阻抗输出变换为低阻抗输出；二是放大传感器输出的微弱电信号。前置放大器电路有两种形式：一种是用带电阻反馈的电压放大器，其输出电压与输入电压（即传感器的输出）成正比；另一种是用带电容反馈的电荷放大器，其输出电压与输入电荷成正比。

电压放大器（阻抗变换器）电路和其等效电路如图 2-22 所示。

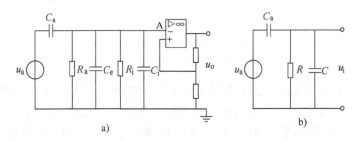

图 2-22　电压放大器电路和其等效电路

a）放大器电路　b）等效电路

R_i、C_i、C_e 分别为放大器的输入电阻、输入电容和电缆线的电容。电压放大器的作用是将压电式传感器的高输出阻抗经放大器变换为低阻抗输出，并将微弱的电压信号进行适当地放大。因此也把这种测量电路称为阻抗变换器。

由于电压放大器使所配接的压电式传感器的电压灵敏度将随电缆分布电容及传感器自身电容的变化而变化，而且电缆的更换得重新标定，为此常采用便于远距离测量的电荷放大器，如图 2-23 所示。目前电荷放大器被公认是一种较好的冲击测量放大器。

电荷放大器常作为压电式传感器的输入电路，由一个反馈电容 C_r 和高增益运算放大器构成。由于运算放大器输入阻抗极高，放大器输入端几乎没有分流，故可略去并联电阻 R_a 和 R_i。

电荷放大器的输出电压 u_o 只取决于输入电荷 q 与反馈电容 C_r，与电缆电容 C_e 无关，且与 q 成正比。因此，采用电荷放大器时，即使连接电缆长度在百米以上，其灵敏度也无明显变化，这是电荷放大器的最大优点。在实际电路中，C_r 的容量为可选择的，范围一般为 $100\,\mathrm{pF} \sim 10^4\,\mathrm{pF}$。

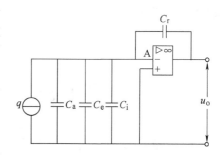

图 2-23　电荷放大器

压电式传感器在测量低压力时线性度不好，主要是由于传感器受力系统中力传递系数非线性所致。为此，在力传递系统中加入预加力，称为预载，它不仅消除低压力中的非线性外，还可以消除传感器内外接触表面的间隙，提高刚度。特别是它只有在加预载后才能用压电式传感器测量拉力、拉/压交变力、剪力和扭矩。

【应用案例】

案例1　压电式传感器在汽车轮胎压力监测中的应用

随着汽车的普及，汽车行驶安全越来越受到重视，而轮胎压力异常是危及汽车行驶安全的重要因素之一。压力异常很容易造成爆胎，因此，实时监测汽车轮胎压力有着重要的意义。采用压电式传感器构成的轮胎压力监测系统如图 2-24 所示，是利用安装在轮胎上的压力传感器来测量轮胎的气压，再利用无线发射器将压力信息从轮胎发送到中央接收器模块上，然后对轮胎气压数据进行显示。当轮胎气压低或漏气时，系统就会报警。轮胎压力监测系统一般安装在轮辋上，如图 2-25 所示。通过内置的传感器感应轮胎内的气压，将气压信号转换为电信号，通过无线发射装置将信号发射到接收器上，在显示器上显示各种数据变化或以蜂鸣等形式提醒驾驶人，驾驶人可以根据显示数据及时地对轮胎进行加气或放气，发现渗漏可以及时处理，避免发生意外。

图 2-24　轮胎压力监测系统图

图 2-25　轮胎压力监测系统的安装

案例2　基于压电式传感器的脉象仪

脉象仪的主要组成部分是脉搏传感器。图 2-26 所示是一种常用的智能脉象仪，它的脉搏传感器采用的是压电膜，这种压电膜的大小只有人的手指端大小，它可以感知人体脉搏压力波的变化。在测量的过程中，带有压电膜的脉搏传感器与人体的脉搏相接触，感应脉搏振动力的变化转化为电信号,然后测得人体的脉象,从而诊断身体是否患有疾病。脉象检测如图 2-27 所示。

图 2-26 智能脉象仪

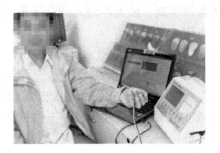

图 2-27 脉象检测

案例 3 陶瓷压力传感器

抗腐蚀的陶瓷压力传感器没有液体的传递,压力直接作用在陶瓷膜片的前表面,使膜片产生微小的形变,厚膜电阻印刷在陶瓷膜片的背面,连接成一个惠斯通电桥(闭桥),由于压敏电阻的压阻效应,使电桥产生一个与压力成正比的高度线性、与激励电压也成正比的电压信号,标准的信号根据压力量程的不同标定等,可以和应变式传感器相兼容。

陶瓷压力传感器如图 2-28 所示,主要由瓷环、陶瓷膜片和陶瓷盖板三部分组成。陶瓷膜片作为感力弹性体,采用95%的 Al_2O_3 瓷精加工而成,要求平整、均匀、质密,其厚度与有效半径视设计量程而定。瓷环采用热压铸工艺高温烧制成型。陶瓷膜片与瓷环之间采用高温玻璃浆料,通过厚膜印刷、热烧成技术烧制在一起,形成周边有固定支撑的可感知力的杯状弹性体,即在陶瓷的周边固支部分应形成无蠕变的刚性结构。在陶瓷膜片上表面,即瓷杯底部,用厚膜工艺技术做成传感器的电路。陶瓷盖板下部的圆形凹槽使盖板与膜片之间形成一定的间隙,通过限位可防止膜片过载时因过度弯曲而破裂,形成对传感器的抗过载保护。

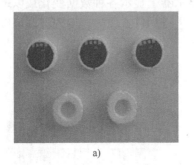

a)

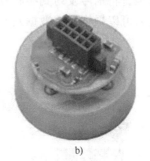

b)

图 2-28 陶瓷压力传感器

a)陶瓷压力传感器组成图 b)陶瓷压力传感器装配图

【技能提升】

2.2.4 新型压电材料及应用

1. 新型压电材料

某些合成高分子聚合物(又称为压电聚合物),经延展拉伸和电极化后具有压电性高分子压电薄膜,如聚氟乙烯(PVF)、偏聚氟乙烯(PVDF)及其他有机压电材料(薄膜)的特性。

其特点是材质柔韧、密度低、阻抗小，且发展十分迅速。现在在水声超声测量、压力传感、引燃引爆等方面获得了广泛应用。不足之处是它的压电应变常数（d）偏低，在作为有源发射换能器时受到很大的限制。

聚二氟乙烯（PVF2）是目前发现的压电效应较强的聚合物薄膜，这种合成高分子薄膜就其对称性来看，不存在压电效应，但是它们具有"平面锯齿"结构，存在抵消不了的偶极子。经延展和拉伸后可以使分子链轴成规则排列，并在与分子轴垂直方向上产生自发极化偶极子。当在膜厚方向加直流高压电场极化后，就可以成为具有压电性能的高分子薄膜。这种薄膜有可挠性，并容易制成大面积压电元件。这种元件耐冲击、不易破碎、稳定性好、频带宽，如图 2-29 所示。为提高其压电性能还可以掺入压电陶瓷粉末，制成混合复合材料（PVF2—PZT）。

图 2-29　聚二氟乙烯（PVF2）薄膜

2. 压电式传感器的应用

（1）产能人行道。

产能人行道如图 2-30 所示，是由伊丽莎白·雷蒙德（Elizabeth Redmond）设计的压电板。它采用压电技术使人们行走、跑步、蹦跳等活动时脚下所产生的动能得到充分利用，使道路成为"发电机"，为社区电网输入电力。

（2）共振型压电式爆炸传感器。

共振型压电式爆炸传感器如图 2-31 所示，主要由插头、插接器、压电元件等组成。传感器中的压电元件紧密地贴合在振荡片上，振荡片固定在传感器的基座上。其工作原理为：振荡片随发动机的振荡而振荡，压电元件随振荡片的振荡而发生变形，进而在其上产生一个电压信号。当发动机爆燃时，

图 2-30　产能人行道

气缸的振动频率与传感器振荡片的固有频率相符合，此时振荡片产生共振，压电元件将产生最大的电压信号。

（3）压电式超声传感器。

压电陶瓷在电能与机械能之间相互转换时会有正、逆压电效应。当交变信号加在压电陶瓷片两端面时，由于压电陶瓷的逆压电效应，陶瓷片会在电极方向上产生周期性的伸长和缩短。在压电式超声传感器中，当一定频率的声频信号加在换能器上时，换能器上的压电陶瓷片受到外力作用而产生压缩形变，由于压电陶瓷的正压电效应，压电陶瓷上将出现充、放电现象，即

将声频信号转换为交变电信号。这时的声传感器就是声频信号接收器。如果换能器中压电陶瓷的振荡频率在超声波范围，则其发射或接收的声频信号即为超声波，这样的换能器称为压电式超声传感器，其结构如图2-32所示。

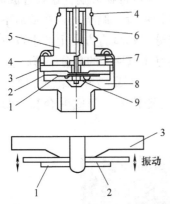 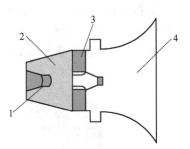

图2-31　共振型压电式爆炸传感器　　　　图2-32　压电式超声传感器
1—压电元件　2—振荡片　3—基座　4—O形环　　　　1—螺钉　2—黄铜尾部
5—插接器　6—插头　7—密封剂　8—外壳　9—引线端头　　　3—压电陶瓷圆环　4—铝头

2.2.5　正确使用测力传感器

1. 传感器的选型要求

由于传感器的精度高低、性能好坏将直接影响到整个自动测试系统的品质和运行状态，一般来说，精度和性能是选用传感器的依据。

（1）技术指标的要求：静态特性（如线性度及测量范围、灵敏度、分辨率、精确度和重复性能）、动态特性（如快速性和稳定性等）、信息传递要求（如形式和距离等）、过载能力（如机械、电气和热过载）。

（2）使用环境的要求：温度、湿度、气压、振动等，磁场、电场附近有无大功率用电设备，是否对材料寿命和操作人员的身体健康有害。

（3）电源的要求：如电源电压的形式、等级、功率、波动范围、频率和高频干扰等。

（4）可靠性的要求：如抗干扰性、寿命和无故障工作时间等。

（5）安全性的要求：如绝缘电阻、耐压强度及接地保护等。

2. 使用注意事项

（1）选择称重传感器时一定要考虑环境因素、适用范围和精度要求。

（2）选用的传感器一般工作在满量程的30%~70%。

（3）传感器使用中最大荷载不能超过满量程的120%。

（4）传感器和仪表应定期标定以确保使用精度。

（5）要注意电桥电压温度漂移现象，否则会引起测量误差。

【巩固与拓展】

自测：

（1）正、逆压电效应的定义分别是什么？

（2）压电材料的主要特性参数有哪些？

（3）电压放大器和电荷放大器的优缺点分别是什么？

拓展：

（1）压电式加速度传感器又称为压电加速度计，它是利用某些晶体的压电效应制成的，图 2-33 所示是其实物图，试分析压电加速度计的工作原理。

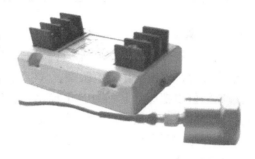

（2）根据压电式传感器性能实验接线图（图 2-34）完成压电式传感器测量振动的实验，了解压电式传感器测量振动的原理和方法。

图 2-33 压电式加速度传感器

1）基本原理。

压电式传感器由质量块和受压的压电陶瓷片等组成（观察实验用的压电加速度计的结构）。工作时传感器感受与试件相同频率的振动，质量块便以正比于加速度的交变力作用在压电陶瓷片上，由于压电效应，压电陶瓷片上产生正比于运动加速度的表面电荷。

2）需用器件与模块。

振动台、压电传感器、检波器模块、移相器模块、低通滤波器模板、压电式传感器实验模板和双线示波器。

3）实验步骤。

① 压电传感器已装在振动台面上。

② 将低频振荡器信号接入到台面三源板振动源的低频输入源插孔。

③ 将压电传感器输出两端插入到压电传感器实验模板的两输入端，如图 2-34 所示。屏蔽线接地。将压电传感器实验模板电路输出端 V_{o1}（如增益不够大则 V_{o1} 接入 IC_2，V_{o2} 接入低通滤波器）接入低通滤波器输入端 V_i，低通滤波器输出端 V_o 与示波器相连。

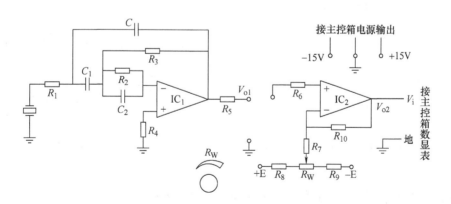

图 2-34 压电式传感器性能实验接线图

④ 合上主控箱电源开关，调节低频振荡器的频率与幅度旋钮使振动台振动，观察示波器（示波器需接入 V_i）波形变化。

⑤ 改变低频振荡器频率，观察输出波形变化。

任务2.3 电感式传感器测力

【任务背景】

2-3 电感式传感器

电感式传感器的工作原理是利用电磁感应原理，当力或压力作用于膜片时，气隙大小发生改变，气隙的改变影响线圈电感的变化，测量电路可以把这个电感的变化转化为相应的信号输出，从而达到测量压力的目的。该种压力传感器按磁路变化可以分为两种：变磁阻和变磁导。

本任务主要介绍电感式压力传感器的工作原理及其在压力测量中的应用。

【相关知识】

2.3.1 电感式压力传感器的工作原理

利用电磁感应原理将被测非电信号转换为线圈自感系数或互感系数的变化，再由测量电路转换为电压或电流的变化量输出，这种装置称为电感式传感器。电感式压力传感器的工作原理是由于磁性材料和磁导率不同，当压力作用于膜片时，气隙大小发生改变，气隙的改变影响线圈电感的变化，处理电路可以把这个电感的变化转化为相应的信号输出，从而达到测量压力的目的。常用的电感式压力传感器有自感式和互感式两大类。电感式压力传感器大多采用变隙式电感作为检测元件，其结构简单、工作可靠、测量力小、分辨率高。

2.3.2 自感式压力传感器

自感式压力传感器的结构如图2-35和图2-36所示，分为变隙式、变面积式和螺管式三种，每种均由线圈、铁心和衔铁三部分组成。

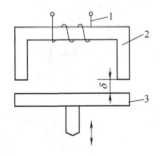

图2-35 自感式压力传感器的结构
1—线圈 2—铁心 3—衔铁

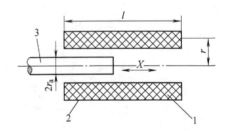

图2-36 螺管式
1—线圈 2—铁心 3—衔铁

自感式压力传感器按磁路变化可以分为两种：变磁阻和变磁导。

1. 变磁阻式压力传感器

变磁阻式传感器又称为变隙式传感器，如图2-37所示。它的铁心和衔铁由导磁材料制成。在铁心和衔铁之间有气隙，传感器的运动部分与衔铁相连。当衔铁移动时，气隙厚度 δ 发生改变，引起磁路中磁阻变化，从而导致电感线圈的电感值变化。因此只要能测出这种电感量的变化，就能确定衔铁位移量的大小和方向。

根据磁路的基本知识，线圈的电感为

$$L = \frac{N^2}{R_\mathrm{m}} \tag{2-20}$$

式中　N——线圈匝数；

　　　R_m——磁路总磁阻。

由于铁心和衔铁的磁阻比气隙磁阻小得多，因此衔铁和铁心的磁阻可以忽略不计，磁路总磁阻近似于空气磁阻，即

$$R_\mathrm{m} \approx \frac{2\delta}{\mu_0 A} \tag{2-21}$$

式中　δ——气隙厚度；

　　　A——气隙的有效截面积；

　　　μ_0——真空磁导率。

因此，电感线圈的电感为

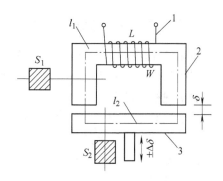

图 2-37　变磁阻式传感器结构图
1—线圈　2—铁心（定铁心）　3—衔铁（动铁心）

$$L \approx \frac{N^2 \mu_0 A}{2\delta} \tag{2-22}$$

变隙式电感式压力传感器结构图如图 2-38 所示。

变隙式差动电感压力传感器的工作原理如下：如图 2-39 所示。当被测压力进入 C 形弹簧管时，C 形弹簧管产生形变，其自由端发生位移，带动与自由端连接成一体的衔铁运动，使线圈 1 和线圈 2 中的电感发生大小相等、符号相反的变化。即一个电感量增大，另一个电感量减小。电感的这种变化通过电桥电路转换为电压输出。由于输出电压与被测压力之间成比例，所以只要用检测仪表测量出输出电压，即可得知被测压力的大小。

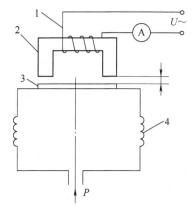

图 2-38　变隙式电感式压力传感器结构图
1—线圈　2—铁心　3—衔铁　4—膜盒

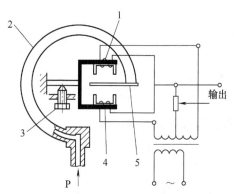

图 2-39　变隙式差动电感式压力传感器
1—线圈 1　2—C 形弹簧管　3—调机械零点螺钉
4—线圈 2　5—衔铁

2. 变磁导式压力传感器

在磁通密度高的场合，铁磁材料的磁导率不稳定，这种情况下可以采用变磁导式压力传感器测量。变磁导式压力传感器用一个可移动的磁性元件代替铁心，压力的变化导致磁性元件的移动，从而使磁导率发生改变，由此得出压力值。

但是对磁导率的测量是间接测量，首先要测出磁心上绕组线圈的电感量，再用公式 $\mu = B/H$ 计算出磁心材料的磁导率，其中 μ 为磁导率，B 为磁感应强度，H 为磁场强度。所以磁导率的

测试仪器就是电感测试仪。在此着重指出，有些简易的电感测试仪器，测试频率不能调，而且测试电压也不能调。

2.3.3 差动变压器式传感器

把被测的非电信号变化转换为线圈互感变化的传感器称为互感式传感器。这种传感器是根据变压器的基本原理制成的，并且二次绕组用差动形式连接，故称为差动变压器式传感器。差动变压器是把被测的非电信号变化转换为绕组互感量的变化，即把被测位移量转换为一次绕组与二次绕组间互感量 M 的变化的装置。当一次绕组接入激励电源之后，二次绕组就将产生感应电动势，当两者间的互感量变化时，感应电动势也相应变化。由于两个二次绕组采用差动接法，故称为差动变压器。差动变压器结构形式有变隙式、变面积式和螺管式等。在非电信号测量中，应用最多的是螺管式差动变压器，它可以测量 1 mm ~ 100 mm 的机械位移，并具有测量准确度高、灵敏度高、结构简单、性能可靠等优点。

1. 变隙式差动变压器

变隙式差动变压器的结构如图 2-40 所示。在 A、B 两个铁心上绕有 $W_{1a} = W_{1b} = W_1$ 的两个一次绕组和 $W_{2a} = W_{2b} = W_2$ 两个二次绕组。两个一次绕组的同名端顺向串联，而两个二次绕组的同名端则反向串联。

当没有位移时，衔铁 C 处于初始平衡位置，它与两个铁心的间隙有 $\delta_a = \delta_b = \delta_0$，则绕组 W_{1a} 和 W_{2a} 间的互感量 M_a 等于绕组 W_{1b} 和 W_{2b} 的互感量 M_b，从而两个二次绕组的互感电动势相等，即 $e_{2a} = e_{2b}$。由于二次绕组反向串联，因此差动变压器输出电压 $U_o = e_{2a} - e_{2b} = 0$。

当被测物体有位移时，与被测物体相连的衔铁位置将发生相应的变化，使 $\delta_a \neq \delta_b$，则互感量 $M_a \neq M_b$，两二次绕组的互感电动势 $e_{2a} \neq e_{2b}$，输出电压 $U_o = e_{2a} - e_{2b} \neq 0$，即差动变压器有电压输出，此电压的大小与极性反映被测物体因受力而产生形变的大小和方向。

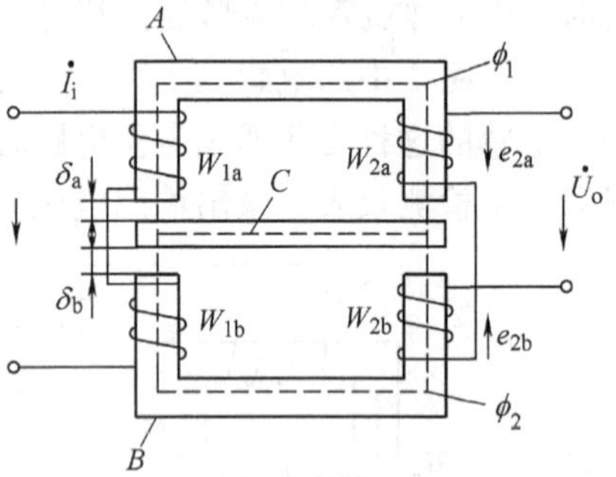

图 2-40 变隙式差动变压器的结构图

A、B—铁心 C—衔铁

e—二次绕组的互感电动势

W—绕组 M—互感量

2. 螺管式差动变压器

螺管式差动变压器根据一次、二次绕组的排列不同有二节式、三节式、四节式和五节式等形式，如图 2-41 所示。三节式的零点电位较小；二节式比三节式灵敏度高、线性范围大；四节式和五节式改善了传感器线性度。

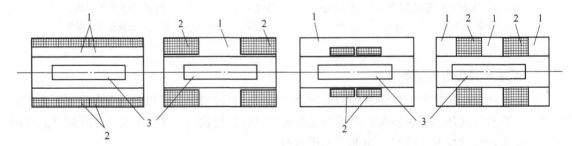

图 2-41 差动变压器绕组的排列形式

1—一次绕组 2—二次绕组 3—衔铁

在理想情况下（忽略绕组寄生电容及衔铁损耗），差动变压器的等效电路如图 2-42 所示。

在线框上绕有 3 组绕组，L_1 为一次绕组；L_{21} 和 L_{22} 为两组完全对称的二次绕组，它们反向串联组成差动输出形式。

一次绕组的复数电流值为

$$\dot{I}_1 = \frac{\dot{E}_1}{R_1 + j\omega L_1} \tag{2-23}$$

式中　ω——激励电压的角频率；

　　　$\dot{E}_1$——激励电压的复数值。

根据电磁感应定律，二次绕组中感应电动势的表达式为

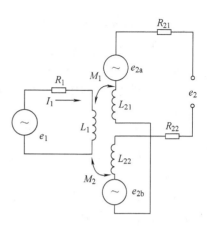

图 2-42　差动变压器的等效电路

$$\dot{E}_{2a} = -j\omega M_1 \dot{I}_1 \tag{2-24}$$

$$\dot{E}_{2b} = -j\omega M_2 \dot{I}_1 \tag{2-25}$$

$$\dot{U}_2 = \dot{E}_{2a} - \dot{E}_{2b} = -\frac{j\omega(M_1 - M_2)\dot{U}_1}{R_1 + j\omega L_1} \tag{2-26}$$

式中　M_1——L_1 和 L_{21} 的互感量；

　　　M_2——L_1 和 L_{22} 的互感量。

【应用案例】

案例 1　电感式压力传感器在全自动洗衣机水位检测中的应用

洗衣机中水位检测的精度直接影响洗净度、水流强度、洗涤时间等参数。全自动洗衣机如图 2-43 所示，里面有一个磁环，一个线圈，也就组成了一个 LC 电路，来判断压力的升降；当气压上升时，膜片就会被吹起来，带动线圈在磁环中向上移动，从而改变电感的数值。这个数值会传递给洗衣机的电脑板。电路板根据数值大小来判断是否已达到预设水位，以便发出指令，控制水阀的通断，控制进水。里面是一组线圈和一个可动磁心，和电路板组成了一个振荡电路，当压力改变时，磁心位置改变，就改变了电感量，频率也就改变了，电路板根据频率的高低判断进水的多少。水位检测传感器如图 2-44 所示。

图 2-43　全自动洗衣机

图 2-44　水位检测传感器

案例2 差动压力变送器对油井压力的测量

在油井井底主要测量地层压力（静压）和油井的流动压力，地层压力和流动压力的差值就是生产压差。生产压差对油井的生产能力有着至关重要的作用，采用差动压力变送器测量压力变化规律和油层压力的分布规律，是合理开发油田，实现油田高产稳产的重要保证。

利用差动变压变送器进行压力测试时，当压力表波纹膜盒未进压时，弹簧管所连的衔铁是处在差动压力变送器两个二次绕组的中间位置。此时两绕组的电流值相等，但连线方向相反，没有电动势产生，因此差动压力变送器也没有信号输出。当所测量的压力进入弹簧管后，弹簧管自由端产生位移，并带动衔铁在差动压力变送器线圈之间产生一个垂直位移，破坏了二次绕组的电动势平衡，就从二次绕组输出一个电动势（两个绕组的电势差），向放大器输送一个信号。放大器将信号变为直流电信号，即代表了压力表头指针所指示的压力值，达到压力信号远程传输的目的。差动压力变送器的结构如图2-45所示，实物如图2-46所示。差动压力变送器用于测量油井压力，如图2-47所示，使用方便，成本也比较低。

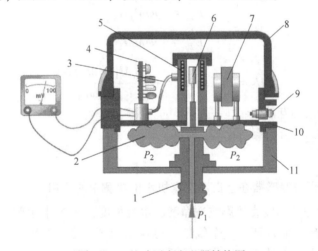

图2-45　差动压力变送器结构图

1—压力输入接头　2—波纹膜盒　3—电缆　4—印刷电路板　5—差动线圈
6—衔铁　7—电源变压器　8—罩壳　9—指示灯　10—密封隔板　11—安装底座

图2-46　差动压力变送器实物图

图2-47　油井压力测量

【技能提升】

2.3.4　电感式差动压力变送器的选型规则

电感式差动压力变送器是指输出为标准信号的压力传感器，是一种接受压力变量并按比例转换为标准输出信号的仪表。它能将测压元件传感器感受到的气体、液体等物理压力参数转变为标准的电信号（如 DC 4mA~20mA 等），以供给指示报警仪、记录仪、调节器等二次仪表进行测量、指示和过程调节。几种压力变送器如图 2-48 所示，其选型时需从如下几个方面考虑。

1. 测量压力的确定

先确定系统中要测量压力的最大值，一般而言，需要选择一个最大值的 1.5 倍左右量程的压力变送器。主要是因为在很多系统中，特别是水压测量和加工处理中，有瞬时峰值和持续不规则的上下波动，这种瞬时峰值能破坏压力传感器。然而，这样的做法会使测量精度下降。于是，可以利用一个缓冲器来降低压力所带来的毛刺，但这样又会降低传感器的响应速度。所以在选择变送器时，要充分考虑压力范围、准确度及其稳定性。

图 2-48　几种压力变送器

2. 压力介质的确定

在选型中还要考虑压力变送器所测量的介质，如黏性液体、泥浆是否会堵住压力接口；溶剂或有腐蚀性的物质是否会破坏变送器中与这些介质直接接触的材料等。一般的压力变送器的接触介质部分材质采用的是 316 不锈钢，如果介质对 316 不锈钢没有腐蚀性，那么基本上所有的压力变送器都适合对介质压力的测量；如果介质对 316 不锈钢有腐蚀性，那么就要采用化学密封，这样不但可以测量介质的压力，也可以有效地阻止介质与压力变送器的接口部分的接触，从而起到保护压力变送器，延长压力变送器寿命的作用。

3. 压力变送器准确度的确定

决定压力变送器准确度的有：非线性、迟滞性、非重复性、温度、零点偏置刻度和温度。压力变送器准确度越高，价格也就越高。每一种电子式测量计都会有准确度误差，此外各个国家所规定的准确度等级也是不一样的。

4. 变送器的温度范围

通常一个变送器会标定两个温度范围，即正常操作的温度范围和温度补偿的范围。正常操作的温度范围是指变送器在工作状态下不被破坏的时候的温度范围，在超出温度补偿范围时，可能会达不到其应用的性能指标。温度补偿范围是一个比正常操作温度范围小的典型范围。在这个范围内工作，变送器肯定会达到其应有的性能指标。

5. 变送器的封装

对于变送器的封装，尤其容易忽略它的机架，然而这一点在以后的使用中会逐渐暴露出其缺点。在选购变送器时一定要考虑其工作环境，湿度如何，应怎样安装变送器，会不会有强烈的撞击或振动。

2.3.5 电感式压力传感器的日常维护

1. 检查安装孔的尺寸

如果安装孔的尺寸不合适，传感器在安装过程中，其螺纹部分就很容易受到磨损。这不仅会影响设备的密封性能，而且使压力传感器不能充分发挥作用，甚至还可能产生安全隐患。只有合适的安装孔才能够避免螺纹的磨损，通常可以采用安装孔测量仪对安装孔进行检测，以做出适当的调整。

2. 保持安装孔的清洁

保持安装孔的清洁并防止熔料堵塞对于保证设备的正常运行十分重要。在挤出机被清洁之前，所有的压力传感器都应该从机筒上拆除以避免损坏。在拆除传感器时，熔料有可能流入到安装孔中并硬化，如果这些残余的熔料没有被去除，当再次安装传感器时就可能造成其顶部受损。使用清洁工具包能够将这些熔料残余物去除。然而，重复的清洁过程有可能对传感器造成损坏。如果这种情况发生，就应当采取措施来优化传感器在安装孔中的位置。

3. 选择恰当的位置

当压力传感器的安装位置太靠近生产线的上游时，未熔化的物料可能会磨损传感器的顶部；如果传感器被安装在太靠后的位置，在传感器和螺杆行程之间可能会产生熔融物料的停滞区，熔料在那里有可能产生降解，压力信号也可能传递失真；如果传感器过于深入机筒，螺杆有可能在旋转过程中触碰到传感器的顶部而造成其损坏。一般来说，传感器可以位于滤网前面的机筒上、熔体泵的前后或者模具中。

4. 仔细清洁

在使用钢丝刷或者特殊化合物对挤出机机筒进行清洁前，应该将所有的传感器都拆卸下来。因为这两种清洁方式都可能会造成传感器的振动膜受损。当机筒被加热时，也应该将传感器拆卸下来并使用不会产生磨损的软布来擦拭其顶部，同时传感器的孔洞也需要用清洁的钻孔机和导套清理干净。

【巩固与拓展】

自测：

（1）简述差动变压器式传感器的工作原理以及它是如何测力的。

（2）简述电感式压力传感器在压力测量中是如何工作的。

拓展：

（1）图2-49所示是由差动压力变送器组成的微压传感器，试分析其工作原理。

（2）压力 F 作用于大型构件上，引起差动压力变送器的衔铁端位移发生变化，输出的电压也发生变化，从而可以测出压力的大小。图2-50所示为大型构件的

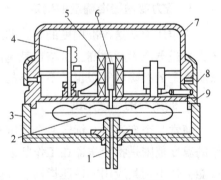

图2-49　微压传感器

1—接头　2—膜盒　3—底座　4—线路板
5—差动压力变送器　6—衔铁
7—壳体　8—插头　9—道孔

测力图，试分析其工作原理，并根据差动压力变送器的工作原理预测其可以测得多重的大型构件。

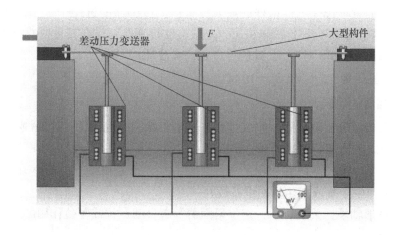

图 2-50 大型构件的测力图

任务 2.4 技能实训——高速公路车辆超载检测系统中的电阻应变式称重传感器

【任务描述】

如今，随着经济的快速发展，交通车辆迅速增加，高速公路承受严重负荷，由此引发了大量交通事故，导致路面、桥梁、隧道等受到严重受损。为减少国家财产的损失，保证人民生命安全，确保公路畅通无阻，在高速公路的入口处设计了载重检测环节，通过称重设备来限制超载车辆。当载重卡车驶过动态称重桥时，称重传感器系统执行检测任务，自行检查判断车辆超重的情况，同时给出信号控制交通信号灯。这样就能知道车辆是否超重，从而考虑是否允许此车辆通行。本任务要求选型、装调合适的称重传感器来检测车辆是否超载。

【任务分析】

交通部门指出，对于二轴车辆车身和货物总重超过 20 t、三轴车辆车身和货物总重超过 30 t、四轴车辆车身和货物总重超过 40 t、五轴车辆车身和货物总重超过 50 t、六轴及六轴以上车辆车身和货物总重超过 55 t，这五种情形应认定为超限超载并予以纠正。杜绝汽车超载是高速公路管理和安全运行的重要措施，电阻应变式称重传感器以其结构简单、适应性强、动态响应快、可获得较大的变化量等特点被广泛应用到称重检测中。基于本任务中称重对象主要是大型载重货车的特点，需要检测的测量范围和测量重量都比较大，所以在测定货车总重量时应选用电阻应变式称重传感器来判定车辆是否超载。

【任务实施】

1. 称重传感器的选型

高速公路上行驶的货车载货量都较大，传感器的弹性元件、称重传感器的灵敏度、最大分度数、最小校准分度值等都要考虑到。称重传感器选型时要注意如下几点：

（1）采用柱式电阻应变式传感器。

（2）称重传感器准确度等级可选用0.02，0.03，0.05。

（3）称重传感器的出线选用6线方式。

（4）传感器的量程选择可依据秤的最大称量值、传感器的选用个数、秤体自重、可产生的最大偏载及动载因素综合评价后来决定，一般应使传感器工作在其量程的30%~70%。

（5）额定输出为3.0 mV/V$^{\ominus}$，其值可在±0.1%波动。

传感器具体型号为Transcell SBS 10 000 kg电阻应变式称重传感器。

2. 称重传感器的装调

（1）在称重传感器周围设置一些"挡板"或者用薄金属板把传感器罩起来，以防止杂物污染传感器，影响可动部分的运动和准确度。

（2）通向显示电路或从电路引出的导线，均应采用屏蔽电缆，传感器输出信号读出电路不能与一些能够产生干扰或高热量的设备放在一起。

（3）采用球形轴承、关节轴承、定位紧固器等有自动定位或复位作用的结构配件。

（4）安装传感器的底座要平整、清洁，有足够的强度和刚性，无任何油膜、胶膜等存在。

（5）为了保证称重的准确度，应对单只传感器安装底座的安装平面用水平仪调整水平。为了使各传感器所承受的负荷基本一致，多个传感器的安装底座的安装面要尽量调整到一个水平面上。

3. 称重传感器的故障判定及日常维护

（1）若出现数据漂移、不稳，可检查机械安装部分是否碰触，也可检查电缆线是否受潮（接线盒是否进水）。若受潮可用电吹风将其吹干。另外也可能出现其他情况：比如电缆线接线接触不良或破损（重新接线）；传感器绝缘阻抗下降（<200 MΩ）（用万用表分别测量色线、屏蔽线和传感器表面）；传感器表面带电（用万用表测量，通过系统接地解决）；系统接地不良（感应电压会使传感器或仪表外壳带电）；仪表外壳是否接地（未接地会导致感应电压存在）；电源是否稳定（地线有电压否；是否与大功率设备共用供电系统；零线是否有电压，有的话会导致仪表表面带电）；内部电路故障（虚焊、电路器件接触不良）等。例如传感器安装位置不正确以及热胀冷缩等原因易产生水平力，从而引起测量数据的不准、数据缓慢移动，如图2-51和图2-52所示。

图2-51 水平力引起的故障一

1—不平行 2—连接件倾斜、偏载、受力不均匀

图2-52 水平力引起的故障二

1—传感器倾斜、偏载、受力不均匀

$\ominus$ 3.0 mV/V表示：激励电压（供桥电压、输入电压）是1 V时，它的输出端会有3 mV电压的变化。

（2）如果出现数据不正确，忽高忽低，则需检查机械安装、限位部分是否碰触，也可根据角差情况判定。存在角差（有重复性时）的原因主要有：①底座安装水平度差；②零点跑偏：传感器空载输出电压>2 mV 或<0 mV。存在角差（不具有重复性时）的原因主要有：①底座安装受力不平衡/底座安装水平度差；②传感器故障（灵敏度）。

另外，在安装过程中，如果安装的位置不准确，会导致传感器受到扭力负荷的影响，缩短传感器的使用寿命，造成传感器磨损或者断裂，严重时会造成安全事故，如图 2-53 所示。

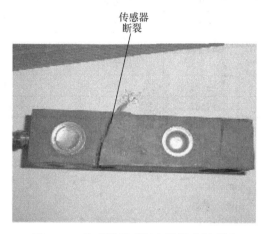

图 2-53　传感器受到扭力的影响断裂图

为了让称重系统长期稳定地工作，须定期做好如下维护：

（1）检查传感器、连接线、限位装置是否过度磨损。

（2）传感器连接件周围及底部是否有杂物。

（3）检查支撑螺栓和顶板的间隙。

（4）检查限位螺栓的数量及其与传感器之间的间隙。

（5）检查接线盒是否密封，各种线连接是否牢固。

（6）接线盒内部或周围是否受潮或有异物存在。

（7）检查仪表电缆是否受损，是否固定在秤体上。

（8）检查秤体是否移动自如。

【项目小结】

电阻应变式传感器因具有准确度高、测量范围广、寿命长、结构简单和频响特性好等特点，被广泛用于力的检测，它是基于电阻应变片应变效应的工作原理，在使用过程中要注意应变片的温度误差和线路补偿问题。

压电式传感器的工作原理是基于压电材料的压电效应。压电材料可以分为两大类：压电晶体和压电陶瓷。选用合适的压电材料是设计高性能传感器的关键。压电式传感器在声学、医学、力学、体育、制造业、军事和航空航天等领域都得到了非常广泛的应用。

电感式传感器的工作原理是由于磁性材料和磁导率不同，当力或压力作用于膜片时，气隙大小发生改变，气隙的改变影响线圈电感的变化，检测电路可以把这个电感的变化转化为相应的信号输出，从而达到测量压力的目的。常用的有自感式和互感式两大类，电感式压力传感器大多采用变隙式电感作为检测元件，其结构简单，工作可靠，测量力小，分辨率高。

表2-1列出了常用压力计的形式及其特点。

表2-1 常用压力计的形式及其特点

测 量 原 理	压力计形式	测压范围/kPa	输出信号	性能特点
将被测压力转换为电阻量、电感量、电容量、频率量等电学量	电阻式	$-10^2 \sim 10^4$	电压、电流	结构简单，耐振动性差
	电感式	$0 \sim 10^5$	毫伏、毫安	环境要求低，信号处理灵活
	电容式	$0 \sim 10^4$	伏、毫安	动态响应快，灵敏度高，易受干扰
	压阻式	$0 \sim 10^5$	毫伏、毫安	性能稳定可靠，结构简单
	压电式	$0 \sim 10^4$	伏	响应速度极快，限于动态测量
	应变式	$-10^2 \sim 10^4$	毫伏	冲击、温湿度影响小，电路复杂
	振频式	$0 \sim 10^4$	频率	性能稳定，精度高
	霍尔式	$0 \sim 10^4$	毫伏	灵敏度高，易受外界干扰

项目 3   流量的检测

【项目引入】

流量通常是指流动的气体、液体、固体等流体在单位时间内流过管道或设备某横截面积的数量。与温度、压力、物位一样，流量也是重要的过程参数。测量流量用的传感器称为流量传感器或流量计，它们在工农业生产和科学研究中发挥着重要作用。如石油化工行业产品的检测与控制中，为了有效操作、控制和监测，需要利用流量计掌握各种流体的流量变化；供水、供气、供暖等资源计量中，水表、煤气表、天然气仪表等流量仪表的准确测量是关键环节；环保工程中，废水再生设备、城市垃圾处理设备、水循环利用系统等更需要借助种类繁多的流量测量仪表。

本项目主要介绍用于流量测量的常用传感器的结构、工作原理及应用，包括超声波式、电磁式、光纤涡轮式流量传感器的应用，要求学生能了解各类流量传感器的特性，会进行常用流量检测传感器的选型。

任务 3.1   超声波传感器检测流量

3-1 超声波
传感器

【任务背景】

工业生产中，经常会使用各种密闭容器存储和运输高温、有毒、易挥发、易燃、易爆、强腐蚀性等液体介质，对这些容器或管道的流量检测必须使用非接触测量，一般采用超声波传感器。

超声波传感器利用超声波的特性研制而成。超声波是由换能晶片在电压的激励下发生振动而产生的，具有频率高、波长短、绕射现象小、方向性好、能够定向传播等特点，对液体、固体的穿透本领大，尤其是在不透明的固体中，它可穿透几十米的深度。超声波碰到杂质或分界面会反射形成回波，碰到活动物体能产生多普勒效应。因此超声波检测广泛应用在工业、国防、生物医学等方面。

本任务在认知超声波传感器的工作原理及特性等基础知识之上，通过分析实际案例，使学生掌握超声波式流量传感器的应用，能结合超声波传感器搭建实用的测量系统。

【相关知识】

3.1.1   超声波基本知识

振动在弹性介质内的传播称为波动，简称波。频率在 20 Hz ~ 2×10^4 Hz 之间、能被人耳所闻的机械波，称为声波。低于 20 Hz 的机械波，称为次声波，人耳听不到，但可与人体器官发生共振，7 Hz ~ 8 Hz 的次声波会引起人的恐惧感，引发动作不协调，甚至导致心脏停止跳动。高于 2×10^4 Hz 的机械波，称为超声波。声波的频率分布范围如图 3-1 所示。

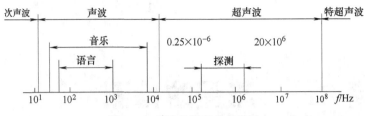

图 3-1 声波的频率分布界限

蝙蝠能发出和听见超声波，如图 3-2 所示，并依靠超声波捕食。

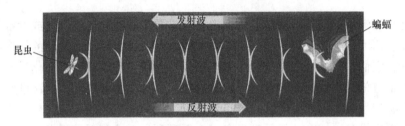

图 3-2 蝙蝠依靠超声波捕食

超声波有许多不同于声波的特点，如其指向性很好，能量集中，因此穿透本领大，能穿透几米厚的钢板，而能量损失不大。在遇到两种介质的分界面（例如钢板与空气的交界面）时，由于声波在两种介质中传播速度不同，能产生明显的反射和折射现象，这一现象类似于光波。超声波的频率越高，其声场指向性就越好，与光波的反射、折射特性就越接近。

1. 超声波的传播类型

超声波的传播类型主要可分为纵波、横波、表面波三种。

（1）纵波：质点振动方向与波的传播方向一致的波，它能在固体、液体和气体中传播。人说话时产生的声波就属于纵波。

（2）横波：质点振动方向垂直于传播方向的波，它只能在固体中传播。

（3）表面波：质点的振动介于横波与纵波之间，沿着表面传播的波。

为了测量各种状态下的物理量，应多采用纵波。

2. 声速、声压、声强

（1）声速。

声速 c 恒等于声波的波长 λ 与频率 f 的乘积，即

$$c = \lambda f \tag{3-1}$$

在固体中，纵波、横波和表面波三者的声速有着一定的关系。通常横波的声速约为纵波声速的一半，表面波声速约为横波声速的 90%。

（2）声压。

当超声波在介质中传播时，质点所受交变压强与质点静压强之差称为声压 P。声压与介质密度 ρ、声速 c、质点的振幅 X 及振动的角频率 ω 成正比，即

$$P = \rho c X \omega \tag{3-2}$$

（3）声强。

单位时间内，在垂直于声波传播方向上的单位面积 A 内所通过的声能称为声强 I，声强与声压 P 的二次方成正比，即

$$I = \frac{1}{2}\frac{P^2}{Z} \tag{3-3}$$

式中　Z——声阻抗，其大小等于密度 ρ 与波速 c 的乘积，即 $Z = \rho c$。

3. 超声波的反射与折射

当超声波从一种介质传播到另一种介质，在两个介质的分界面上一部分超声波被反射，另一部分透射过界面，在另一种介质内部继续传播，这两种情况称为超声波的反射和折射。在两介质分界面处，超声波的传输与光的传输类似，符合反射定律和折射定律，如图 3-3 所示。

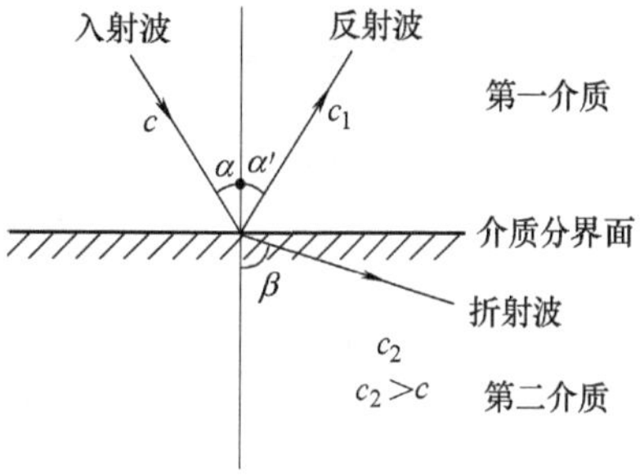

（1）反射定律。

入射波与反射波的波形相同，波速相等时，入射角等于反射角，即

图 3-3　超声波的反射与折射

$$\alpha' = \alpha \tag{3-4}$$

（2）折射定律。

当波在界面处产生折射时，入射角 α 的正弦与折射角 β 的正弦之比等于入射波在第一介质中的波速 c_1 与折射波在第二介质中的波速 c_2 之比，即

$$\frac{\sin\alpha}{\sin\beta} = \frac{c_1}{c_2} \tag{3-5}$$

4. 超声波的衰减

超声波在介质中传播时，随着传播距离的增加，能量逐渐衰减，其衰减的程度与超声波的扩散、散射及吸收等因素有关。其声压和声强的衰减规律为

$$P_x = P_0 e^{-\alpha x} \tag{3-6}$$

$$I_x = I_0 e^{-2\alpha x} \tag{3-7}$$

式中　P_x、I_x——距声源 x 处的声压和声强；

　　　　x——声波与声源间的距离；

　　　　α——衰减系数，单位为 Np/m（奈培/米）。

在理想介质中，超声波的衰减仅来自于超声波的扩散，即随超声波传播距离增加而引起声能的减弱。散射衰减是固体介质中的颗粒界面或流体介质中的悬浮粒子使超声波散射。吸收衰减是由介质的导热性、黏滞性及弹性滞后造成的，介质吸收声能并转换为热能。

3.1.2　超声波传感器

1. 超声波传感器的外形和结构

为了以超声波作为检测手段，必须有能够产生超声波和接收超声波的设备。完成这种功能的装置就是超声波传感器，习惯上称为超声波换能器，或超声波探头。图 3-4 所示为部分超声波传感器外形图。

超声波传感器根据其工作原理不同可分为压电式、磁致伸缩式和电磁式等。在检测技术中主要采用压电式。

压电式超声波探头常用的材料是压电晶体和压电陶瓷，它是利用压电材料的压电效应来工

a)　　　　　　　　　　　　　　b)

图 3-4　超声发生器及超声传感器外形图

a) 超声发生器　　b) 超声传感器

作的, 利用逆压电效应将高频电振动转换为高频机械振动, 从而产生超声波, 可作为发射探头; 而利用正压电效应, 将超声振动波转换为电信号, 可用作接收探头。

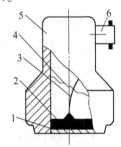

超声波换能器由于其结构不同, 又可分为直探头、斜探头、双探头、表面探头、聚焦探头、水浸探头、空气传导探头以及其他专用探头等。压电式超声波单晶直探头换能器结构如图 3-5 所示, 主要由压电晶体、阻尼吸收块、保护膜组成。压电晶体多为圆板形, 厚度为 δ, 超声波频率 f 与其厚度 δ 成反比。压电晶体的两面镀有银层, 作导电的极板。阻尼吸收块的作用是降低晶片的机械品质, 吸收声能量。如果没有阻尼块, 当激励的电脉冲信号停止时, 压电晶体将会继续振荡, 加长超声波的脉冲宽度, 使分辨率变差。

图 3-5　压电式超声波单晶
直探头换能器结构

1—保护膜　2—压电晶体
3—引线　4—阻尼吸收块
5—外壳　6—插头

双晶直探头由两个单晶直探头组合而成, 装配在同一个壳体中。其中一片晶片发射超声波, 另一片晶片接收超声波。虽然其结构比单晶探头复杂, 但其检测精度相对较高, 且其超声波信号的反射和接收的控制电路较为简单。

2. 超声波传感器的特性

超声波传感器的性能指标主要有以下 3 项。

（1）工作频率。

工作频率就是压电晶体的共振频率, 当加到超声波传感器两端的交流电压的频率与压电晶体的共振频率相等时, 其输出的能量最大, 灵敏度也最高。

（2）工作温度。

压电材料的居里点一般比较高, 诊断用超声波探头的使用功率较小, 所以工作温度比较低, 可以长时间工作而不失效。但是某些治疗用超声波探头的温度比较高, 所以还需要单独的制冷设备。

（3）灵敏度。

灵敏度主要取决于制造晶体本身, 机电耦合系数大, 灵敏度高; 反之, 灵敏度低。

3. 超声波传感器的耦合剂

无论是直探头还是斜探头, 一般不能直接将其放在被测介质（特别是粗糙金属）表面来回移动,以防磨损。更重要的是,由于超声波探头与被测物体接触时,在工件表面不平整的情况下,探头与被测物体表面间必然存在一层空气薄层。由于空气的密度很小,将引起三种介质两个界面间强烈的杂乱反射波,造成严重的测量干扰,而且空气还会造成超声波的严重衰减。因此必须将接触面之间的空气排挤掉,使超声波能够顺利地入射到被测介质中。

在工业测量中,经常使用一种称为耦合剂的液体物质来排挤空气,如图 3-6 所示。耦合剂充满在接触层中,能起到传递超声波的作用。常用的耦合剂有水、机油、甘油、水玻璃、胶水、化学糨糊等,通常根据不同的被测介质来选定。耦合剂的厚度应该尽量薄一些,以减小耦合损耗。

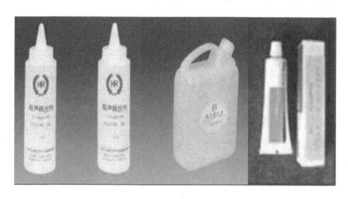

图 3-6　超声波传感器的耦合剂

3.1.3　超声波流量传感器的测量原理

超声波测量流体流量是利用超声波在流体中传输时,在静止流体和流动流体中的传播速度不同的特点,从而测得流体的流速和流量。

超声波流量传感器的测量原理是多样的,如传播速度变化法、波速移动法、多普勒效应法、流动听声法等。但目前应用较广的主要是超声波传输时间差法和频率差法。

1. 超声波传输时间差法测流量原理

超声波传输时间差法测流量原理如图 3-7 所示。超声波在流体中传输时,在静止流体和流动流体中的传输速度是不同的,利用这一特点可以求出流体的速度,再根据管道流体的截面积,便可知道流体的流量。

如果在流体中设置两个超声波传感器,它们可以发射超声波又可以接收超声波,一个装在上游,一个装在下游,其距离为 L。图 3-7 中如设顺流方向的传输时间为 t_1,逆流方向的传输时间为 t_2,流体静止时的超声波传输速度为 c,流体流动速度为 v,则

$$t_1 = \frac{L}{c+v} \tag{3-8}$$

$$t_2 = \frac{L}{c-v} \tag{3-9}$$

一般来说,流体的流速远小于超声波在流体中的传播速度,则超声波传播时间差为

$$\Delta t = t_2 - t_1 = \frac{2Lv}{c^2 - v^2} \tag{3-10}$$

由于 c 远大于 v，从上式可得到流体的流速，即

$$v = \frac{c^2}{2L} \Delta t \tag{3-11}$$

2. 超声波传输频率差法测流量原理

频率差法是在时差法和相差法的基础上发展起来的，是目前最常用的方法，可以克服温度的影响。通过测量顺流和逆流时超声脉冲的重复频率差来测量流速，测得的流体流量与频率差成正比。

如图3-8所示，T_1 和 T_2 是安装在管壁外面相同的超声探头，通过电子开关的控制，交替作为超声波发射器与接收器使用。首先由 T_1 发射出第一个超声脉冲，它通过管壁、流体及另一侧管壁被 T_2 接收，此信号经放大后再次触发 T_1 的驱动电路，使 T_1 发射第二个超声脉冲，以此类推。设在一个时间间隔 t_1 内，测得 T_1 共发射了 n_1 个脉冲，脉冲重复频率为 $f_1 = n_1/t_1$。紧接着，在另一个相同的时间间隔 t_2（$t_1 =$

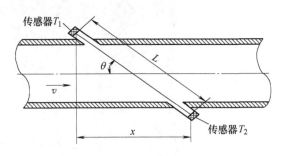

图3-8 频率差式超声波流量计工作原理

t_2）内，与上述过程相反，由 T_2 发射超声脉冲，而 T_1 作为接收器，同理可测得 T_2 的脉冲重复频率为 $f_2 = n_2/t_2$。

如图3-8所示，设流体静止时声速为 c，流体的流速为 v，T_1 与管道轴线的夹角为 θ，两个传感器之间的距离为 L。经推导，顺流发射频率 f_1 与逆流发射频率 f_2 的频率差 Δf 为

$$\Delta f = f_2 - f_1 \approx \frac{2v\cos\theta}{L} \tag{3-12}$$

由式（3-12）可知，频率差 Δf 与被测流速 v 成正比，而与声速 c 无关，所以频率差法的温漂较小。发射和接收探头也可以安装在管道的同一侧。

3.1.4 超声波流量计的组成和分类

1. 超声波流量计的组成

如图3-9所示，超声波流量计由超声发射换能器和转换器组成，换能器和转换器之间由专用的信号传输电缆连接，在固定测量的场合需在适当的地方装接线盒。超声波发射换能器将电能转换为超声波能量，并将其发射到被测流体中，该信号被超声波接收器接收，再经电子线路放大，并将其转换为代表流量的电信号，供给显示和计算仪表进行显示、计算。这样就实

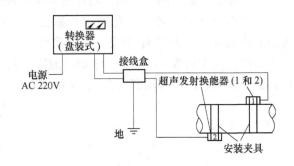

图3-9 超声波流量计的组成

现了流量的检测和显示。

2. 常用超声波流量计的分类

超声波流量计具有不阻碍流体流动的特点，可测多种流体，例如非导电的流体、高黏度的流体、浆状流体，只要能传输超声波的流体都可以进行测量。超声波流量计可用来对自来水、工业用水、农业用水等进行测量。超声波流量计既可测量大管径的流体流量，也可用于测量不易接触和观察的流体流量，现被广泛应用于石油、化工、冶金、电力、给排水等领域。

超声波流量计的种类和型号很多，可以从不同角度对超声波流量计进行分类。

（1）按照测试原理分类一般有速度差式超声波流量计、多普勒式超声波流量计。

（2）按照被测介质分类有气体用超声波流量计和液体用超声波流量计两类。

（3）按照使用场合分类可以分为固定式超声波流量计和便携式超声波流量计。

（4）按照超声波换能器供电方式分类不同可以分为外夹式超声波流量计、插入式超声波流量计和管段式超声波流量计三种。

图 3-10 所示为几种常见的超声波流量计。

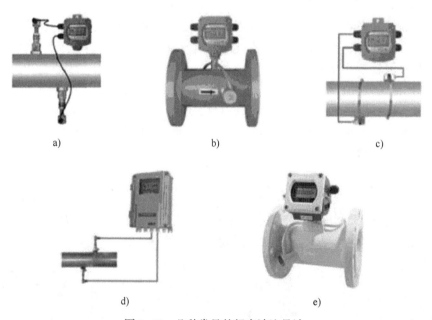

图 3-10　几种常见的超声波流量计

a）插入式超声波流量计　b）管段式超声波流量计　c）外夹式超声波流量计
d）分体式超声波流量计　e）管段一体式超声波流量计

【应用案例】

案例 1　时差式超声波流量计的应用

如图 3-11 所示为时差式超声波流量计的常用结构图。它主要用来测量洁净流体和杂质含量不高（杂质含量小于 10 g/L，粒径小于 1 mm）的均匀流体，如纯净水、污水等流量的计量，准确度可达±1.5%FS。

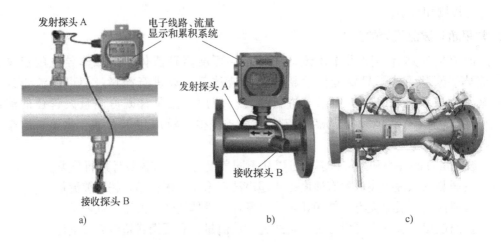

图3-11 时差式超声波流量计的常用结构图

a) 探头分离式   b) 两探头一体式   c) 四探头一体式

案例2 同侧式超声波流量计的应用

超声波流量计的安装方式有两种，分别是对称安装和同侧安装。对称安装适用于中小管径（通常小于600 mm）管道和含悬浮颗粒或气泡较少的液体；同侧安装适用于各种管径的管道和含悬浮颗粒或气泡较多的液体。

图3-12所示为同侧式超声波流量计，其典型特点是：其探头可装在被测管道的外壁，实现非接触测量，既不干扰流场，又不受流场参数的影响。其输出与流量基本上呈线性关系，精度一般可达±1%FS，其价格不随管道直径的增大而增加，因此特别适合大口径管道、混有杂质和腐蚀性液体的测量。

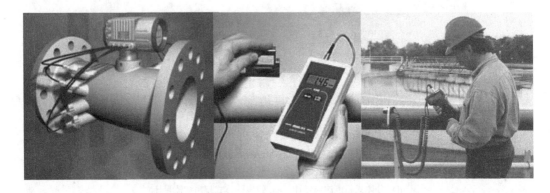

图3-12 同侧式超声波流量计

案例3 多普勒式超声波流量计的应用

当波源和观测者彼此相接近时，所接收到的频率变高；当波源和观测者彼此分开时，所接收到的频率变低，这就是多普勒效应。多普勒式超声流量计利用多普勒效应来测定流体的流量，即利用变化的多普勒频率偏移，就可以测得流体的流速和流体的体积流量。

图3-13所示的便携式多普勒式超声波流量计是一种耐用的、非接触式测量污水的超声波流量计，主要应用于城市污水处理厂、排水泵站环保的检测，矿山、油田、冶金、化工等行业

的循环水、矿浆、泥浆、酸碱液、城市排水、油水混合液等流量的计量。

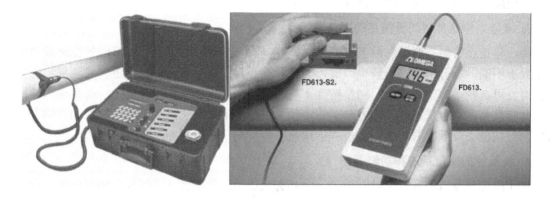

图 3-13　便携式多普勒式超声波流量计

【技能提升】

3.1.5　超声波流量计的选用技巧

超声波流量计类型众多，应在熟悉流量计的特点，掌握被测流体性质、流速分布情况、管路安装地点及对测量准确度的要求等因素的基础上进行选择。

1. 常用超声波流量计的特点

（1）多普勒式超声波流量计。

这种流量计只能测量含有适量悬浮颗粒或气泡的流体，对被测介质要求较苛刻，既不能是洁净水，同时杂质含量要相对稳定，且不同厂家的仪表性能和要求也不完全一样。

（2）便携式超声波流量计。

此流量计适用于临时性测量，主要用于校对管道上已安装的其他流量仪表的运行状态、进行某区域内的流体状况测试、检查管道的当时流量等。此时选用便携式超声波流量计既方便又经济。

（3）时差式超声波流量计。

它主要用来测量洁净流体和杂质含量不高（杂质含量小于 10 g/L，粒径小于 1 mm）的均匀流体，如纯净水、污水等流量的计量，精度可达±1.5%FS。

（4）管道式超声波流量计。

它的精度最高，可达到±0.5%FS，而且不受管道材质、衬里的限制，适用于流量测量精度要求高的场合。但随着管径的增大，成本也会随之增加，选用中小口径的管道式超声波流量计较为经济。

（5）插入式超声波流量计。

如果有足够的安装空间，使用插入式超声波流量计代替外贴式换能器，可彻底消除管衬、结垢及管壁对超声波信号衰减的影响，测量稳定性更高，也大大减小了维护工作量。而且，插入式超声波流量计也可以实现不断流安装，其应用范围正在不断扩大。

2. 被测流体的性质

要了解被测流体是水还是其他介质，搞清其黏度系数和透射声波的能力，是否含有气泡和固定微粒及其含量是多少。对于固体微粒和气泡含量大的流体，应选用多普勒式超声波流量计，否则应选用时差式超声波流量计。

3. 流道条件及其对测量精度的要求

对于管道、管渠、明渠和河流应分别选择对应的流量计。对于有长平直段的流道或对测量精度要求不高的场合，可选用较少声道数的流量计；对于明渠和大口径管道，当测量精度要求较高时，可选用多声道流量计。测量精度还与测量原理、仪器布置位置有关，时差法一般比多普勒法有较高的测量精确度；管外贴装超声波流量计时由于夹装过程的不确定性和声耦合变化等，测量精度会降低，若安装调试过程不细致，会使测量精度更差。

4. 流量计的使用目的和功能要求

用于固定流量监测或收费计量场合，要具有确切的测量精度，不因停电而消失的累积流量记录功能和连续运行能力，一般选用平行多声道或带标准测量管道的单声道超声波流量计，流量计存储单元具有停电后保持测量结果的能力；对测量精度要求不高、移动使用的超声波流量计，可选用带外贴式超声波流量计的便携式流量计；用于压力管道漏水监测的超声波流量计，只要求有较好的相对测量精度，对绝对测量精度没有要求。

3.1.6　超声波传感器在其他领域的应用

如图3-14所示，超声波传感器已经渗透到我们生活中的许多领域，在现代化产业中应用非常广泛，除了用于流量计，还可以用于测位置、探伤、测速、测距、测厚、防盗、监控、遥控、安防、B超等。

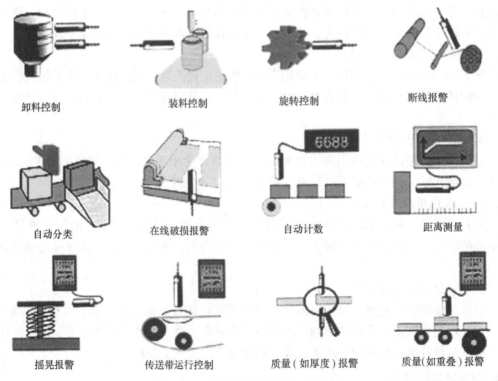

图3-14　超声波传感器部分应用例图

1. 超声波测厚

如图 3-15 所示，双晶直探头中的压电晶片发射超声波振动脉冲，超声波脉冲到达试件底面时，被反射回来，并被另一只压电晶片所接收。只要测出从发射超声波脉冲到接收超声波脉冲所需的时间 t，再乘以被测体的声速常数 c，就是超声波脉冲在被测件中所经历的往返距离，再除以 2，就得到厚度。

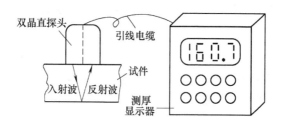

图 3-15　超声波测厚度的示意图

2. 超声波测液位

如图 3-16 所示，在液罐上方安装空气传导型超声波发射器和接收器，根据超声波的往返时间，就可测得液体的液面。

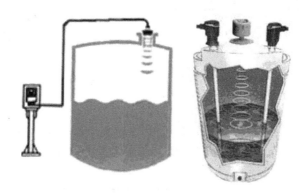

图 3-16　超声波液位计示意图

3. 超声波探伤

图 3-17 所示的超声波探伤是目前应用十分广泛的无损探伤手段。它既可检测材料表面的缺陷，又可检测内部几米深的缺陷，这是 X 光探伤所达不到的深度。

图 3-17　超声波探伤

【巩固与拓展】

自测：

（1）超声波有哪些特点？简述超声波传感器的结构。

（2）超声波传感器的主要性能指标有哪些？

（3）超声波流量计有哪些分类？其检测优点是什么？

（4）应用超声波传感器探测工件时，在探头与工件接触处要涂有一层耦合剂，请问这是为什么？

拓展：

（1）查阅资料，了解图3-18中使用超声波传感器制成倒车雷达的原理，试设计软硬件方案，实现对车辆安全距离外物体的检测。

图3-18 使用超声波传感器制成的倒车雷达

（2）图3-19所示为超声波遥控照明灯电路图，采用专用超声波发射集成电路，工作可靠，性能稳定。该电路由超声波发射换能器 B_1 和超声波接收器 B_2、超声波发射专用集成电路 IC_1、前置放大器 VT_1、声控专用集成电路 IC_2、电子开关等器件组成。

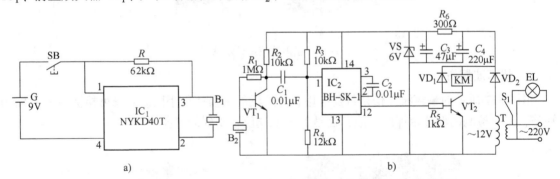

图3-19 超声波遥控照明灯电路图
a）发射器 b）接收器

当按下按钮 SB 时，超声波发射换能器 B_1 即向外发射频率为 40 kHz 的超声波，B_2 接收到超声波信号并将其转变为相应的电信号，IC_2 的第 12 脚输出高电平，VT_2 导通，电灯 EL 点亮。如果再按一下按钮 SB，接收控制器收到信号后，IC_2 的第 12 脚就会翻转回低电平，VT_2 截止，电灯 EL 熄灭。

请选择合适的元器件，完成该电路的制作与装调。

任务 3.2　电磁式流量传感器检测流量

【任务背景】

自来水公司进、出厂水流量的计量既是水资源管理的重要环节，也是供水行业生存发展的关键。目前，我国城镇供水行业主要使用电磁流量计进行流量计算。这类流量计有一系列优良特性，也是工业中测量导电流体常用的流量计，能够测量含有固体颗粒或纤维液体的流量，可以解决其他流量计不容易实现的污流、腐蚀流的测量，因此被各地自来水公司、化工行业等大量使用，且很多已更新为智能化、高精度、多功能的流量仪表。

本任务主要介绍电磁式流量计的工作原理、分类等知识，通过分析实际应用中的案例，使学生掌握电磁式流量传感器的选型与使用。

【相关知识】

3-2　电磁式
流量计

3.2.1　电磁式流量计的工作原理

电磁式流量计（Electromagnetic Flowmeter，EMF）是 20 世纪 50~60 年代随电子技术发展而迅速发展起来的流量测量仪表，它基于法拉第电磁感应定律，用来测量导电液体的体积流量。

根据法拉第电磁感应定律，当一导体在磁场中运动切割磁力线时，在导体的两端即产生感应电动势 E，其方向由右手定则确定，其大小与磁场的磁感应强度 B，导体在磁场内的长度 l 及导体的运动速度 v 成正比，如果 B、l、v 三者互相垂直，则

$$E = Blv \qquad (3-13)$$

与此相仿，在磁感应强度为 B 的均匀磁场中，垂直于磁场方向放一个内径为 D 的不导磁管道，当导电液体在管道中以流速 v 流动时，导电流体就切割磁力线，如图 3-20 所示。如果在管道截面上垂直于磁场的直径两端安装一对电极、则可以证明：只要管道内流速分布为轴对称分布，两电极之间也将产生感应电动势

$$E = BD\bar{V} \qquad (3-14)$$

式中　$\bar{V}$——管道截面上的平均流速。

由此可得管道的体积流量为

$$Q = \bar{V}A = \frac{EA}{BD} = \frac{E\pi D}{4B} \qquad (3-15)$$

式中　A——管道截面积；

Q——体积流量。

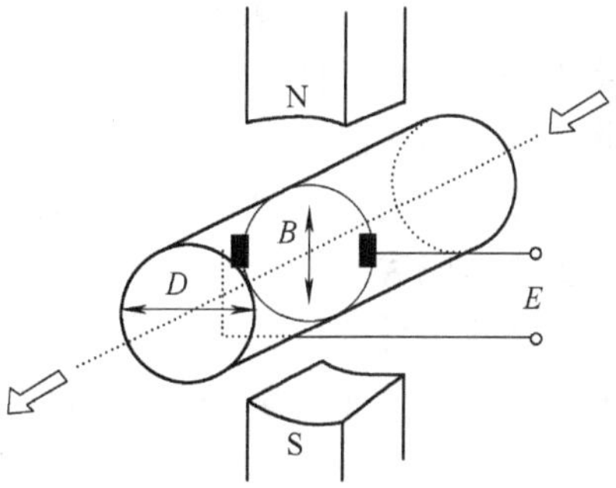

由上式可知，体积流量 Q 与感应电动势 E 和测

图 3-20　电磁流量计工作原理图

量管内径 D 呈线性关系，与磁场的磁感应强度 B 成反比，与其他物理参数无关，这就是电磁流量计的工作原理。

需要说明的是，要使式（3-14）严格成立，必须使测量条件满足下列假定。

（1）磁场是均匀分布的恒定磁场。

（2）被测流体的流速为轴对称分布。

（3）被测液体是非磁性的。

（4）被测液体的电导率均匀且各向同性。

由于其独特的优点，电磁流量计目前已广泛地应用于工业过程中各种导电液体的流量测量，如各种酸、碱、盐等腐蚀性介质及各种浆液流量的测量，形成了独特的应用领域。

3.2.2 电磁式流量计的结构

图3-21a所示为电磁流量计结构示意图。电磁流量计由流量传感器、转换器（变送器）和显示仪表等组成。根据传感器和转换器是否连接成一体，电磁式流量计分为一体型电磁流量计和分离型电磁流量计。

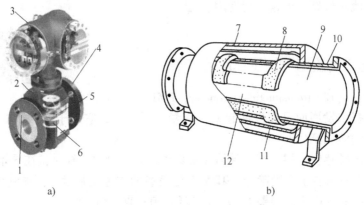

a)　　　　　　　　　　　　　　　　　　　　b)

图3-21　电磁流量计工作结构示意图

a）电磁式流量计结构　b）电磁流量计传感器结构

1—内衬　2—传感器　3—变送器　4—过程连接　5—测量电极　6—线圈

7—外壳　8—励磁绕组　9—衬里　10—测量导管　11—铁心　12—电极

传感器一般安装在被测管道上，它的作用是将流进管道内的液体体积流量值线性地变换为感应电动势信号，并通过传输线将此信号送到转换器。转换器安装在离传感器不太远的地方，分离型的电磁流量计的转换器安装在离传感器30 m～100 m的地方，两者之间用屏蔽电缆连接，它将传感器送来的流量信号进行放大，并转换为与流量信号成正比的标准电信号输出，以进行显示、累积和调节控制。测量管道通过不导电的内衬（橡胶、特氟龙等）实现与流体和测量电极的电磁隔离。

电磁流量计的传感器由励磁绕组、测量导管、电极、外壳等部分组成，结构如图3-21b所示。测量导管上下装有励磁绕组，通电后产生磁场穿过测量导管，一对电极装在测量导管内。

3.2.3 电磁式流量计的分类

随着电磁式流量计应用领域的扩展，目前已经研制生产了多种类型的电磁流量计，以满足不同方面的需求。例如，给排水工程中应用的大口径仪表；造纸工业、有色冶金业、化学工业以及钢铁工业中应用的中小口径仪表；医药工业、食品工业中应用的卫生型电磁流量计等。图3-22所示为几种常用的电磁式流量计。

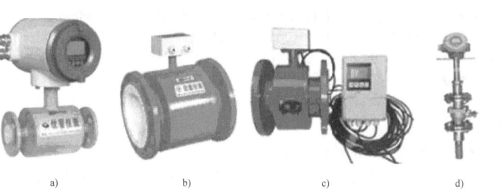

a)　　　　　　　　b)　　　　　　　　c)　　　　　　　　d)

图 3-22　几种常用的电磁式流量计

a）小口径电磁式流量计　b）潜水型电磁式流量计　c）分体式电磁式流量计　d）插入式电磁式流量计

按照分类依据的不同，电磁式流量计可以有以下几种不同的分类。

（1）按用途可以分为通用型、卫生型、潜水型和防爆型等。

（2）按流量传感器与管道连接方式可以分为插入型、夹持型、法兰型、螺纹等连接。

（3）按传感器电极是否与被测液体接触可以分为接触型和非接触型。

（4）按励磁电流方式可以分为直流励磁、交流励磁、低频矩形波励磁和双频矩形波励磁。

（5）按输出信号连接和励磁（电源线）连线的制式分为四线制和二线制。

（6）按转换器与传感器组装方式分为分体型和一体型。

3.2.4　电磁式流量计的优缺点

电磁式流量计的优点如下：

（1）测量精度不受流体密度、黏度、温度、压力和电导率变化的影响，传感器感应电压信号与平均流速成线性关系，测量精度高。

（2）管道内无可动部件，无阻流部件，测量中几乎没有附加压力损失，运行能耗低，传感器寿命长。

（3）电磁式流量计所测得的是体积流量，测量结果与流速分布、流体压力、温度、密度、黏度等物理参数无关。因此，电磁式流量计只需通过水溶液标定后，就可用来测量其他导电性液体的流量。

（4）测量范围大。电磁式流量计的量程范围极宽，其测量范围度（指流量计能够测量的范围，最大就是满量程，最小就是满量程的1/1500）可达100∶1，有的甚至达到1000∶1的可运行流量范围；保证准确度的范围一般可达40∶1。

（5）测量管道是一段无阻流部件的光滑直管，不易阻塞，适用于测量含有固体颗粒或纤维的流体，如纸浆、煤水浆、矿浆、泥浆和污水等。

（6）对直管段要求低。一般要求测量管道的入口直径大于等于 $5D$，出口直径大于等于 $3D$（D 为流量计安装管道的公称内径），适合对大口径管路测量。

（7）很多产品为双向测量系统，可进行正、反向总量和差值总量的测量。

（8）可应用于腐蚀性流体的测量。

电磁式流量计的缺点如下：

（1）不能用来测量气体、蒸汽以及含有大量气体的液体。

（2）不能用来测量电导率很低的液体介质，如石油制品或有机溶剂等介质。

（3）普通工业用电磁式流量计由于测量导管内衬材料和电气绝缘材料的限制，不能用于测量高温介质；如未经特殊处理，也不能用于低温介质的测量，以防止测量导管外结露（结霜）破坏绝缘。

（4）电磁式流量计易受外界电磁干扰的影响。

【应用案例】

案例1　电磁式流量计在水处理行业中的应用

图3-23所示为电磁式流量计在水处理车间测量原水量的应用。通过电磁式流量计控制水处理车间的原水量，来检测管道中原水的流量。由于测量结果与原水量的压力、温度、电导率等物理参数无关，所以测量准确度高、工作可靠，且测量管道内无阻流件，因此无附加压力损失。

图3-23　电磁式流量计对于原水量的测量

案例2　电磁式流量计在油田的应用

在河南油田中，对于注水井的分层测试采用的是井下存储式电磁式流量计测井技术。电磁式流量计测井技术主要包括井下流量计、测量数据地面回放处理设备、测试井口密封装置和绞车。流量计从井口下入，通过注水管柱到达测量段。在保持注入压力不变的情况下，通过改变仪器的位置完成对各个测量点的测试。

整套设备由地面仪器和井下仪器组成，地面仪器主要由计算机和数据回放线组成，数据回放线是实现井下仪器与计算机通信的电缆，井下仪器的存储数据通过数据回放线传递给地面计算机，计算机完成对数据的处理和输出工作。井下仪器主要由电磁式流量计、线路筒、扶正器、绳帽等部分组成，如图3-24所示。

图3-24　井下存储式电磁式流量计仪器组成

【技能提升】

3.2.5 电磁式流量计的选型依据

正确地选用电磁式流量计是保证用好电磁式流量计的前提条件,选用什么种类的电磁式流量计应根据被测流体介质的性质和流量测量的要求。

1. 可测量的流体种类

由电磁流量计的工作原理可知,能选用电磁流量的流体必须是导电的,严格地说,除了高温流体之外,只要电导率大于 5 μS/cm 的任何流体都能选用相应的电磁式流量计来进行测量,而不导电的气体、蒸汽、油类、丙酮等物质则不能选用电磁式流量计来测量流量。

2. 传感器的口径选择

流量计适用于流速在 (0.3~15) m/s 范围内的流量测量,此时流量计口径可选择与用户管道口径一致。当用于流速低于 0.3 m/s 的流量测量时,最好在仪表部位局部提高流速,可采用缩管方式。

3. 一体型或分体型的选择

一体型:现场环境较好的前提下,一般都选用一体型,即传感器和转换器组装成一体。

分体型:即传感器和转换器分开装于不同地点。一般出现以下情况时需选用分体型。

(1) 环境温度或流量计转换器表面受辐射超过 60 ℃ 的场合。

(2) 管道振动较大的场合。

(3) 会对转换器的铝壳严重腐蚀的场合。

(4) 现场湿度较大或有腐蚀性气体的场合。

(5) 流量计装在高空或井下调试不方便的场合。

4. 电极、接地环材料的选择

应根据被测流体的腐蚀性来选择电极的材料,要查阅有关腐蚀手册,对于特殊流体应做试验。表 3-1 列出了不同电极材料对不同流体的耐腐蚀性能。

表 3-1 不同电极材料耐腐蚀性能

材 料	耐腐蚀性能
含钼不锈钢 (0Cr18Ni12Mo2Ti)	硝酸、室温下<5%硫酸、沸腾的磷酸、甲酸、碱溶液、在一定压力下的亚硫酸、海水、醋酸
哈氏合金 C 哈氏合金 B (HC、HB)	耐氧化性酸、氧化性盐、耐海水、耐非氧化性酸、非氧化性盐、碱、常温硫酸
钛 (Ti)	海水、各种氯化物和次氯酸盐、氯化性酸(包括发烟硝酸)、有机酸、碱
钽 (Da)	除氢氟酸、发烟硫酸、碱外的其余化学介质,包括沸点的盐酸、硝酸和<175℃的硫酸
铂 (Pt)	各种酸、碱、盐(不包括王水)

5. 被测介质的腐蚀性、磨损性和温度对传感器内衬材料选择的影响

电磁式流量计内衬材料的选择见表 3-2。

6. 温度等级的选择

流量传感器一般有四种工作温度等级，分别是70℃、95℃、130℃，特殊情况下可达180℃。为使流量计在理想状态下工作，应选择最接近介质实际工作温度的等级。例如介质最高工作温度为50℃时，就选择温度等级为70℃的传感器。

表3-2 电磁式流量计内衬材料选择

内衬材料	名 称	性 能	最高工作温度	适 用 液 体
橡胶	氯丁橡胶	耐磨性中等，耐低浓度酸碱盐的腐蚀	<80℃	自来水、工业用水、海水
	聚氨酯橡胶	极好的耐磨性能，耐酸碱性能较差	<60℃	纸浆、矿浆等浆液
氟塑料	聚四氟乙烯	化学性能很稳定，耐沸腾的盐酸、硫酸、王水、浓碱的腐蚀	<180℃	腐蚀性强的酸、碱、盐液体
	氟化乙烯丙烯共聚物（特氟隆FEP）	化学性能略逊于聚四氟乙烯（F4）		腐蚀性的酸、碱、盐液体
塑料	四氯乙烯和乙烯	化学性能略逊于聚四氟乙烯（F4）		腐蚀性的酸、碱、盐液体
	聚乙烯	化学性能稳定	<60℃	污水
	聚苯硫醚		<150℃	热水

7. 经济因素的考虑

除上述因素外，选用流量计还要考虑仪表购置费、安装费、运行费、校验费、维修费、仪表使用寿命、备品备件等。

3.2.6 电磁式流量计的安装注意事项

安装环境及地点的要求

为了使流量计工作可靠稳定，在选择安装地点时应注意以下几方面的要求。

（1）尽量避开铁磁性物体及具有强电磁场的设备（如大型电机、大型变压器等），以免受磁场影响。

（2）应尽量安装在干燥通风之处，不宜在潮湿，易积水的地方安装。

（3）应尽量避免日晒雨淋，避免环境温度高于60℃及相对湿度大于95%。

（4）选择便于维修，活动方便的地方。

（5）流量计应安装在水泵后端，决不能在抽吸侧安装，阀门应安装在流量计下游侧。

3.2.7 使用电磁式流量计的注意事项

使用电磁式流量传感器时应注意如下几点：

（1）虽然流速的分布对精度的影响不大，但为了消除这种影响，应保证液体流动管道有足够的直线长度。

（2）使用电磁式流量计时，必须使管道内充满液体。最好是把管道垂直设置，让被测液体从上至下流动。

（3）测定电导率较小的液体时，由于两电极间的内部阻抗（电动势的内阻）比较高，故所接信号放大器要有 100 MΩ 左右的输入阻抗。为保证传感器的正常工作，液体的速率必须保证在 5 cm/s 以上。

【巩固与拓展】

自测：

（1）电磁式流量计的工作原理是什么？

（2）试举出三种电磁式流量计不能测量的介质。

（3）安装电磁式流量计时应注意哪些方面？

（4）简述应该主要从哪些方面对电磁式流量计进行选型。

拓展：

查阅传感器技术手册与传感器网站等资料，找出其中的三种流量传感器，总结这些流量传感器的优缺点和安装注意事项，并与电磁式流量传感器进行对比。

任务 3.3　光纤传感器检测流量

【任务背景】

3-3　光纤式流量传感器

光纤最早在光学行业中用于传递光和图像，在 20 世纪 70 年代初生产出低损耗光纤后，现在广泛应用于传递信息和各种物理量。在狭小的空间及强电磁干扰、高电压的环境里，光纤传感器都显示出了独特的性能，如应用于流体测量的激光多普勒光纤流速测量系统。

随着光纤传感器技术的发展，可将反射型光纤传感器与传统的涡轮流量测量原理相结合，制造出具有双光纤传感器的涡轮流量计。

【相关知识】

光纤不仅可以作为光波的传输介质，而且光波在光纤中传播时，表征光波的特征量（振幅、相位、偏振态、波长等）因外界因素（如温度、压力、磁场、电场和位移等）的作用而直接发生变化，从而可将光纤作为传感器元件来探测各种待测量（物理量、化学量和生物量）。

3.3.1　光纤的结构

光纤是一种多层介质结构的圆柱体，其结构如图 3-25 所示，该圆柱体由纤芯、包层和护套组成。

纤芯的主体是由二氧化硅或塑料制成的很细的圆柱体，其直径在 5 μm ~ 75 μm 之间。有时在主体材料中掺入极微量的其他材料，如二氧化锗或五氧化二磷等，以提高光的折射率。围绕纤芯的是一层圆柱形套层（包层），包层可以是单层，也可以是多层结构，层数取决于光纤的应用场合，但总直径控制在 100 μm ~ 200 μm 范围内。包层材料一般为二氧化硅（SiO_2），也有的掺入极微量的三氧化二硼或四氧化硅，包层掺杂的目的是降低其对光的折射率。包层外面还要涂上如硅酮或丙烯酸盐等涂料，以保护光纤不受外来的损害，增加光纤的机械强度。光纤最外层是一层塑料保护管（护套），其颜色用以区分光缆中各种不同的光纤。光缆是由多根光纤组成，并在光纤间填入阻水油膏以保证光缆的传光性能。光缆主要用于通信。

图3-26所示为光纤传感器的外形图。

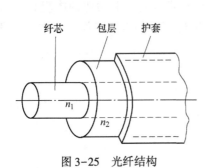

图3-25　光纤结构

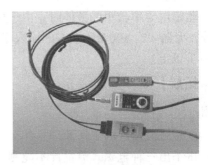

图3-26　光纤传感器外形图

3.3.2　光纤传感器的工作原理

光纤传感器的基本工作原理是将来自光源的光经过光纤送入调制器，使待测参数与进入调制器的光相互作用后，导致光的光学性质（如光的强度、波长、频率、相位和偏振态等）发生变化，成为被调制的信号光，再经过光纤送入光探测器，经解调器解调后，获得被测参数。

纤芯的折射率 n_1 大于包层的折射率 n_2，当光从光密物质射向光疏物质，而入射角大于临界角时，光线产生全反射，即光不再离开光密介质。

3.3.3　光纤传感器的分类

根据工作原理，光纤传感器可以分为传感型和传光型两大类。

利用外界因素改变光纤中光的特征参量，从而对外界因素进行计量和数据传输，称为传感型光纤传感器，它具有传、感合一的特点，信息的获取和传输都在光纤之中。传光型光纤传感器是指利用其他敏感元件测得的特征量，由光纤进行数据传输，它的特点是充分利用现有的传感器，便于推广应用。

光纤对许多外界参数有一定的效应，如电流、温度、速度等。光纤传感器原理的核心是如何利用光纤的各种效应，实现对外界被测参数的"传"和"感"的功能。光纤传感器的核心就是光被外界参数调制的原理，调制原理就能代表光纤传感器的机理。研究光纤传感器的调制器就是研究光在调制区与外界被测参数的相互作用，外界信号可能引起光的特性（强度、波长、频率、相位、偏振态等）变化，从而构成强度、波长、频率、相位和偏振态调制原理。

3.3.4　光纤传感器的调制方法

光纤传感器的调制有如下几种方法：

利用被测量的因素改变光纤中光的强度，再通过光强的变化来测量外界物理量，称为强度调制。强度调制是光纤传感器使用最早的调制方法，其特点是技术简单、可靠，价格低，可采用多模光纤；光纤的连接器和耦合器均已商品化。光源可采用LED和高强度的白炽灯等非相干光源。探测器一般用光电二极管、光电晶体管和光电池等。

利用外界因素改变光纤中光的波长或频率，然后通过检测光纤中的波长或频率的变化来测量物理量的方法，分别称为波长调制和频率调制。

波长调制技术的解调技术比较复杂，对引起光纤或连续损耗增加的某些器件的稳定性不敏感，该调制技术主要用于液体浓度的化学分析、磷光和荧光现象分析、黑体辐射分析等方面。例如，利用热色物质的颜色变化进行波长调制，从而得到待测温度以及其他物理量。

频率调制技术主要基于多普勒效应（即物体辐射的波长因光源和观测者的相对运动而产生变化）来实现，光纤常采用传光型光纤，当光源发射出的光经过运动物体后，观测者所见到的光波频率相对于原频率发生了变化。根据此原理，可设计出多种测速光纤传感器。

除了以上介绍的光纤传感器的调制方法，还有利用外界因素改变光纤中光波的相位，通过检测光波相位变化来测量物理量的相位调制；利用外界因素调制返回信号的基带频谱，通过检测基带的延迟时间、幅度大小的变化来测量各种物理量的大小和空间分布的时分调制；利用电光、磁光、光弹等物理效应进行偏振调制等调制方法。

3.3.5　光纤传感器的特点

与传统的传感器相比，光纤传感器具有以下独特的优点。

（1）抗电磁干扰，电绝缘，耐腐蚀。

由于光纤传感器是利用光波传输信息，而光纤又是电绝缘、耐腐蚀的传输介质，并且安全可靠，这使它可以方便有效地用于各种大型石油化工、矿井等强电磁干扰和易燃易爆等恶劣环境中。

（2）灵敏度高。

光纤传感器的灵敏度优于一般的传感器，如测量水声、加速度、辐射、磁场等物理量的光纤传感器，测量各种气体浓度的光纤化学传感器和测量各种生物量的光纤生物传感器等。

（3）重量轻，体积小，可弯曲。

光纤具有重量轻、体积小、可自由弯曲的优点，因此可以利用光纤制成不同外形、不同尺寸的各种传感器，这有利于航空航天以及狭窄空间的应用。

（4）测量对象广泛。

光纤传感器是最近几年出现的新技术，可以用来测量多种物理量，比如声场、电场、压力、温度、角速度和加速度等，还可以完成现有测量技术难以完成的测量任务。目前已有不同性能的测量各种物理量、化学量的光纤传感器在现场使用。

（5）对被测介质影响小。

光纤传感器与其他传感器相比具有很多优越的性能，如抗电磁干扰和原子辐射；径细、质软、重量轻等机械性能；绝缘、无感应的电气性能；耐水、耐高温、耐腐蚀的化学性能等。这些性能对被测介质的影响较小。它能够在人达不到的地方（如高温区），或者对人有害的地区（如核辐射区），起到人耳目的作用。而且还能超越人的生理界限，接收人的感官所感受不到的外界信息。有利于在医药卫生等环境复杂的领域中应用。

（6）便于复用和联网。

有利于与现有光通信技术组成遥测网和光纤传感网络。

（7）成本低。

有些种类的光纤传感器的成本大大低于现有的其他同类传感器。

3.3.6　光纤传感器涡轮流量计

涡轮流量计在工业上的应用已有五十多年的历史，它通过内磁式传感器检测涡轮的转速而

实现流量测量,是一种用途广泛的流量测量仪表。

涡轮式流量传感器利用放在流体中的叶轮的转速进行流量测试,如图3-27所示。叶轮的叶片可以用导磁材料制作,由磁电转换器内的永久磁铁、铁心、线圈与叶轮叶片形成磁路,当叶片旋转时,磁阻将发生周期性地变化,从而使线圈中感应出电压脉冲信号。该信号经放大、整形后输出,作为供检测转速用的脉冲信号。

光纤传感器涡轮流量计,就是把涡轮叶片进行改造,使其叶片端面适宜反射光线,利用反射型光纤传感器及光电转换电路检测涡轮叶片的旋转,从而测量出流量。其原理如图3-28所示。

反射型光纤传感器一般用多模玻璃光纤,单根纤芯直径200μm,孔径为0.3mm,由两根光纤组成,包括光发射

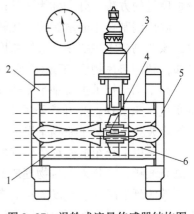

图3-27 涡轮式流量传感器结构图
1—导向板 2—壳体 3—磁电转换器
4—叶轮 5—压紧环 6—导向板

纤和光接收纤,检测端固化在一铝合金护套内,可替代内磁式传感器安装在涡轮流量计上。为了提高反射型光纤传感器的信噪比,保证接收反射信号的分辨率,光电转换器中的光源发射电路设计为10~12kHz的调制光输出,通过光发射纤经涡轮叶片反射,再从光接收纤接收调制光的反射信号,经滤波后转换为流量脉冲信号,信号响应时间小于0.2ms,检测范围为1mm。

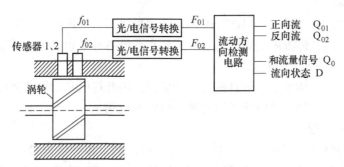

图3-28 光纤传感器涡轮流量计原理
f_{01}和f_{02}—传感器输出的交流频率信号,F_{01}和F_{02}—调制光输出频率信号,Q_{01}—正向流量脉冲信号,
Q_{02}—反向流量脉冲信号,Q_0——和流量信号,D——流向状态

传统的内磁式传感器受其结构限制只能检测叶片的转速,由于反射型光纤传感器体积细小,因而将两个反射型光纤传感器并列装配在涡轮流量计上,这样两个传感器可检测同一涡轮叶片不同位置的反射信号,而两个传感器信号互不干扰,如图3-29所示。传感器输出的f_{01}和f_{02}信号经相位鉴别电路后,可输出流量计的正向流动计量信号和反向流动计量信号。

与传统的内磁式涡轮流量计相比,光纤传感器涡轮流量计具备了正、反流量测量的性能。在检测原理上,光纤传感器克服了内磁式传感器磁性引力带来的影响,有效地扩大了涡轮流量计的量程比。由于光纤传感器不存在内磁式传感器在低流速时与涡轮叶片产生磁阻而引起的误差,也克服了内磁式传感器

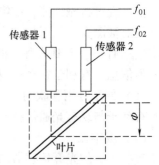

图3-29 双向反射型光纤传感器
流量测量原理图
Φ—光纤传感器输出信号的相位差

在高流量区信号产生饱和的问题，其调制光参数还可以随总体设计的要求而变化，为涡轮的设计创造了有利条件。另外，光纤传感器具有防爆、无电气信号直接与流量计接触的特点，因而适用于煤气、轻质油料等透明介质的流量测量。

【应用案例】

案例　激光多普勒光纤血流传感器

光纤血流传感器是基于光学多普勒效应的频率调制型传感器，用来检测人体动脉血管中血液的流速，是一种很有发展前途的医疗仪器。

根据光学多普勒效应，由多普勒频移公式可知，当已知光源发出光的波长 λ、发射方向、物体运动方向和探测器方向时，通过测出的多普勒频移，即可得到血液的流速。频率调制光纤血流传感器如图 3-30 所示。

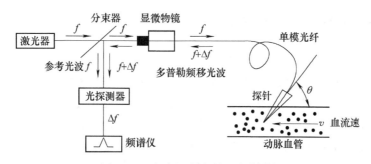

图 3-30　频率调制光纤血流传感器

在图 3-30 中，由氦氖激光器发出频率为 f 的单色光波，经分束器分成两束，一束作为信号光经显微物镜后进入光纤，并通过光纤探针射入动脉血管；在动脉血管中，因多普勒效应，经流速为 v 的血流反射后，部分频率为 $f+\Delta f$ 的反射光波沿原路返回。经分束器分出的另一束光波作为参考光波，频率为 f 的参考光波与频率为 $f+\Delta f$ 的多普勒频移光波同时进入光探测器，混频后检出频率为 Δf 的光信号，并转换为电信号后送至频谱仪。由频谱仪读出频移 Δf，按照多普勒频移公式，即可求出动脉管中血的流速 v。例如氦氖激光器发出的光波波长 $\lambda=632.8\ nm$，入射光纤探针与动脉血管的夹角 $\theta=60°$，测得频移 $\Delta f=2\ MHz$，则可求得血流速度为 $v=1\ 265.6\ nm/s$。

【技能提升】

3.3.7　光纤传感器的发展前景和应用范围

从光纤传感器的特点可以看出，它具有抗电磁干扰、轻巧、灵敏度高等优势，将信息传感与信号传输合二为一，便于构成分布式网络，易于实现远距离监控和多点实时监测，光纤的诸多优点使其在建筑桥梁、医疗卫生、煤炭化工、军事制导、地质探矿、电力工程、石油勘探、地震波检测等领域有着广阔的发展空间，且有望得到大规模应用。

光纤传感器的应用范围主要有以下几个方面：

（1）用于桥梁、大坝、油田等的干涉陀螺仪和光栅压力传感器。光纤传感器可预埋在混凝土、碳纤维增强塑料及各种复合材料中，用于测试应力松弛、施工应力和动荷载应力，从而评估桥梁短期施工阶段和长期营运状态的结构性能。

（2）在电力系统中的应用。可用于需要测定温度、电流等参数的电力系统，如对高压变压器、大型电机的定子和转子内温度的检测等。由于电类传感器易受电磁场的干扰，无法在这类场合中使用，因而只能用光纤传感器。例如分布式光纤温度传感器就是近几年发展起来的一种用于实时测量空间温度场分布的高新技术。

（3）用于易燃易爆物的生产过程与设备的温度测量。光纤传感器在本质上是防火防爆器件，它不需要采用隔爆措施，十分安全可靠。与电学传感器相比，既能降低成本又能提高灵敏度。

（4）在现代物联网技术中的广泛应用。物联网与光纤传感器有相辅相成、相互促进的作用。光纤同时具备宽带、大容量、远距离传输，可实现多参数、分布式、低能耗传感的显著优点。光纤传感器可以不断汲取光纤通信的新技术（如新的半导体光源、新型光纤）、新器件，使其在物联网中拥有广阔的应用前景，全光纤物联网有望在未来实现并成为一种新形式的物联网。

此外，光纤传感器还可以应用于铁路监控、火箭推进系统以及油井检测等方面。

3.3.8　光纤传感器的其他应用

1. 光纤加速度传感器

光纤加速度传感器的组成结构如图3-31所示。它是一种简谐振子的结构形式。激光束通过分光板后分为两束光，透射光作为参考光束，反射光作为测量光束。当传感器感受到加速度时，由于质量块M对光纤的作用，从而使光纤被拉伸，引起光程差的改变。相位改变的激光束由单模光纤射出后与参考光束会合产生干涉效应。激光干涉仪的干涉条纹的移动可由光电接收装置转换为电信号，经过信号处理电路处理后便可正确地测出加速度值。

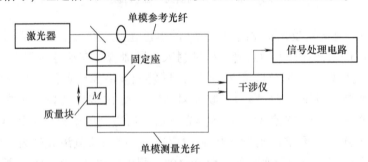

图3-31　光纤加速度传感器的组成结构

2. 光纤式光电开关

光纤式光电开关如图3-32所示，采用遮断型光纤式光电开关可实现对IC芯片引脚的精密检测。

3. 光纤陀螺

它将激光射入绕成线圈的光纤，当线圈的底座随运动物体旋转时，可以测得出射光的相位发生变化，它的灵敏度比机械陀螺高，无机械摩擦力，是一种结构简单，潜在成本低，精度很高的新型全固态惯性器件。图3-33所示为光纤陀螺的实物图。

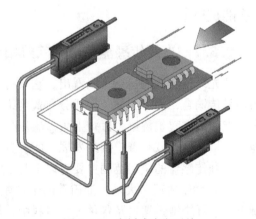

图3-32　光纤式光电开关

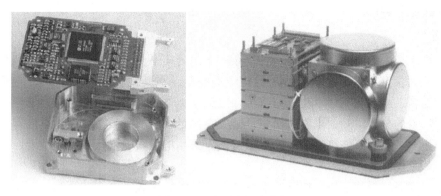

图 3-33 光纤陀螺实物图

【巩固与拓展】

自测：

（1）光纤传感器的测量原理是什么？其优点有哪些？

（2）与电磁式流量计相比，光纤传感器最适合哪些领域的流量测量？

（3）除了可以测量流量和流速，光纤传感器还适合测量哪些物理量？

拓展：

光纤图像传感器如图 3-34 所示。工业上需要使用内窥镜对管道内部缺陷或管道异物进行监测、精确定位和排查，要求选用光纤图像传感器作为敏感元件，将探头放入系统内部，用光纤作为传输介质，通过光速的传输在系统外部可以观察监视，实现将不便观察的远方图像传递到观测点。

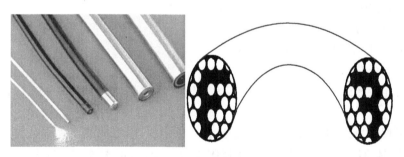

图 3-34 光纤图像传感器

请查阅有关资料，简述内窥镜的软硬件设计方案。

任务3.4 技能实训——制浆造纸厂的电磁式流量计

【任务描述】

对于造纸厂，流量测量和控制比较重要。对进入抄纸机的纸浆流量进行测量，可以与浓度计配合作为纸张定量控制的前馈。在配浆系统中对纸浆进行测量，可以实现纸浆配比的连续或断续控制。某制浆造纸厂，需要对生产过程和产品质量进行自动控制。该制浆造纸厂采用集散控制系统（DCS）、质量控制系统（QCS）和横向控制系统（CD）。要求针对造纸厂配浆池的NBKP（漂白针叶木硫酸盐浆）浆与水管道，设计与控制系统相配套的现场流量测量仪表方案并进行具体选型和装调。

【任务分析】

制浆造纸生产中的纸浆悬浮液是一种复杂的多组分体系，除了纸浆纤维和微细纤维外，还视纸种的不同而含有填料、淀粉、特定的化学助剂等，而其他种类的液体，如各种白水、废水、清水、辅料、涂料等流体，也都有 (5~10)$\mu\Omega \cdot m^{-1}$的电导率。综合前三个任务中对各种流量传感器特点的分析可知，电磁式流量计能完全满足纸浆、碱液、漂液、黑液等众多介质流量测量的使用要求，而且经济性好。所以最终决定采用电磁式流量计来测量造纸厂制配浆池的NBKP浆与水管道的流量。

但对于电导率很低的液体，以及含有气体、蒸汽和较多较大气泡的液体，不能使用电磁式流量计，所以对于蒸汽、冷凝水的流量测量采用差压式流量计和标准节流装置，对于重油的油量测量则采用质量流量计。

【任务实施】

3.4.1 进配浆池 NBKP 浆电磁式流量计的选型

测量介质及流体管道情况如下：NBKP 浆浓度为 3.7%，温度为 50 ℃，流量范围 (0~35)L/s，工艺管径为 DN100，管道采用不锈钢管道。

具体流量计选型如下：

（1）采用 Bailey Fischer Porter 公司 MAG-XM 分体式电磁式流量计，传感器型号为 10DX3111，测量准确度为 0.4%，信号转换器型号为 50XM2000。

（2）对照进配浆池管道的流量列线图，传感器口径为 DN100。不缩径，减少压损。

（3）电极结构采用标准电极。

（4）电极材料为哈氏合金（C-4）。

（5）衬里材料为 PTFE（聚四氟乙烯）。

（6）防护等级 IP67。

（7）管道连接形式为法兰连接，材质为不锈钢（欧盟材料号为 1.457 1，美国材料号为 316Ti）。

（8）电源频率为 50 Hz，励磁频率 12.25 Hz。

传感器具体型号为 10X3111 × AE15D3A2DA2122，信号转换器型号为 50XM21A × AB11AAAB2（参照产品样本）。

3.4.2 水流量测量电磁式流量计的选型

测量时水流量介质及流体管道情况如下：水温为 20 ℃，流量范围 (0~2 000)L/min，工艺管径 DN250。

具体流量计选型如下：

（1）采用 Bailey Fischer Porter 公司 MAG-XE 分体式电磁式流量计，传感器型号为 10DX4111，测量精度为 0.5%，信号转换器型号为 50XE4100。

（2）对照流体管道流量列线图，传感器口径为 DN250。不缩径，减少压损。

（3）电极结构采用标准电极。

（4）电极材料为哈氏合金（C-4）。

（5）衬里材料为 PTFE。

（6）防护等级 IP67。

（7）管道连接形式为法兰连接，材质为不锈钢 1. 457 1（316Ti）。

（8）电源频率为 50 Hz，励磁频率 6. 25 Hz。

3.4.3　流量传感器的装调

（1）电磁式流量计的变送器和转换器必须配套使用，两者之间不能与两种型号的仪表配用。

（2）安装变送器时要严格按照产品说明书要求进行装调，安装地点不能有振动和强电磁场。

（3）安装时必须使变送器和管道接触良好，且接地良好。传感器与变送器的外壳、屏蔽线、测量导管都要接地，并要求单独设置接地点。

（4）由于流量传感器的感应信号很弱，因此传感器、变送器的基准电位必须与被测流体相同，如电磁式流量计两侧安装接地环或接地电极的作用就是建立流量计壳体和液体的等电位。

3.4.4　流量传感器的日常维护

（1）仪表使用前，需要在传感器有电和充满静止的液体状态下调整零点。正常运行后，还要根据介质的使用情况定期作零点检查，由于交流励磁方式与矩形波励磁相比，更易产生零点漂移，因此更需要检查和调整。

（2）使用时，必须排尽测量导管中存留的气体，否则会造成测量误差。使用中应注意对污垢物或沉淀物进行冲洗，保持电极清洁，减少测量误差。

（3）正常使用中要定期检查传感器的导电性能。建立电磁式流量计运行档案，内容包括流量计的生产厂家、型号、生产日期、安装地点、管径和标定时间等，以便对仪表进行维护管理。

（4）加强巡视检查工作，要定期进行测试标定，对流量转换器进行校验，检查各项技术指标是否正确，并将测试数据存档。将测试数据与以往的测试结果进行比较，对出现的可疑数据认真进行分析研究，查找可能产生的原因，及时处理解决，并给出流量计运行情况分析报告。

【项目小结】

电磁式流量计无可动部件和附加阻力，可靠性高，稳定性好，节能效果显著，测量范围大，准确度高，可以解决其他流量计不易实现测量的污流、腐蚀流，因此各地自来水公司、给排水工程、钢铁厂高炉冷却水控制、造纸厂纸浆液检测、医药食品卫生行业均大量使用电磁式流量计。电磁式流量计具有多种接口电路，可以很方便地与数据采集终端或计算机连接，实现数据采集、分析、管理自动化，目前大量更新为智能化、高精度、多功能的流量仪表。

但是对于电导率低、含有气泡、较高温度的液体和气体、蒸汽等介质，则需用其他种类的流量计，如超声波式、光纤式、涡轮式和差压式流量计进行测量。

表 3-3 列出了流量检测的常用传感器性能。

表 3-3　常用流量计特性

类　　型	工 作 原 理	积算特性	介 质 种 类	压力损失	低速特性	含杂质	液体含气	高黏度	量程比
明渠堰式	变面积	非线性	液	小	好	可	可	否	20∶1
涡轮式	叶片旋转	线性	气、液	大	好	否	否	否	10∶1
涡街式	漩涡频率	线性	气、蒸汽、液	较小	不好	否	否	否	10∶1
孔板式	压力差	开平方	气、蒸汽、液	大	不好	否	否	否	5∶1
超声波式	时间差、频率差	线性	气、液	小	不好	可	否	可	20∶1
电磁式	磁感应	线性	导电液	小	不好	可	少量	可	20∶1

项目 4　运动学量的检测

【项目引入】

运动学量包括速度、角速度、加速度、角加速度、振动、位移、频率和时间等。

本项目主要介绍用于转速、速度、振动、位移等运动学量检测常用的传感器的结构、工作原理及应用，包括霍尔传感器、电涡流传感器、光栅位移传感器，了解各类运动学量检测传感器的特性，会进行常用运动学量检测传感器的选型。

任务4.1　霍尔传感器检测运动学量

【任务背景】

4-1　霍尔传感器

在现代工业发展中，经常会遇到各种需要测量转速的场合，例如在发电机、电动机、卷扬机、机床主轴等旋转设备的试验、运转和控制中，常需要分时或连续测量和显示其转速及瞬时转速。

在控制系统中，常用的转速测量方法分为模拟式和数字式两种。模拟式是用直流测速发电机测量，其输出电压与转速成正比，输出为模拟量；数字式通常是用非接触式开关类传感器将转数变换为脉冲数，使其作为输出信号。设每转产生的脉冲数为 Z，测得脉冲的频率为 f，则转速 n 为

$$n = 60f/Z \tag{4-1}$$

工程实践中，机床主轴的转速检测常使用霍尔传感器。利用霍尔元件的开关特性将机床主轴的转速转换为数字量的脉冲数输出，进而利用式（4-1）测出转速。

除了检测转速之外，霍尔传感器还被广泛应用于位移、振动、速度等运动学量的检测。

本任务在认知霍尔传感器的工作原理及特性等基础之上，通过分析实际案例，掌握霍尔传感器在运动学量检测中的典型应用，学会选用霍尔传感器设计和构建相关检测系统。

【相关知识】

霍尔传感器具有灵敏度高、线性度和稳定性好、体积小、重量轻、频带宽、动态特性好、寿命长和耐高温等特点。霍尔传感器可以用来检测磁场、微位移、转速、流量、角度，也可以制作高斯计、电流表、接近开关等，可以实现非接触测量，而且可采用永久磁铁产生磁场，不需附加能源。因此，这种传感器广泛应用于自动控制、电磁检测等领域。

霍尔传感器有霍尔元件和霍尔集成传感器两种类型。霍尔传感器的外形如图 4-1 所示。

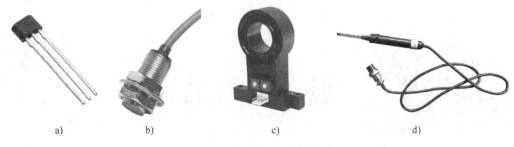

图 4-1　霍尔传感器外形图

a）霍尔元件　b）接近开关　c）电流传感器　d）高斯计

4.1.1　霍尔效应

霍尔传感器由霍尔元件、磁场和电源构成，其工作原理基于霍尔效应。1879 年美国物理学家霍尔发现，在通有电流的金属板上加一匀强磁场，当电流方向与磁场方向垂直时，在与电流和磁场方向都垂直的金属板的两表面间出现电势差（图 4-2），这个现象称为霍尔效应。由此产生的电势差称为霍尔电动势。

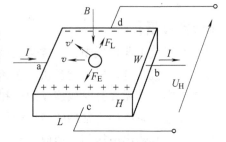

如图 4-2 所示，当电流 I 通过 N 型半导体时，导电载流子为电子。在磁场磁感应强度 B 的作用下，电子受到洛仑兹力 F_L 的作用而偏向一侧，电子向一侧堆积形成电场 E_H，该电场对电子又产生电场力 F_E。电子积累越多，电场力越大。洛仑兹力的方向可用左手定则判断，它与电场力的方向恰好相反。当两个力达到动态平衡时，在薄片的 cd 方向建立稳定电场，即霍尔电动势。

图 4-2　霍尔效应原理图

洛仑兹力为

$$F_L = qvB \tag{4-2}$$

式中　q——电子电荷量；

v——电子运动速度；

B——磁感应强度。

电场力为

$$F_E = qE_H = \frac{qU_H}{b} \tag{4-3}$$

式中　U_H——霍尔电动势；

b——cd 两面的间距。

当两个力达到动态平衡时，即 $F_L = F_E$，所以有 $qvB = \dfrac{qU_H}{b}$，即

$$U_H = vBb \tag{4-4}$$

若材料的电子密度为 n，则电流密度 $j = nqv$，此时电流强度 $I = nqvbd$（d 为元件厚度），代入式（4-4）得

$$U_H = vBb = \frac{IBb}{nqbd} = \frac{IB}{nqd} = K_H IB \tag{4-5}$$

式中　K_H——霍尔元件的乘积灵敏度，

即

$$K_{\mathrm{H}} = \frac{U_{\mathrm{H}}}{IB} = \frac{1}{nqd} = \frac{R_{\mathrm{H}}}{d} \tag{4-6}$$

式中 $R_{\mathrm{H}} = \frac{1}{nq}$，称为霍尔常数，其大小取决于导体载流子的密度。

由式（4-5）可知 $U_{\mathrm{H}} = K_{\mathrm{H}}IB$，霍尔电动势主要由三个方面的因素决定，即电源提供的电流的大小、霍尔元件所处的磁场的磁感应强度及霍尔元件的物理尺寸。霍尔电动势与元件厚度 d 成反比，因此霍尔元件一般制作得较薄。

由于在使用中霍尔元件的物理尺寸是不会变化的，因此霍尔电动势与输入电流 I、磁感应强度 B 成正比，且当 I 或 B 的方向改变时，霍尔电动势的方向也随之改变。如果磁场方向与半导体薄片不垂直，而是与其法线方向的夹角为 θ，则霍尔电动势为

$$U_{\mathrm{H}} = K_{\mathrm{H}}IB\cos\theta \tag{4-7}$$

4.1.2　霍尔元件

由于导体的霍尔效应很弱，霍尔元件都用半导体材料制作。霍尔元件是一种半导体四端薄片，如图 4-3a 所示，从矩形薄片半导体基片上两个相互垂直方向的侧面上分别引出一对电极，其中 a、b 电极对用于加入控制电流，称为励磁电流端；c、d 电极对用于引出霍尔电动势，称为霍尔电动势输出端。霍尔元件的外壳用金属、陶瓷、塑料或环氧树脂封装。霍尔元件的外形如图 4-3b 所示，通用的电路图形符号如图 4-3c 所示。

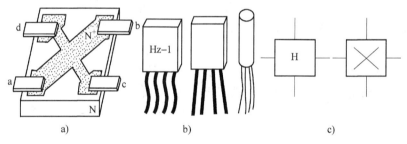

图 4-3　霍尔元件
a）结构图　b）外形图　c）电路图形符号

半导体中电子迁移率（电子定向运动的平均速度）比空穴迁移率高。因此 N 型半导体较适于制造灵敏度高的霍尔元件。

目前，国内外生产的霍尔元件采用的材料有锗（Ge）、硅（Si）、锑化铟（InSb）、砷化铟（InAs）和砷化镓（GaAs）等。表 4-1 给出了典型霍尔元件的主要参数。

表 4-1　典型霍尔元件的主要参数

型　号	额定控制电流/mA	乘积灵敏度/（V/A.T）	输入电阻/Ω	输出电阻/Ω	霍尔电动势温度系数/（%/℃）
HZ-4	50	>4	45±20%	40±20%	0.03
HT-2	300	1.8±20%	0.8±20%	0.5±20%	-1.5
THS102	3~5	20~240	450~900	450~900	-0.06
OH001	3~8	20	500~1000	500	-0.06
VHE711H	≤22	>100	150~330	120~400	-2

（续）

型　号	额定控制电流 /mA	乘积灵敏度 /(V/A.T)	输入电阻/Ω	输出电阻/Ω	霍尔电动势温度系数 /(%/℃)
AG-4	15	>3.0	300	200	0.02
FA24	400	>0.75	1.4	1.1	-0.07
FC34	200	>1.45	5	3	-0.04

4.1.3 霍尔集成传感器

利用集成电路技术，把霍尔元件、放大器、温度补偿电路、施密特触发器及稳压电源等集成在一个芯片上就构成了霍尔集成传感器。按照输出信号的形式，霍尔集成传感器可分为开关型和线性型两种类型。

与霍尔元件相比，霍尔集成传感器具有微型化、可靠性高、寿命长、功耗低、无温度漂移及负载能力强等优点，主要用于汽车电子、手持通信设备、电动自行车、机电一体化、自动控制、家用电器等领域。

1. 开关型霍尔集成传感器

开关型霍尔集成传感器是利用霍尔效应与集成电路技术制成的一种磁敏传感器，能感知一切与磁信息有关的物理量，并以开关信号形式输出。

开关型霍尔集成传感器的工作特性曲线如图4-4所示，反映了外加磁场与传感器输出电平的关系。当外加磁感应强度大于导通磁感应强度 B_{OP} 时，输出电平由高变低，传感器处于"ON"状态。当外加磁感应强度小于截止磁感应强度 B_{RP} 时，输出电平由低变高，传感器处于"OFF"状态。一次磁感应强度的变化能使传感器完成一次开关动作，但导通磁感应强度和截止磁感应强度之间存在磁滞 B_H，这对开关动作的可靠性非常有利，大大增强了电路的抗干扰能力，保证开关动作稳定，不产生振荡现象。

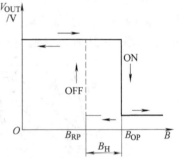

图4-4 开关型霍尔集成传感器的工作特性曲线

开关型霍尔集成传感器的开关形式有单稳态和双稳态两种，在输出上分为单端输出和双端输出。开关型霍尔集成传感器常用的型号有 UGN-3020 系列和 CS 系列，外形结构有三端 T 型和四端 T 型。图4-5a、b 所示为 UGN-3020 系列开关型霍尔集成传感器的外形结构与内部电路框图。开关型霍尔集成传感器常用于点火系统、安保系统、转速测量、里程测量、机械设备

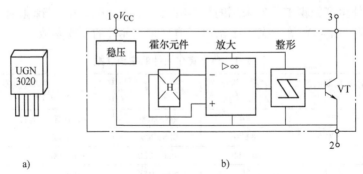

图4-5　UGN-3020 开关型霍尔集成传感器
a）外形结构　b）内部电路框图

限位开关、按钮、电流的测量与控制、位置及角度的检测等。

2. 线性型霍尔集成传感器

线性型霍尔集成传感器由霍尔元件、差分放大器、射极跟随输出器和稳压电路等集成在一个芯片上，特点是输出电压与外加磁感应强度 B 呈线性关系，输出电压为伏特级，常用于位置、力、重量、厚度、速度、磁场、电流等的测量和控制。

线性型霍尔集成传感器有单端输出和双端输出两种形式。UGN-3501 为典型的单端输出霍尔集成传感器，是一种扁平塑料封装的三端元件，如图 4-6 所示。脚 1（U_{CC}）、脚 2（GND）、脚 3（U_o），有 T、U 两种型号，其区别仅是厚度不同。T 型厚度为 2.03 mm，U 型厚度为 1.45 mm。UGN-3501T 在 ±0.15 T 磁感应强度范围有较好的线性，超过此范围成饱和状态。典型的双端输出霍尔集成传感器型号为 UGN-3501M，如图 4-7 所示。脚 8 为 DIP 封装，脚 1 和 8 为差动输出，脚 2 为空，脚 3 为 V_{CC}，脚 4 为 GND，脚 5、6、7 间接一调零电位器，对不等位电势进行补偿，还可以改善线性，但灵敏度有所降低。根据测试，当脚 5 和脚 6 间外接电阻 $R_{5-6}=100\,\Omega$ 时，电路有良好的线性。随 R_{5-6} 阻值减小，电路的输出电压升高，但线性度下降。因此，若允许不等位电势输出，则可不接电位器。

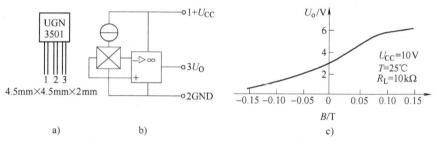

图 4-6　UGN-3501 单端输出线性型霍尔集成传感器

a）外形结构　b）内部电路框图　c）输出特性曲线

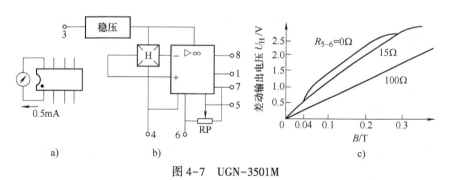

图 4-7　UGN-3501M

a）外形结构　b）内部电路框图　c）输出特性曲线

【应用案例】

案例 1　机床主轴转速的检测

精密数控机床中的主轴转速可以达到每分钟十万转以上，为了满足数控机床高精度、高速度、高效率及安全可靠的性能要求，机床主轴转速的实时检测显得尤为重要。霍尔传感器可以实现非接触测量，具有灵敏度高、线性度和稳定性好、体积小、重量轻、频带宽、动态特性好、寿命长、耐高温和抗干扰能力强等特点，能够适应机床的运行环境，特别适用于工业现场机床主轴转速的检测。图 4-8 所示为机床主轴及霍尔转速传感器示意图。

图4-8 机床主轴及霍尔转速传感器示意图

a）机床主轴 b）霍尔转速传感器

利用霍尔元件的开关特性可以实现对转速的测量。在被测转轴上装一个转盘，转盘上安装能使传感器敏感的标记，标记接近传感器时便输出脉冲，图4-9所示为霍尔转速传感器的几种不同结构形式。设每转产生的脉冲数为 Z，测得脉冲的频率为 f，则转速为 $n = 60f/Z$。

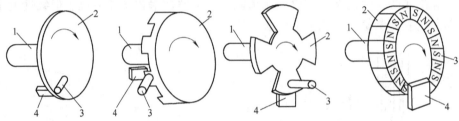

图4-9 霍尔转速传感器的不同结构形式

1—输入轴 2—磁性转盘 3—永久磁铁 4—霍尔传感器

霍尔转速传感器的测量结果精确稳定，输出信号可靠，可以防油、防潮，并且能在温度较高的环境中工作。普通的霍尔转速传感器的工作温度可达100℃。

霍尔转速传感器安装简单，使用方便，能实现远距离传输，目前在工业生产中应用广泛。例如，电力、汽车、航空、纺织和石化等领域都采用霍尔转速传感器来测量和监控机械设备的转速状态，以此实现自动化管理和控制。

案例2 霍尔位移传感器检测位移

利用霍尔元件构成位移传感器的关键是建立一个线性变化的磁场，如图4-10所示。若保持控制电流 I 不变，则输出霍尔电动势的变化为

$$U_H = kx \tag{4-8}$$

式中，k 为霍尔位移传感器的灵敏度系数与控制电流、梯度磁场成正比。可见，输出霍尔电动势与位移量 x 呈线性关系，且其极性反映位移的方向，适用于微位移测量。例如将霍尔元件与压力弹性元件相连，即可构成微压力传感器。

案例3 霍尔计数装置

霍尔开关传感器SL3501是具有较高灵敏度的集成霍尔传感器，能感受到很小的磁场变化，因而可对黑色金属零件进行计数检测。图4-11所示是对钢球进行计数检测的工作示意图和电路图。当钢球通过霍尔开关传感器时，传感器可输

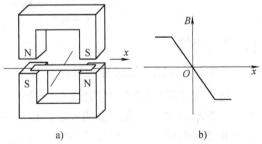

图4-10 霍尔位移传感器位移测量示意图

a）基本结构图 b）线性梯度磁场特性

出峰值 20 mV 的脉冲电压,该电压经运算放大器 A(μA741)放大后,驱动半导体晶体管 VT(2N5812)工作,VT 输出端接计数器进行计数,并由显示器显示检测数值。

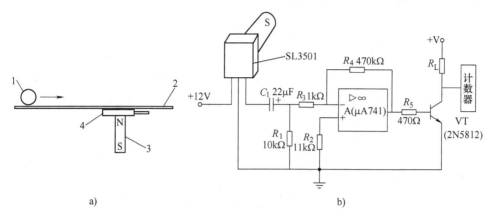

图 4-11　霍尔计数装置示意图和电路图
a)结构示意图　b)电路原理图
1—钢球　2—绝缘板　3—磁铁　4—霍尔开关传感器

【技能提升】

4.1.4　使用霍尔传感器时的注意事项

霍尔传感器是典型的磁敏器件,除了对磁敏感外,光、热、机械应力均对其有一定程度的影响。因此,霍尔传感器在使用过程中要特别注意以下事项:

(1)严格在产品规格说明书规定的范围内使用,适宜的电源电压和负载电流是霍尔传感器正常工作的先决条件。霍尔传感器的供电电压不得超过额定电压。大部分霍尔集成传感器开关均为集电极开路输出,因此,输出电路应接负载,负载阻值的大小取决于负载电流的大小,不能超负载使用。工作电压极性不能反接,在装配和焊接的过程中要注意防静电。

(2)在工作时,由于霍尔传感器的周围可能存在较强的电磁场,相关导线会将空间的电磁场能量耦合后转换为电路中的电压值,并作用于霍尔传感器;由于负载电路中的导线存在分布电感,当霍尔集成传感器中的晶体管导通或关闭时,电路中会由于电流瞬变而产生过冲电压。因此,霍尔传感器周边应配有稳压及高频吸收等保护电路。

(3)由于机械应力会造成霍尔传感器磁敏感度的漂移,在实用安装中应尽量减少施加到器件外壳和引线上的机械应力。特别是器件引脚上根部 1 mm 以内不允许施加任何机械应力(如弯曲整形等)。

(4)当环境温度过高时将损坏霍尔传感器内部的半导体材料,造成性能偏差或器件失效。因此,必须严格规范焊接温度和时间,手工焊接时,焊接温度不得高于 350 ℃,焊接时间应低于 3 s。霍尔传感器的使用环境温度也必须符合规格说明书的要求。

(5)由于霍尔传感器是一种敏感器件,因此,其磁敏度在高、低温下的一定漂移是可接受的。一般情况下温度变化±60 ℃时,磁敏度温度漂移应不大于 0.002 5 T(高温器件磁敏度温度漂移应不大于 0.001 T)。

(6)在大多数场合,霍尔传感器具有很强的抗外磁场干扰的能力,一般在距离模块 5 cm~10 cm 之间存在一个两倍于工作电流所产生的磁场干扰是可以忽略的,但当有更强的磁场干扰时,要采取适当的措施。通常的方法有:调整模块方向,使外磁场对模块的影响最小;

在模块上加罩一个抗磁场的金属屏蔽罩；选用带双霍尔元件或多霍尔元件的模块电源维修。

4.1.5　霍尔传感器的其他应用

根据 $U_H = K_H IB$，霍尔传感器有以下三个方面的用途：

（1）当控制电流 I 不变时，若传感器处于非均匀磁场中，则传感器的霍尔电动势正比于磁感应强度，利用这一关系可以反映位置、角度或励磁电流的变化。

（2）若保持磁感应强度恒定不变，则利用霍尔电动势与控制电流成正比的关系，可以组成回转器、隔离器和环行器等控制装置。

（3）当控制电流与磁感应强度皆为变量时，传感器的输出与这两者的乘积成正比。这方面的应用有乘法器、功率计，以及除法、倒数、开方等运算器，此外，也可用于混频、调制、解调等环节中，但由于霍尔元件变换频率低、受温度影响较显著等缺点，这方面的应用受到一定的限制，尚有待于元件的材料、工艺等方面的改进或电路上的补偿措施。

1. 霍尔汽车无触点点火器

传统的汽车气缸点火装置使用机械式的分电器，存在着火点时间不准确、触点易磨损等缺点。采用霍尔开关无触点晶体管点火装置可以克服上述缺点，提高燃烧效率。霍尔点火装置示意图如图4-12所示，磁轮鼓代替了传统的凸轮及白金触点。发动机主轴带动磁轮鼓转动时，

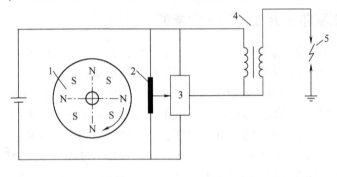

a)

b)

图4-12　霍尔点火装置示意图

a）电路图　b）结构图

1—磁轮鼓　2—开关型霍尔集成电路　3—晶体管功率开关　4—点火线圈　5—火花塞

霍尔传感器感受的磁场极性交替改变，输出一连串与汽缸活塞运动同步的脉冲信号去触发晶体管功率开关，点火线圈两端产生很高的感应电压，使火花塞产生火花放电，完成汽缸点火过程。

2. 霍尔电流传感器

如图 4-13 所示，在磁心上开一气隙，内置一个线性型霍尔传感器，器件通电后，便可由它输出的霍尔电动势得出导线中通过电流的大小。

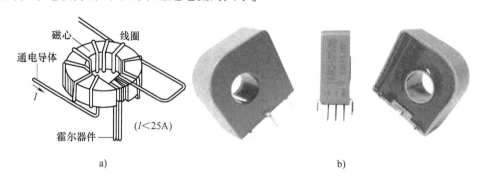

图 4-13　霍尔电流传感器
a）结构示意图　b）实物图

3. 锅炉自动供水装置

如图 4-14 所示，锅炉中的水由电磁阀控制流出与关闭。电磁阀的打开与关闭，则受控于控制电路。打水时，需将铁制的取水卡从投放口插入，取水卡沿非磁性物质制作的滑槽向下滑行，当滑行到磁传感器部位时，传感器输出信号经控制电路驱动电磁阀打开，让水从水龙头流出。延时一定时间后，控制电路使电磁阀关闭，水流停止。

锅炉自动供水装置的电路原理图如图 4-15 所示，主要由磁传感器装置（SL3020）、单稳态电路、固态继电器、电源电路及电磁阀等组成。

SL3020 为开关型霍尔集成传感器。当取水者插入铁制的取水卡时，铁制取水卡将磁铁的磁力线短路，SL3020 受较强磁场的作用输出为高电平脉冲，电路输出使电磁阀 Y 通电工作，自动开阀放水。每次供水时间的长短，取决于 C_2、R_4、RP_1 的充电时间常数。

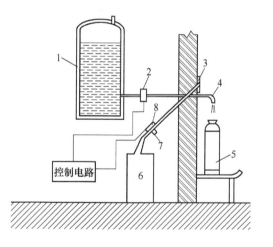

图 4-14　锅炉自动供水装置构造示意图
1—锅炉　2—电磁阀　3—取水卡投放口　4—水龙头
5—水瓶　6—收卡箱　7—磁铁　8—磁传感器

【巩固与拓展】

自测：

（1）什么是霍尔效应？试分析霍尔效应产生的过程。

（2）霍尔集成传感器有哪几种类型？其工作特点是什么？

（3）试分析霍尔传感器安全使用的注意事项。

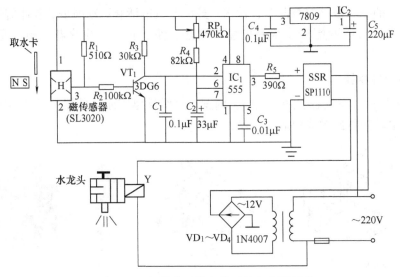

图 4-15　锅炉自动供水装置的电路原理图

拓展：

（1）霍尔传感器在地磁场中会产生霍尔电动势，其大小正比于霍尔传感器正面法线与磁子午线所成角度的余弦值，连接指示仪表后可做成航海罗盘。霍尔罗盘如图 4-16a 所示，查阅相关资料，试画出霍尔罗盘的组成框图，解释罗盘的使用方法。

（2）公交车上安装有大量的传感器，用来保障公交车的安全运行，其中霍尔传感器用在公交车的车门安全系统上。公交车的车门必须关好，驾驶者才可以开车。运用霍尔传感器，只要再配置一小块永久磁铁就很容易做成检测车门是否关好的指示器，其电路图如图 4-16b 所示。三片开关型霍尔传感器分别装在汽车的三个门框上，在车门适当位置各固定一块磁钢，当车门开着时，磁钢远离霍尔开关，输出端为高电平。试分析霍尔传感器应用在公交车车门上的工作原理。

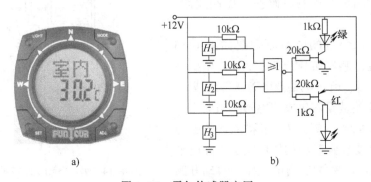

图 4-16　霍尔传感器应用

a）霍尔罗盘　b）霍尔传感器应用于公交车门上的电路图

任务 4.2　电涡流传感器检测运动学量

【任务背景】

齿轮箱是机械传动中广泛应用的重要部件，图 4-17 所示为齿轮箱和行星齿轮结构。在高速旋转机械和往复式运动机械的状态分析及振动分析中，对非接触的高精度振动、位移信号需要连续准确地采集转子振动状态的多种参数，如齿轮箱转轴的径向振动、振幅及轴向位置。

4-2 电涡流传感器

a) b)

图 4-17 齿轮箱和行星齿轮结构

a）齿轮减速箱 b）行星齿轮

电涡流传感器长期工作时具有可靠性好、测量范围宽、灵敏度高、分辨率高、响应速度快、抗干扰能力强、不受油污等介质的影响、结构简单等优点，可以对齿轮箱、汽轮机、水轮机、鼓风机、压缩机、空分机、大型冷却泵等大型旋转机械轴的径向振动、轴向位移、鉴相器、轴转速、胀差、偏心，及转子动力学研究和零件尺寸检验等进行在线检测和保护。

本任务要求学生掌握电涡流传感器的工作原理、测量电路等知识，在分析电涡流传感器用于齿轮箱转轴的振动检测、位移计、转速计的基础上，了解电涡流传感器使用的注意事项及其在日常生活中的实际应用。

【相关知识】

电涡流传感器能实现静态和动态的非接触、高线性度、高分辨率的测量，能测得被测体（必须是金属导体）距探头断面之间相对位移的变化。常用电涡流传感器的外形结构如图 4-18 所示。

图 4-18 常用电涡流传感器的外形结构

4.2.1 电涡流传感器的工作原理

由法拉第电磁感应原理可知，当将块状的金属导体置于变化的磁场中或者在磁场中做切割磁力线运动时，导体内将产生感应电流。这种电流在金属内呈漩涡状，故称此电流为电涡流，这种现象称为电涡流效应。

电涡流传感器是根据电涡流效应而制成的传感器。电涡流传感器的工作原理如图4-19所示。

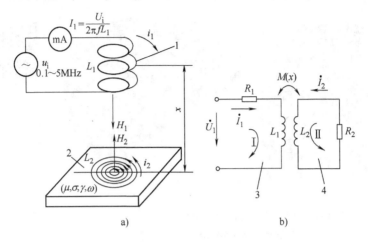

图4-19 电涡流传感器的工作原理示意图
a) 结构示意图 b) 等效电路
1—电涡流线圈 2—被测金属导体 3—传感器线圈 4—短路环

线圈中有交变高频电流 i_1 时，会引起一交变磁场 H_1。在靠近线圈的金属表面内部产生一感应电流 i_2，即为电涡流。根据楞次定律，由该电涡流产生的交变磁场 H_2 与线圈产生的磁场 H_1 方向相反，亦即 H_2 将抵抗 H_1 的变化。由于该涡流磁场的作用，会使线圈的等效阻抗发生变化。当电涡流线圈与金属板的距离 x 减小时，电流表的读数变大，说明线圈的等效阻抗变小。若把导体形象地看作一个短路线圈，线圈与金属导体之间可以定义一个互感系数 M，它将随着间距 x 的减小而增大，如图4-19b所示。导体线圈等效阻抗 Z 的计算公式如下

$$Z = \frac{\dot{U}_1}{\dot{I}_1} = \left[R_1 + \frac{\omega^2 M^2}{Z_2^2} R_2\right] + j\omega\left[L_1 - \frac{\omega^2 M^2}{Z_2^2} L_2\right] \tag{4-9}$$

式（4-9）中，ω 为线圈的励磁电流角频率。由式（4-9）可知，当距离 x 减小时，互感量 M 增大，等效电感 L 减小，等效电阻 R 增大。理论和实测证明，此时流过线圈的电流 i_1 是增大的。

涡流磁场的作用使线圈的等效阻抗 Z 发生变化的程度除了与两者间的距离 x 有关外，还与金属导体的电阻率 ρ、磁导率 μ 及 ω 等有关。

$$Z = f(\rho, \mu, x, \omega) \tag{4-10}$$

由式（4-10）可知，若能保持其中大部分参数不变，只改变其中一个参数，这样传感器的线圈等效阻抗 Z 就成为这个参数的单值函数，则可实现对该参数的非电信号测量。这就是电涡流式传感器的基本工作原理。

4.2.2 电涡流传感器的测量电路

电涡流传感器常用的测量电路有调幅电路和谐振电路。利用等效阻抗的转换测量电路一般用桥式电路，它属于调幅电路。利用等效电感的转换测量电路一般用谐振电路。

1. 调幅电路

如图4-20所示，Z_1 和 Z_2 是线圈阻抗，它们与电容 C_1、C_2，电阻 R_1、R_2 组成电桥的四

个臂。电桥的输出将反映线圈阻抗的变化，把线圈阻抗的变化转换为电压幅值的变化。

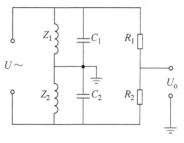

电桥将反映线圈阻抗的变化，线圈阻抗的变化反映被测金属导体的接近程度。当静态时，电桥平衡，输出电压 $U_o = 0$。当传感器接近被测金属导体时，传感器线圈的阻抗发生变化，电桥失去平衡，即 $U_o \neq 0$，该信号经过线性放大和检波器检波后输出直流电压，其幅值经过标定即可实现对位移量的测量。

图 4-20 调幅电路

2. 谐振电路

电涡流式传感器可以采用谐振电路来转换。谐振电路的输出也是调制波。控制幅值变化的称为调幅波，控制频率变化的称为调频波。调幅波要经过幅值检波，调频波要经过鉴频才能获得被测量的电压。

在没有金属导体的情况下，使电路的 LC 谐振回路的谐振频率 $f_0 = 1/2\pi\sqrt{LC}$ 等于激励振荡器的振荡频率，这时 LC 回路的阻抗最大，输出电压的幅值也是最大的，如图 4-21 所示。当传感器线圈接近被测金属体时，线圈的等效电感发生变化，谐振频率也跟着发生变化，从而输出与被测量相应变化的电压幅值变化。

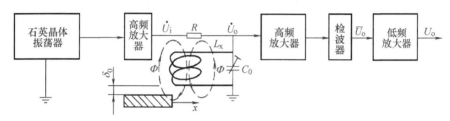

图 4-21 谐振电路

L_x—传感器线圈等效电感 　Φ—磁通量 　δ_0—传感器与被测体距离

C_0—传感器等效电容 　x—被测体的位移量

【应用案例】

案例 1 齿轮箱转轴的振动测量

从转子动力学、轴承学的理论分析可知，大型旋转机械的运动状态主要取决于转轴，而电涡流传感器能实现非接触直接测量转轴的振动状态，为诸如转子的不平衡、不对中、轴承磨损、轴裂纹及摩擦等机械问题的早期故障判断提供关键信息。在齿轮箱、汽轮机或空气压缩机中常用电涡流传感器来监控主轴的径向振动。

在研究轴的振动时，需要了解轴的振动形式，绘出轴的振动图，为此，可将多个电涡流传感器探头并列安装在轴的侧面附近，用多通道指示仪输出并记录，以获得主轴各个部位的瞬时振幅及轴振动图。电涡流振幅计可以对各种振动的幅值进行非接触测量，如图 4-22 所示。

案例 2 电涡流位移计

电涡流位移计用来测量各种形状金属导体的位移量，如图 4-23 所示，测量位移的范围一般为 0~30 mm，国外个别产品已达 80 mm，一般分辨率为 0.05%/μm。凡是可以转换为位移变化的非电信号，如钢水液位、纱线张力和流体压力等，都可使用电涡流传感器来测量。

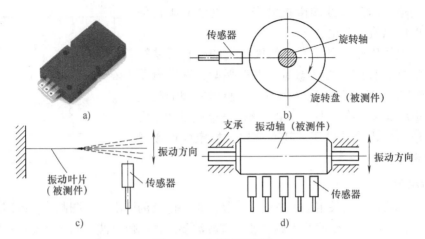

图4-22　电涡流振幅计

a）实物图　b）主轴正向振动监控　c）涡轮叶片振幅的检测　d）振动产生的形变的测量

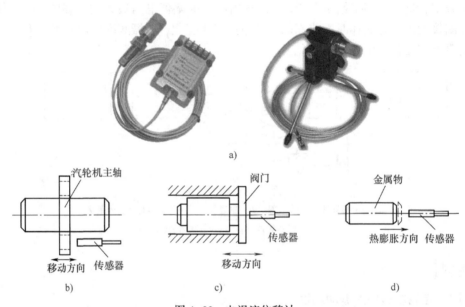

图4-23　电涡流位移计

a）实物图　b）轴向位移测量　c）换向阀位移测量　d）金属热膨胀系数测量

案例3　电涡流转速计

图4-24所示为电涡流转速计的示意图。在旋转体上开一条或数条槽（凹槽或凸槽），旁边安装一个电涡流传感器。当轴转动时，传感器与转轴之间的距离发生改变，使输出信号也随之变化。该输出信号经放大、整形后，由频率计测出变化的频率，从而测出转轴的转速。若转轴上开有 m 个槽，频率计读数为 f（单位为 Hz），则转轴的转速 n（单位为 r/min）为

$$n = \frac{60f}{m} \tag{4-11}$$

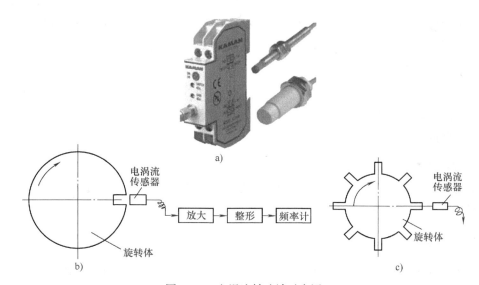

图 4-24　电涡流转速计示意图

a) 电涡流转速计实物图　b) 转轴带凹槽　c) 转轴带凸槽

【技能提升】

4.2.3　使用电涡流传感器时的注意事项

电涡流传感器以改变它与被测金属物体之间的磁耦合程度为检测基础。传感器的线圈装置仅为实际检测系统的一部分，而另一部分是被测体。因此，电涡流传感器在实际使用中必须注意以下几个问题。

1. 电涡流轴向贯穿深度

电涡流轴向贯穿深度是指涡流密度衰减到等于表面涡流密度的 $1/e$ 处时与导体表面的距离。涡流在金属导体中的轴向分布是按指数规律衰减的，衰减深度 t 可以表示为

$$t=\sqrt{\frac{\rho}{\mu_0\mu_r\pi f}} \tag{4-12}$$

式中　ρ——导体电阻率；

　　　f——励磁电源的频率；

　　　μ_0——真空磁导率；

　　　μ_r——相对磁导率。

为充分利用涡流效应以获得准确的测量效果，使用时应注意以下两点。

（1）导体厚度的选择。

利用电涡流式传感器测距离时，应使导体的厚度远大于电涡流的轴向贯穿深度；采用透射法测厚度时，应使导体的厚度小于轴向贯穿深度。

（2）励磁电源频率的选择。

导体材料确定之后，可以改变励磁电源频率来改变轴向贯穿深度。电阻率大的材料应选用较高的励磁电源频率，电阻率小的材料应选用较低的励磁电源频率。

2. 电涡流的径向形成范围

线圈电流所产生的磁场不是无限大的范围，电涡流密度有一定的径向形成范围。在线圈轴线附近，电涡流的密度非常小，越靠近线圈的外径处，电涡流的密度越大，在线圈外径 1.8 倍

处，电涡流密度将衰减到最大值的5%。为了充分利用涡流效应，被测金属导体的横向尺寸应大于线圈外径的1.8倍；对圆柱形被测物体，其直径应大于线圈外径的3.5倍。

3. 电涡流强度与距离的关系

电涡流强度随着距离与线圈外径比值的增加而减小，当线圈与导体之间的距离大于线圈半径时，电涡流强度已很微弱。为了能够产生相当强度的电涡流效应，通常取线圈与导体间的距离与线圈外径的比值为0.05~0.15。

4. 非被测金属物的影响

由于任何金属物体接近高频交流线圈时都会产生涡流，为了保证测量精度，测量时应禁止其他金属物体接近传感器线圈。

4.2.4　集肤效应

当高频（100 kHz左右）信号源产生的高频电压施加到一个靠近金属导体附近的电感线圈 L_1 时，将产生高频磁场 H_1。如被测导体置于该交变磁场范围之内时，被测导体就产生电涡流 i_2。i_2 在金属导体的纵深方向并不是均匀分布的，而只集中在金属导体的表面，这称为集肤效应（也称为趋肤效应）。

集肤效应与励磁电源频率 f、工件的电导率 ρ、磁导率 μ 等有关。频率 f 越高，电涡流渗透的深度就越浅，集肤效应就越严重。

4.2.5　电涡流传感器的其他应用

电涡流传感器是一种基于电涡流效应的传感器，用于机械中的振动与位移、转子与机壳的热膨胀量的长期监测，生产线的在线自动监测，科学研究中的多种微小距离与微小运动的测量等。总之，电涡流传感器目前已被广泛应用于能源、化工、医学、汽车、冶金、机器制造、军工、科研教学等诸多领域。

1. 电加热

电涡流在用电中是有害的，应尽量避免，如电机、变压器的铁心用相互绝缘的硅钢片叠成，以切断电涡流的通路。但它在电加热方面却有着广泛应用，如金属热加工的400 Hz中频炉、表面淬火的2 MHz高频炉、烹饪用的电磁炉等。

以电磁炉为例，如图4-25所示，高频电流通过励磁线圈，产生交变磁场，在铁质锅底会产生无数的电涡流，使锅底自行发热，烧熟锅内的食物。

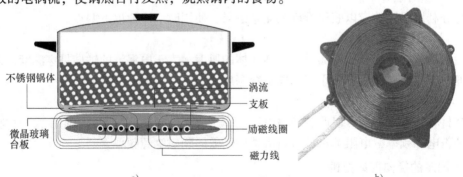

不锈钢锅体　涡流　支板　微晶玻璃台板　励磁线圈　磁力线

a)　　　　　　　　b)

图4-25　电磁炉工作原理示意图
a) 结构示意图　b) 励磁线圈

2. 金属探测安检门

金属探测安检门如图 4-26 所示。安检门的内部设置有发射线圈和接收线圈。当有金属物体通过时，交变磁场就会在该金属导体表面产生电涡流，并在接收线圈中感应出电压，计算机根据感应电压的大小、相位来判定金属物体的大小。当有金属物体通过安检门时即报警。

电涡流式通道安全检查门能够有效地探测出枪支、匕首等金属武器及其他金属器物。典型的应用场合包括机场和海关码头、政府大楼、法院、监狱、公共建筑、酒店、体育场馆、音乐会、发电厂等。

3. 电涡流探伤仪

电涡流探伤仪是一种无损检测装置，实物如图 4-27 所示，可用于探测金属导体表面或近表面裂纹、热处理裂纹以及焊缝裂纹等缺陷。在探伤时，传感器与被测导体的距离保持不变。遇有裂纹时，金属的电阻率、磁导率发生变化，引起传感器的输出信号也发生变化，从而达到探伤的目的。

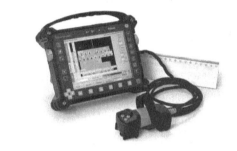

图 4-26 金属探测安检门　　　　　　　　图 4-27 便携式电涡流探伤仪

4. 涂层测厚仪

涂层测厚仪又称为覆层测厚仪，如图 4-28 所示，它所利用的电涡流技术既可测量导磁材料的厚度（如钢铁上的铜、锌、镉、铬的镀层和油漆层表面上非导磁覆盖层的厚度），又能测量镀在铁磁性金属物质表面材料的厚度（如铝的阳极氧化层，铝、铜、锌等材料表面上油漆、喷塑，橡胶的非铁磁性金属镀层的厚度）。

a)　　　　　　　　　　　　　　　b)

图 4-28 涂层测厚仪
a）一体式　b）分离式

【巩固与拓展】

自测：

（1）电涡流传感器的工作原理是什么？

（2）什么是集肤效应？

（3）使用电涡流传感器应注意哪些方面？

拓展：

（1）如图4-29所示为大直径电涡流探雷器，试分析其工作原理。

（2）请根据电涡流传感器设计一个金属零

图4-29　大直径电涡流探雷器

件计数测量仪，写出实施方案，并到市场上进行调研，选择合适的传感器。有条件的情况下，可结合单片机或PLC课程，作为第二课堂的一次科技活动完成该项目任务。

任务4.3　光栅传感器检测运动学量

【任务背景】

> 4-3　光栅传感器

无论是先进的数控机床，还是旧机床的改造，都需要精确测量位移、长度、零件尺寸，图4-30所示为安装有直线光栅的数控机床加工实况。检测元件是数控机床闭环伺服系统的重要组成部分，其作用是检测位置和速度、发送反馈信号、构成闭环控制。闭环系统的数控机床的加工精度主要取决于检测系统的精度。

光栅传感器是根据莫尔条纹原理制成的一种脉冲输出数字式传感器，它广泛应用于数控机床等闭环系统的线位移和角位移的自动检测以及精密测量方面，测量精度可达几微米。

本任务可使学生掌握光栅传感器的工作原理、测量电路等知识，在分析光栅传感器用于数控机床位移检测的基础上，了解直线光栅在机床上的装调及其他实际应用。

图4-30　安装有直线光栅的数控机床加工实况图

【相关知识】

20世纪50年代以后，随着数控机床的出现和电子技术的发展，光栅技术得以快速发展，现已广泛应用于精密位移测量和精密机械的自动控制等方面，尤其是在数控机床位移的检测中。

光栅传感器具有检测精度和分辨率高、稳定性好、抗干扰能力强、便于信号处理和实现自动化测量等优点。只要能够转换为位移的物理量，如速度、加速度、振动、形变等，均可使用光栅传感器进行测量。

4.3.1　光栅

由大量等宽等间距的平行狭缝组成的光学器件称为光栅，如图 4-31 所示。光栅上的刻线（不透明）称为栅线，宽度为 a；缝隙（透明）宽度为 b；栅距（也称为光栅常数）$W=a+b$。一般情况下 $a=b$，也可做成 $a:b=1.1:0.9$。

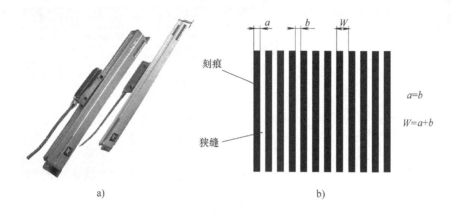

图 4-31　光栅
a）光栅外形　b）光栅条纹

光栅由标尺光栅和指示光栅组成，指示光栅安装在机床的移动部件上，标尺光栅安装在机床的固定部件上，它们之间保持 0.05 mm 或 0.1 mm 的间隙。

1. 光栅的分类

（1）按用途分类。

按照光栅的用途可以分为物理光栅和计量光栅，前者的刻线比后者细密。物理光栅主要利用光的衍射现象，通常用于光谱分析和光波长的测定等方面；计量光栅主要利用光栅的莫尔条纹原理，被广泛应用于位移的精密测量与控制中。本任务介绍的光栅属于计量光栅。

计量光栅按其透射形式可分为透射光栅和反射光栅。

1）透射光栅：在磨制的光学玻璃上或在玻璃表面感光材料的涂层上刻成光栅线纹。光源可以采用垂直入射光，光电元件直接接收光照，因此信号幅值比较大，信噪比好。光电转换电路结构简单，且根据测量精度的要求，其线性密度有 10 线/mm、25 线/mm、50 线/mm、100 线/mm、250 线/mm 等几种规格。但是由于玻璃体易破裂，热膨胀系数与金属部件不一致，影响测量精度。

2）反射光栅：光栅和机床金属部件的热膨胀系数一致，它们可以连接起来加长使用，也可用钢带做成长达数米的长光栅。为了使反射后的莫尔系数反差较大，每毫米内线纹不宜过多，常用 4、10、25、40、50 线/mm。

（2）按应用分类。

按照光栅的应用分，有测量线位移的长光栅和测量角位移的圆光栅。

1）长光栅：刻划在玻璃尺上的光栅，称为长光栅，其刻线相互平行，用于测量长度或线位移，如图 4-32 所示。

2）圆光栅：在圆盘玻璃上刻线，用来测量角度或角位移，如图 4-33 所示。

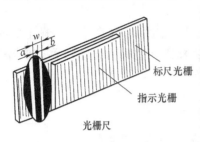

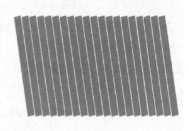

图 4-32　长光栅

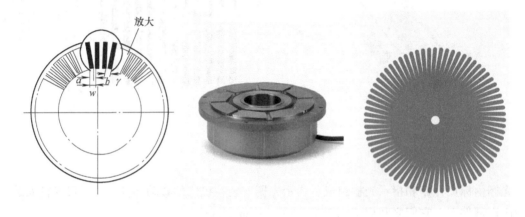

图 4-33　圆光栅

（3）按栅线形式分类。

按照栅线形式分类有黑白光栅（幅值光栅）和闪耀光栅（相位光栅）。

1）黑白光栅：利用照相复制工艺加工而成，其栅线与缝隙为黑白相间结构。

2）闪耀光栅：横断面呈锯齿状，常用刻划工艺加工而成。

目前已经发展出了激光全息光栅和偏振光栅等新型光栅。

2. 光栅的结构

光栅是由大量等宽、等间距的平行狭缝所组成的光学器件。图 4-34 为光栅结构示意图。

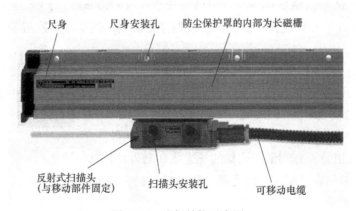

图 4-34　光栅结构示意图

4.3.2　莫尔条纹

1. 莫尔条纹的形成

如图 4-35a 所示，当两个有相同栅距的光栅合在一起，其栅线之间倾斜一个很小的夹角 θ，于是在近乎垂直于栅线的方向上出现了明暗相间的条纹。例如在 $h-h$ 线上，两个光栅的栅线彼此重合，从缝隙中通过光形成条纹的亮带；在 $g-g$ 线上，两光栅的栅线彼此错开，形成条纹的暗带，当 $a=b=W/2$ 时，$g-g$ 线上为全黑。

像这样近似垂直于栅线方向（角度只差 $\theta/2$）的莫尔条纹称为横向莫尔条纹；而由栅距不等的两光栅形成的莫尔条纹称为纵向莫尔条纹；将形成纵向莫尔条纹的两光栅倾斜一小角度 θ，则形成斜向莫尔条纹。

2. 莫尔条纹的宽度

当 θ 角很小时，由图 4-35b 所示可知，横向莫尔条纹的宽度 B 与栅距 $W(\text{mm})$ 和倾斜角 $\theta(\text{rad})$ 之间的关系为

$$B \approx \frac{W}{\theta} \qquad (4-13)$$

3. 莫尔条纹的特点

根据式（4-13）可知，莫尔条纹具有以下特点。

（1）对位移的光学放大作用。

当主光栅沿与刻线垂直的方向移动一个栅距 W 时，莫尔条纹移动一个条纹间距 B。当两

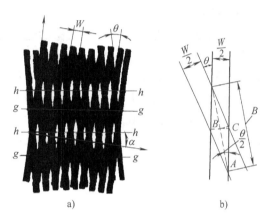

图 4-35　莫尔条纹
a）莫尔条纹的形成　b）莫尔条纹的宽度

个等距光栅的栅间夹角 θ 较小时，主光栅移动一个栅距 W，莫尔条纹移动 KW 距离，K 为莫尔条纹的放大倍数。

$$K = B/W \approx 1/\theta \qquad (4-14)$$

当 θ 角较小时，例如 $\theta = 30'$，则 $K \approx 115$，表明莫尔条纹的放大倍数相当大。这样，可把肉眼看不见的光栅位移变成清晰可见的莫尔条纹移动，就可以通过测量条纹的移动来检测光栅的位移，实现高灵敏度的位移测量。

（2）连续变倍的作用。

由式（4-14）可知，其放大倍数 K 可以通过改变 θ 角连续变化，从而获得任意粗细的莫尔条纹。

（3）对光栅刻划误差有均衡作用。

光栅的刻线误差是不可避免的。莫尔条纹由大量的光栅栅线共同形成，所以对光栅栅线的刻划误差有平均作用，能在很大程度上消除光栅刻线不均匀、刻线的缺陷等引起的误差。因此，栅距误差对测量精度影响较小。

例如，对 50 线/mm 的光栅（$W = 0.02\ \text{mm}$），用 5 mm×5 mm 的光电池接收，光电池视场内覆盖 250 条栅线。若每条刻线误差 $\delta_0 = \pm 0.001\ \text{mm}$，则平均误差 $\Delta = \delta_0 / \sqrt{250} = \pm 0.006\ \mu\text{m}$。

4. 莫尔条纹的移动方向

当主光栅沿栅线垂直方向移动时，莫尔条纹沿着夹角为 θ 角的平分线（近似平行于栅线）

方向移动。莫尔条纹、光栅移动方向与夹角转向之间的关系见表4-2。

表4-2 莫尔条纹、光栅移动方向与夹角转向之间的关系

标尺光栅相对指示光栅的转角方向	标尺光栅移动方向	莫尔条纹移动方向
顺时针方向	向左	向上
	向右	向下
逆时针方向	向左	向下
	向右	向上

5. 莫尔条纹测量位移的原理

光栅每移过一个栅距 W，莫尔条纹就移过一个间距 B。通过测量莫尔条纹移过的数目，即可得出光栅的位移量。

由于光栅的遮光作用，透过光栅的光强随莫尔条纹的移动而变化，变化规律接近于一个直流信号和一个交流信号的叠加。固定在指示光栅一侧的光电转换元件的输出，可以用光栅位移量 x 的正弦函数表示，如图4-36所示。只要测量波形变化的周期数 N（等于莫尔条纹移动数）就可知道光栅的位移量 x，其数学表达式为

$$x = NW \tag{4-15}$$

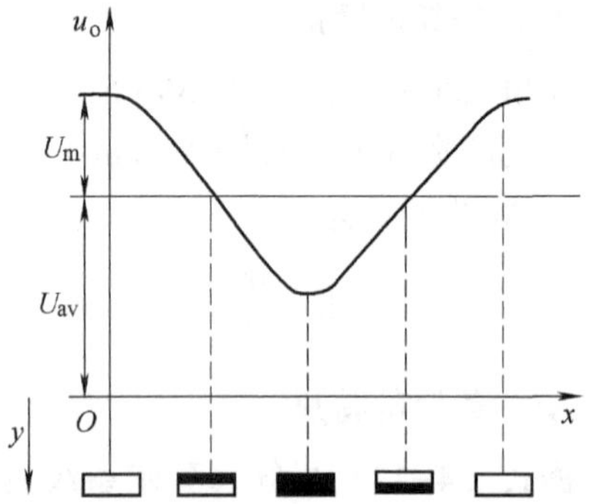

图4-36 光电转换元件输出与光栅位移量的关系

4.3.3 光栅位移传感器

光栅位移传感器主要由标尺光栅、指示光栅、光路系统和光电元件等组成，如图4-37所示。下面以黑白透射式长光栅为例说明光栅位移传感器的工作原理。

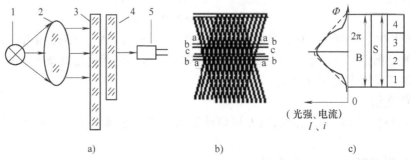

图4-37 光栅位移传感器的光电转换原理

a）结构示意图　b）莫尔条纹　c）光强分布

1—光源　2—聚光镜　3—主光栅（又称为标尺光栅）　4—指示光栅　5—光电元件

当光电元件接收到明暗相间的正弦信号时，根据光电转换原理将光信号转换为电信号。当波形重复到原来的相位和幅值时，相当于光栅移动了一个栅距 W，如果光栅相对移动了 N 个栅距，此时位移 $x = NW$。当主光栅移动一个栅距 W 时，电信号则变化一个周期。

当两个光栅沿刻线垂直方向做相对移动时，莫尔条纹则沿光栅刻线方向移动（两者的运

动方向相互垂直)。光栅运动方向改变,莫尔条纹的运动方向也相应改变。查看莫尔条纹的上下移动方向,即可确定主光栅左右移动的方向。

因此可根据莫尔条纹移动的条纹数和方向,测出光栅移动的距离和方向。光栅传感器就是根据这一原理,实现对位移的检测。

光栅传感器是数字式传感器,它直接输出数字信号。与模拟式传感器相比,数字式传感器抗干扰能力强,稳定性强;易于与微机接口,便于进行信号处理和实现自动化测量。

【应用案例】

案例1　光栅传感器在三坐标测量仪中的应用

如图4-38所示为三坐标测量仪,其在机械制造、电子、汽车和航空航天等领域中广泛应用,它不仅能测量工件的尺寸,还可测量工件的形状。用三坐标测量仪测量零件的尺寸,必须要在空间范围内给零件定位,即给出零件的三维坐标。三坐标测量仪对零件的定位,主要利用的就是光栅位移传感器。

案例2　光栅式万能测长仪

如图4-39a所示,光栅式万能测长仪是一种带有长度基准,且测量范围较小(通常为100mm)的长度计量仪器,用计量光栅作为仪器长度基准,长度基准溯源性好,精度高。

图4-38　三坐标测量仪

光栅式万能测长仪由光源、主光栅、指示光栅、电路元件等组成。光源为红外光电二极管,主光栅为透射式黑白振幅光栅,指示光栅为四裂相光栅,光电元件为光电晶体管。

原理如图4-39b所示,四路原始信号经差分放大器放大、移相电路分相、整形电路整形、倍频电路细分、辨向电路辨向后进入可逆计数器计数,由显示器显示读出。

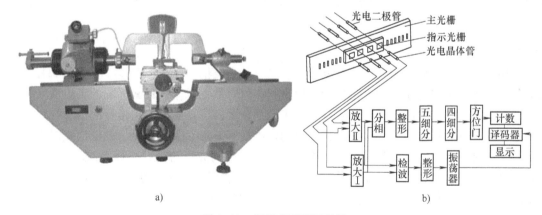

图4-39　光栅式万能测长仪

a) 实物图　b) 原理框图

【技能提升】

4.3.4　光栅尺选型

光栅尺以精度见长,量程在0~2m的性价比有明显优势,常见于金属切削机床、电火花机等数控设备上。因光栅尺生产工艺的原因,若测量长度超过5m,生产制造将很困难,价格

会很昂贵。光栅在选型时应注意以下几点。

1. 准确度等级的选择

数控机床配置线性光栅尺是为了提高线性坐标轴的定位精度、重复定位精度，所以光栅尺的准确度等级是首要考虑的。光栅尺准确度等级有 ±0.01 mm、±0.005 mm、±0.003 mm、±0.02 mm。通常在设计数控机床时，应根据设计精度要求来选择准确度等级，值得注意的是在选用高精度光栅尺时要考虑光栅尺的热性能，它是机床工作准确度的关键环节，即要求光栅尺的刻线载体的热膨胀系数与机床光栅尺安装基体的热膨胀系数一致，以克服由于温度引起的热形变。

另外，光栅尺最大移动速度可达 120 m/min，目前可完全满足数控机床设计的要求；单个光栅尺最大长度为 3040 mm，如控制线性坐标轴大于 3040 mm 时，可采用光栅尺对接的方式达到所需长度。

2. 测量方式的选择

光栅尺按测量方式分，分为增量式光栅尺和绝对式光栅尺两种。

增量式光栅尺就是光栅扫描头通过读出到初始点的相对运动距离而获得位置信息，为了获得绝对位置，这个初始点就要刻在光栅尺的标尺上作为参考标记，所以机床开机时必须回参考点才能进行位置控制。而绝对式光栅尺以不同宽度、不同间距的栅线将绝对位置数据以编码形式直接制作到光栅上，在光栅尺通电的同时后续电子设备即可获得位置信息，不需要移动坐标轴找参考点位置，绝对位置值能从光栅刻线上直接获得。

绝对式光栅尺比增量式光栅尺的成本高 20% 左右，机床设计师因考虑到数控机床的性价比，一般选用增量式光栅尺，既能保证机床的运动精度又能降低机床成本。但是绝对式光栅尺开机后不需要回参考点的优点是增量式光栅尺无法比拟的，机床在停机或故障断电后开机可直接从中断处执行加工程序，不但缩短整个加工时间提高生产率，而且减小零件废品率。因此在生产节奏要求高或由多台数控机床构成的自动化生产线上选用绝对式光栅尺是最为理想的。

3. 输出信号的选择

光栅尺的输出信号分为电流正弦波信号、电压正弦波信号、TTL 矩形波信号和 TTL 差动矩形波信号四种。虽然光栅尺输出信号的波形不同，但对数控机床线性坐标轴的定位精度、重复定位精度没有影响。输出信号还必须与数控机床系统相匹配，如果输出信号的波形与数控机床系统不匹配，导致机床系统无法处理光栅尺的输出信号，那么反馈信息、补偿误差对机床线性坐标轴全闭环控制就无从谈起。在实践中确有输出信号的波形与数控机床系统不匹配的情况，不过处理此情况也有办法，只要在输出信号与机床系统间加装一个数字化电子装置（如海德汉 IBV600 系列的细分和数字化电子装置），就很容易解决了。

4.3.5　光栅尺线位移传感器的安装

光栅尺线位移传感器的安装比较灵活，可安装在机床的不同部位。

一般将主尺安装在机床的工作台（滑板）上，随机床走刀而动，读数头固定在床身上，尽可能使读数头安装在主尺的下方。其安装方式的选择必须注意切屑、切削液及油液的溅落方向。如果由于安装位置限制必须采用读数头朝上的方式安装时，则必须增加辅助密封装置。另外，一般情况下，读数头应尽量安装在相对机床静止部件上，此时输出导线不移动容易固定，而尺身则应安装在相对机床运动的部件上（如滑板）。

对于一般的机床加工环境来讲，铁屑、切削液及油污较多，因此传感器上应加装护罩。护罩的设计是按照传感器的外形截面尺寸再放大一定尺寸来确定，护罩通常采用橡皮密封，具备一定的防水、防油能力。

【巩固与拓展】

自测：

（1）什么是莫尔条纹，其工作原理是什么？

（2）简述光栅尺传感器的组成及其特点。

（3）光栅尺在选型时有什么注意事项？

拓展：

（1）某企业计划采用数显装置将一台普通车床（如图 4-40a）改造成自动车床（如图 4-40b），专门用于车削螺纹。请从量程、使用环境、选型和经济适用性等方面考虑，写一份拟采用传感器的可行性报告，并画出传感器在车床上的安装位置。

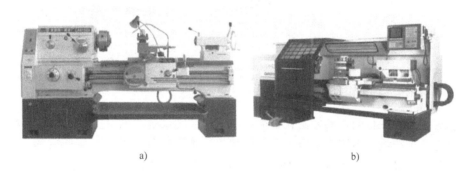

a)　　　　　　　　　　　　　　　b)

图 4-40　普通车床与数控车床图例

a）普通车床　b）数控车床

（2）图 4-41 所示为某公司生产的 BG1 型线位移光栅传感器，它是采用光栅进行线位移测量的高精度测量产品，与光栅数显表或计算机可构成光栅位移测量系统，适用于机床、仪器进行长度测量、坐标显示和数控系统的自动测量等。试查询其技术指标，列举出其在数控机床中的应用实例。

图 4-41　BG1 型线位移光栅传感器

任务4.4 技能实训——小型无人机飞行控制器中的传感器

【任务描述】

小型无人机如图4-42所示，具有重量轻、花费低、灵活机动等特点，在军用、民用领域有着广泛的应用。在民用领域，无人机可搭载不同载荷任务，完成诸如国土资源保护、城市规划、航拍、大气监测、交通监察、边境及海岸线巡逻、灾情监视等任务；在军事上，可以执行空中侦察、充当靶机、导弹攻击、充当诱饵、战场损伤评估和电子站等任务，已成为许多国家军队的主要武器装备。

图4-42　小型无人机

要实现对无人机飞行的自动控制就必须依靠飞行控制系统，飞行控制系统是无人机实现自主飞行的核心。飞行控制系统中装有各种各样的传感器，以保证控制系统所需信号的可靠性。本任务通过分析、设计飞行控制器的硬件配置和软件系统组成，要求学生能够掌握飞行控制器中使用的传感器的作用与型号，通过上网查询更多相关的技术资料，能够了解智能传感器的性能及应用范围。

【任务分析】

要实现无人机的飞行自动控制，首要问题就是如何精确测量各种飞行参数，其中包括姿态信息，位置信息，高度、速度信息等。测量这些参数的传感器多种多样，鉴于每种传感器不同的特性，其使用环境、与之组合的传感器也会有所不同。飞行控制系统常用的传感器主要有姿态信息传感器、位置和速度传感器、高度传感器。

飞行控制器承担着无人机的姿态控制、导航控制、与地面控制站的通信、任务载荷控制等任务，是小型无人机的核心。小型无人机的飞行控制器优劣的指标之一是其控制的精度。提高飞行控制器的控制精度的方法有：提高获取飞机状态信息的精度；采用先进的控制算法提高控制性能；提高控制指令输出的实时性等。而要实现以上目标就必须合理配置先进的测控系统、高性能的MCU（微控制单元）和合理的硬件电路设计。针对小型无人机控制精度低、实时性不足的问题，本任务设计了基于ARM11（S3C6410）+CPLD（EPM1270）的飞行控制器，配置了高性能的传感器，能够提高飞行控制器的控制精度。ARM11架构的MCUS3C6410接口丰富、运算速度快；CPLD芯片的应用提高了系统的实时性。

CPLD（Complex Programmable Logic Device）即复杂可编程逻辑器件，是从PAL（可编程陈列逻辑）和GAL（通用陈列逻辑）器件发展而来的器件，属于大规模集成电路范围，是一种用户根据各自需要而自行构造逻辑功能的数字集成电路。

【任务实施】

4.4.1　飞行控制器硬件系统的设计

飞行控制器以 S3C6410 和 CPLD（EPM1270）为核心，将无人机系统各部分有机整合，硬件架构如图 4-43 所示。

S3C6410 采用 ARM1176JZF-S 的核，该核在 1.2 V 电压下可以达到 667 MHz 的运行频率，该频率保证了飞行控制器有较强的计算能力。S3C6410 拥有丰富的接口，通过 UART（通用异步收发传输器）串口通信连接了 GPS 模块和数传电台；SPI（串行外设接口）连接了 ADIS16365 惯性系统传感器（含加速度、角速度传感器）及两个 MS5540C 气压传感器。S3C6410 可连接大容量内存和 FLASH 闪存，本设计中配置了 256 MB 的 DDR RAM 和 1 GB 的 NAND FLASH 闪存，大容量的内存是飞行控制器进行大量计算及数据存储的保证。

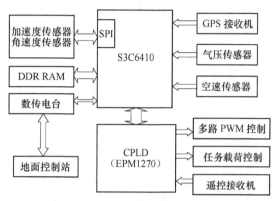

图 4-43　飞行控制器硬件系统架构

CPLD 模块选用 ALTERA 公司的 EPM1270 芯片，该模块完成：遥控接收机控制指令的接收及解码；多路 PWM 控制指令的解码及输出；任务载荷的控制管理。CPLD 的应用使得飞行控制器在处理遥控指令、姿态控制上具备了运算速度快、实时性强的特点。

基于上述两模块构建的飞行控制器，按其功能可分为：导航功能模块、姿态控制功能模块、通信功能模块、任务载荷功能模块。本任务选取导航功能模块和姿态控制功能模块的硬件设计进行阐述。

1. 导航功能模块的硬件设计

导航功能模块主要实现无人机按设定航点、航线飞行的功能，这需要计算无人机当前的位置和目标位置之差。本任务设计了 GPS、气压传感器来获取无人机当前的位置信息，即经度、纬度、高度、速度、航向等。在硬件设计上，设计了 UART 口与 GPS 模块连接，气压传感器与 GPIO 口连接的外围硬件电路。

飞行控制器的 GPS 模块采用的是 UBLOX 公司型号为 LEA-5H 的 GPS 模块，本设计中 GPS 模块采用的是外接的形式，即 GPS 模块可根据机体的实际情况放置在合适位置，所以设计时在飞行控制器主板的接口中预留 TX、RX、VDD5V、GND 四个引脚，这四个引脚连接到 MCU 的 UART 口。

飞行控制器的两个气压传感器都采用瑞士 INTERSEMA 公司的 MS5540C 芯片，一个用以测量飞机的高度，另一个用来测量飞机的空速。MS5540C 具有以下性能特点：

（1）高分辨率。具有 16 位的 ADC（模-数转换器）分辨率，可以提供依赖于压力和温度的 16 位数字。压力测量范围为 1000~110 000 Pa，分辨率为 10 Pa，温度测量的分辨率为 0.005 ℃~0.015 ℃。

（2）高精度。模块中存储了 6 个标定参数，用于高精度的软件补偿和校正。压力的绝对精度为±150 Pa，相对精度为±50 Pa，温度精度为±0.8 ℃。

（3）低供电电压、低功耗。模块的供电电压为2.2~3.6 V，可低电流工作，平均工作电流为4 μA，转换期电流为1 mA，待机电流为0.1 μA，并具有自动关闭电源的功能。

（4）接口简单。模块外接一路32.768 kHz的系统时钟，可以通过三线串行接口与微控制器或其他数字系统进行通信。

（5）小体积。模块体积为6.2 mm×6.4 mm×3.7 mm。

本设计中利用S3C6410的SPI通信接口实现速度与加速度传感器的数据通信。MS5540需要外接工作时序脉冲，利用CPLD分频后产生相应的工作脉冲，接入MS5540。其余MS5540通信引脚都与普通IO相连。

2. 姿态控制功能模块的硬件设计

姿态控制功能模块主要由采集姿态数据和输出姿态控制指令两部分构成。本任务姿态传感器采用ADI公司的ADIS16365六自由度惯性传感器。ADIS16365内部集成3个数字陀螺仪和3个数字加速计，测量范围可达±300°/s，±18 g，角度分辨率为±80°/s。自制和数据收集装置不需要外部配置命令，启动时间为180 ms，休眠模式恢复时间为4 ms。ADIS16365提供一个串行外部接口SPI。硬件电路设计上，SPI通信端口的连接如图4-44所示。ADIS16365对于电压的稳定性要求较高，其工作电压为4.75~5.25 V，系统板电源设计上要考虑到电压的输出范围。

姿态控制是通过控制无人机上各数字舵机的转角大小和动力大小来实现。本任务中无人机以锂聚合物电池作为动力电源，

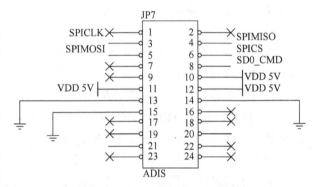

图4-44　ADIS16365接口电路图

由电子调速器来控制直流无刷电动机的转速，电子调速器通过输入的PWM信号控制。数字舵机的转动角度由输入到舵机信号线的PWM信号决定。本任务中无人机上的4路PWM控制信号，周期为20 ms，脉宽范围为1~2 ms，都由CPLD产生。

飞行控制器在特定模式下可接收地面遥控器的指令实现姿态控制，指令分为升降、副翼、方向、油门、是否定高、是否盘旋、是否开伞、平衡量、任务载荷9个通道发送到无人机上的遥控接收机，遥控接收机转换为PWM信号后，由CPLD采集。

4.4.2　飞行控制器软件系统的设计

在上述飞行控制器硬件平台上，移植Linux操作系统（Linux 2.6内核）并对Linux内核做裁剪，对内核加上Xenomai补丁。Xenomai技术使得操作系统运行在双内核下，多了一个强实时的微内核，能满足飞行控制器的实时性要求，在此基础上进行飞行控制器软件设计。飞行控制器软件主要由硬件接口驱动、导航控制程序和姿态控制程序组成。

1. 接口驱动程序设计

（1）UART接口驱动。

GPS与MCU的连接通过UART串口，所以GPS驱动需要串口驱动的支持。本任务的GPS接口驱动，没有采用Linux内核里自带的串口驱动程序，而是通过内存映射以及内核函数直接

对 MCU 内部的 UART 寄存器进行读写操作，从而实现了高效的 GPS 数据读取操作。由于对 GPS 数据信息实时性要求不高，驱动采用了查询模式。接收的数据量为一组完整 GPS NMEA 协议定义的数据量，本设计使用了 NMEA 协议中的 GGA、RMC 语句，最后通过底层的内核数据传递函数将 GPS 数据从内核层传输到应用层。

（2）姿态传感器驱动程序。

ADIS16365 通过 SPI 接口与 MCU 进行数据通信，所以在 ADIS16365 驱动模块中要实现 SPI 的读写驱动。实现方法是通过内核函数对 SPI 寄存器进行读写赋值操作，从而实现数据的收发。除了构建 SPI 数据收发驱动外还得构造出 ADIS16365 规定的数据通信时序，只有正常的时序才能实现数据的正确利用。ADIS16365 一次完整的数据读取流程需要 32 个时钟脉冲，1 s 内平均采集数据 408 次，满足精度要求。

（3）CPLD 驱动设计。

本任务中飞行控制器 MCU 与 CPLD 的通信采用的是 SPI 通信方式，驱动程序的实现也是通过内核函数对 SPI 寄存器进行读写赋值操作，从而实现数据的读写。CPLD 为自定义的硬件模块，其通信的数据格式也是自己定义的，CPLD 内部通信数据位为 32 位，定义前二位为路数控制地址信号。

2. 导航控制程序设计

导航控制是指控制无人机按照存储在飞行控制器中的航点数据自主飞行，航点依次两两连接成直线段即构成航线。每个航点包括航点序号、经度、纬度、高度值信息。而航点、航线的输入是在地面控制站软件中绘制并通过数传电台上传到飞行控制器中的。

导航控制中的高度控制主要通过计算无人机的高度误差，进而计算输出给升降舵机的 PWM 值来控制高度。高度可由 MS5540C 气压传感器测得的高度与 GPS 模块的高度数据融合计算后获得。

导航控制中的航向控制流程如图 4-45 所示。该流程先读入 FLASH 闪存中的航点数据，再由 GPS 获取当前位置信息，进而计算航向角、偏航距、偏航角。航向角的计算是在 GPS 读出的航向字段基础上，加上前后两时刻的位置差进行修正获得的。

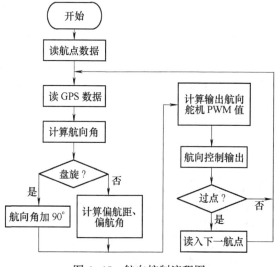

图 4-45　航向控制流程图

【项目小结】

本项目以位移、速度、振幅等运动学量为检测对象，详述了霍尔传感器、电涡流传感器、光栅传感器的工作原理、安装选型、使用注意事项及其应用案例分析。在技能实训环节，介绍了智能新型传感器在小型无人机飞行控制器中的应用。

表4-3 列出了常用的位移传感器的分类及特点。

表4-3 常用的位移传感器的分类及特点

结构形式	测量原理	量程/mm	分辨率/μm	特 点
电位器式	欧姆定律	0.1~200	100	结构简单，输出信号较大；分辨率不高，接触噪声大，易磨损，动态响应较差
差动变压器式	自感、互感	10^{-3}~20	0.1	分辨率高；有零点残余电压，动态响应慢
涡流式	涡流效应	1~10	5	结构简单，非接触式测量；线性差，灵敏度易受被测对象材质影响
电容变气隙式	静电电容效应	10^{-3}~1	1	非接触式测量，分辨率高；线性差
霍尔式	霍尔效应	0.01~20	50	非接触式测量，体积小，结构简单，输出信号大；温度漂移大，需要磁路系统
光纤式	光的全反射	0.5~5	100	非接触式测量，体积小；光路复杂

表4-4 列出了常见加速度的测量方法及其特点。

表4-4 常见加速度的测量方法及其特点

加速度计			测量方法	测量原理	应用范围	特 点
接触式	应变式		压电式 压电效应法	利用晶体压电效应，被测物体受振时质量块加在压电元件上的力与加速度成正比	加速度范围：-100~100 g	测量动态范围大、频率范围宽、受外界干扰小
			压阻式 压阻法	悬臂梁上的质量块在惯性力作用下上下运动，悬臂梁上电阻值随加速度近似呈线性关系	频响范围：2~270 Hz	灵敏度高，易于数字输出，但抗干扰性差
	容感式		电感式 差动变压器法	加速时质量块由于惯性与本体产生相对位移时，差动变压器的输出与加速度近似呈线性关系	适合低量程加速度	灵敏度高，易于数字输出，但抗干扰性差
			电容式 电容法	加速度变化引起电容极距变化而导致电容值变化	适合低量程加速度，一般上限在100 g以内	灵敏度高，测量误差小
	其他		霍尔效应法	机械组件产生上下方向的加速度时，质量块产生与之成比例的惯性力，使梁发生弯曲形变，自由端输出与加速度成比例的霍尔电势	机械组件	具有较高灵敏度和线性度
			光纤法	基于光的干涉原理，传感光纤受质量块惯性力的作用导致通过它的光信号产生相对变化，相位变化量反映被测加速度大小	大型机械结构	动态范围宽，精度高
非接触式	热感式		热感法	以可移动的热对流小气团充当重力块，通过测量由加速度引起的内部温度变化来测量加速度	应用于小量程，加速度范围：-10~10 g	抗冲击能力强，制造成本低

项目 5 物位的检测

【项目引入】

本项目主要介绍用于物位测量的常用传感器的结构、工作原理及应用，包括电容式物位传感器、接近开关等，使学生了解这些物位传感器的应用，会进行常用物位检测传感器的选型。

1. 物位检测的概念

在生产过程中经常会遇到介质的液位、料位和界面位置（界位）的测量问题，它们统称为物位检测。通过物位检测可以了解容器或设备中所储存物质的体积或重量，以便调节容器中输入、输出物料的平衡，保证各环节所需的物料满足要求；同时能够了解生产是否正常进行，以便及时监视或控制物位。物位检测的基本概念如下：

物位——液位、料位和界位的总称。

液位——容器中液体介质的高低。

料位——容器中固体或颗粒状物质的堆积高度。

界位——在同一容器中由于两种物体密度不同且互不相溶的液体间或液体与固体之间分界面的（相界面）位置。

2. 物位检测的作用

（1）确定容器中的储料数量，以保证连续生产的需要或进行经济核算。

（2）监视或控制容器的物位，使它保持在规定的范围内。

（3）对物位的上下极限位置进行报警，以保证生产安全、正常进行。

5-1 物位传感器介绍

图 5-1 所示为物位传感器对料位进行测量和控制的示意图。

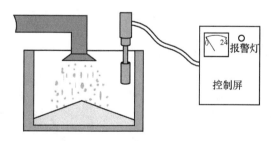

图 5-1 料位的测量和控制示意图

3. 物位检测的分类

连续式物位检测：连续检测物位的变化，主要用于连续控制等方面，有时也可用于多点报警系统中。

开关式物位检测：检测物位上下限，即物位开关，主要用于过程自动控制的门限、溢流和防止空转等控制。

在液位检测中，有直接检测和间接检测两种方法。

直接检测是一种最为简单、直观的测量方法，它是利用连通器的原理，将容器中的液体引入带有标尺的观察管中，再通过标尺读出液位高度。

间接检测是将液位信号转化为其他相关信号进行测量，如压力法、浮力法、电学法、热学法等。

任务 5.1　电容式传感器检测物位

【任务背景】

在汽车、飞机的仪表盘上都安装有油箱油量的指示表，该指示表是用来检测油箱液位高低的，是驾驶员了解汽车、飞机运行状况的重要参数之一。

5-2　电容式传感器

传统的汽车油位传感器存在精度低、稳定性不高、使用寿命短、使用环境存在局限等问题，导致汽车的使用成本相应增加。电容式油位传感器克服了上述油位传感器的缺点，而且具有数据精度高、稳定性强、使用寿命长等优点。

除广泛应用在料位、液位、界位等物位的检测方面，电容式传感器还可用于位移、振动、角度、加速度、压力、差压等方面的测量。它具有结构简单，体积小，分辨率高，动态响应好，可实现非接触式测量，能适应高温、辐射及强振动等恶劣条件的优点。

本任务重点介绍电容式传感器在物位检测上的应用。

【相关知识】

5.1.1　电容式传感器的基本原理

电容式传感器由电容量可变的电容器和测量电路组成，其变量间的转换原理如图 5-2 所示。

图 5-2　电容式传感器变量间的转换关系

图 5-3 所示为常用电容式物位传感器的实物图。

由电学可知，两个平行金属极板组成的电容器，如果不考虑其边缘效应，其电容为

$$C = \frac{S\varepsilon}{d} \tag{5-1}$$

式中　ε——两个极板介质的介电常数；

　　　S——两个极板的相对有效面积；

　　　d——两个极板间的距离。

由上式可知，改变电容 C 的方法有三种，一是改变介质的介电常数 ε；二是改变形成电容的有效

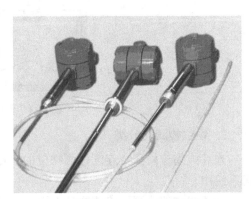

图 5-3　电容式物位传感器实物图

面积 S；三是改变两个极板间的距离 d。根据被测量的变化得到电参数的输出为电容值的增量 ΔC，这就是电容式传感器的基本工作原理。

根据上述原理，在应用中电容式传感器有三种基本类型，即变极距（或称为变间隙）型、变面积型和变介电常数型。它们的电极形状又有平板形、圆柱形和球平面形三种。

1. 变极距型电容式传感器

图 5-4 所示是变极距型电容式传感器的结构原理图。图中 1、3 为固定极板；2 为可动极板，其位移由被测量的变化引起。当可动极板向上移动 $\Delta d(\delta)$，图 5-4a 所示结构的电容增量为

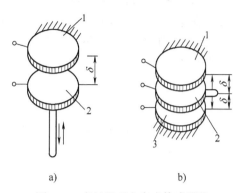

$$\Delta C = \frac{\varepsilon S}{d-\Delta d} - \frac{\varepsilon S}{d} = \frac{\varepsilon S}{d} \cdot \frac{\Delta d}{d-\Delta d} = C_0 \cdot \frac{\Delta d}{d-\Delta d} \quad (5-2)$$

式中　C_0——极距为极板间初始距离 d 时的初始电容值。

上式说明 ΔC 与 Δd 不是线性关系。但当 $\Delta d \ll d$（即量程远小于极板间初始距离）时，可以认为 ΔC 与 Δd 是线性的。因此这类传感器一般用来测量微小变化的量，如 $0.01\,\mu m$ 至零点几毫米的线位移等。

图 5-4　变极距型电容式传感器的结构原理图
a）单组式　b）差分式
1、3—固定极板　2—可动极板

在实际应用中，为了改善非线性、提高灵敏度和减少外界因素（如电源电压、环境温度等）的影响，电容式传感器也和电感传感器一样常常做成差分形式，如图 5-4b 所示。当可动极板向上移动 Δd 时，极板 1、2 间电容量增加，极板 2、3 间电容量减小。

2. 变面积型电容式传感器

图 5-5 所示是变面积型电容式传感器的常见结构示意图。与变极距型电容式传感器相比，它们的测量范围大。可测量较大的线位移或角位移。图中 1、3 为固定极板，2 为可动极板。当被测量变化使可动极板位移时，即改变了电极间的遮盖面积，电容量 C 也就随之变化。对于电容间遮盖面积由 S 变为 S' 时，电容变量为

$$\Delta C = \frac{S\varepsilon}{d} - \frac{S'\varepsilon}{d} = \frac{\varepsilon(S-S')}{d} = \frac{\varepsilon \cdot \Delta S}{d} \quad (5-3)$$

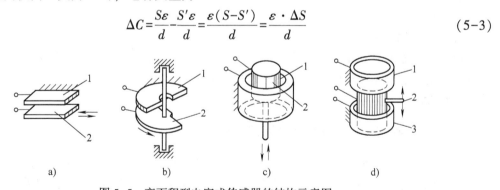

图 5-5　变面积型电容式传感器的结构示意图
a）线位移平板式　b）角位移平板式　c）线位移圆柱式　d）线位移圆柱差动式
1、3—固定极板　2—可动极板

式中　$\Delta S = S - S'$。

由上式可知，电容的变化量与面积的变化量呈线性关系。

3. 变介电常数型电容式传感器

变介电常数型电容式传感器大多用来测量电介质的厚度、位移、液位、液量，还可根据极间介质的介电常数随温度、湿度、容量的改变而改变来测量温度、湿度、容量等。以测量液面高度为例，电容式液位传感器的结构原理与等效电路如图5-6所示。

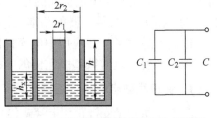

图5-6 电容式液位传感器结构原理图与等效电路

图5-6所示同轴圆柱形电容器的初始电容为

$$C_0 = \frac{2\pi\varepsilon_0 h}{\ln(r_2/r_1)} \tag{5-4}$$

测量时，电容器的介质一部分是被测液位的液体，一部分是空气。设C_1为液体有效高度h_x形成的电容，C_2为空气高度$(h-h_x)$形成的电容，则

$$C_1 = \frac{2\pi\varepsilon h_x}{\ln(r_2/r_1)} \tag{5-5}$$

$$C_2 = \frac{2\pi\varepsilon_0(h-h_x)}{\ln(r_2/r_1)} \tag{5-6}$$

由于C_1和C_2并联，所以总电容为

$$C = \frac{2\pi\varepsilon h_x}{\ln(r_2/r_1)} + \frac{2\pi\varepsilon_0(h-h_x)}{\ln(r_2/r_1)} = \frac{2\pi\varepsilon_0 h}{\ln(r_2/r_1)} + \frac{2\pi(\varepsilon-\varepsilon_0)h_x}{\ln(r_2/r_1)}$$

$$= C_0 + C_0\frac{(\varepsilon-\varepsilon_0)}{\varepsilon_0 h}h_x \tag{5-7}$$

其电容量与被测量的关系为

$$C = \frac{2\pi\varepsilon_0 h}{\ln(r_2/r_1)} + \frac{2\pi(\varepsilon-\varepsilon_0)h_x}{\ln(r_2/r_1)} \tag{5-8}$$

式中　h——电极圆筒高度；

　　r_1、r_2——内极筒外半径和外极筒内半径；

　　h_x、ε——被测液面高度及其介电常数；

　　ε_0——间隙内空气的介电常数。

可见，电容C理论上与液面高度h_x呈线性关系，只要测出传感器电容C的大小，就可得到液位高度。在实际应用中，常采用差动式结构的电容式传感器，其灵敏度比单极式提高一倍，非线性度也大为减小。

5.1.2　电容式传感器的测量转换电路

电容式传感器把被测物理量转换为电容后，还要经测量转换电路将电容量转换为电压或电流信号，以便记录、传输、显示、控制等。常见的电容式传感器测量转换电路有交流桥式电路、调频电路等。

1. 交流电桥电路

将电容式传感器的两个电容作为交流电桥的两个桥臂，通过电桥把电容的变化转换为电桥输出电压的变化。电桥通常采用由电阻-电容、电感-电容组成的交流电桥，图5-7所示为电感-电容电桥。

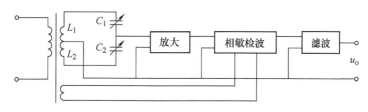

图 5-7　电感-电容电桥

变压器的两个绕组 L_1、L_1 与差动电容式传感器的两个电容 C_1、C_2 作为电桥的 4 个桥臂，由高频稳幅的交流电源为电桥供电。电桥的输出为一调幅值，经放大、相敏检波、滤波后，获得与被测量变化相对应的输出，最后给仪表显示并记录。

测量前 $L_1 = L_2$，$C_1 = C_2$，电桥平衡，输出电压 $u_o = 0$。测量时被测量变化使传感器电容值随之改变，电桥失衡，其不平衡输出电压与被测量变化有关，因此通过电桥电路将电容值的变化转换为电量的变化。

应该指出的是，由于电桥输出电压与电源电压成比例，因此要求电源电压波动极小，需采用稳幅、稳频等措施；传感器必须工作在平衡位置附近，否则电桥非线性将增大；由于接有电容式传感器的交流电桥输出阻抗很高（一般达几兆欧至几十兆欧），输出电压幅值又小，所以必须后接高输入阻抗放大器将信号放大后才能测量。

2. 调频电路

把传感器接入调频振荡器的 LC 谐振网络中，当传感器电容 C_x 发生改变时，其振荡频率 f 也相应发生变化，实现由电容到频率的转换。由于振荡器的频率受电容式传感器的电容调制，这样就实现了 C-f 的转换，故称为调频电路。但伴随频率的改变，振荡器输出幅值也往往要改变，为克服后者，需在振荡器之后再加入限幅环节。虽然可将此频率作为测量系统的输出量，用以判断被测量的大小，但这时系统是非线性的，而且不易校正。因此在该系统之后可再加入鉴频器，用鉴频器可调整到非线性特性去补偿其他部分的非线性，使整个系统获得线性特性，这时整个系统的输出将为电压或电流等模拟量，如图 5-8 所示。

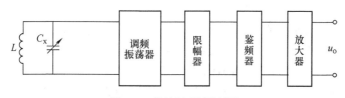

图 5-8　调频电路原理图

图 5-8 中调频振荡器的频率为

$$f = \frac{1}{2\pi\sqrt{LC_x}} \tag{5-9}$$

式中　L——振荡回路的电感；

　　　C_x——电容式传感器总电容。

若电容式传感器尚未工作，则 $C_x = C$，即为传感器的初始电容值，此时振荡器的频率为一常数 f_0，即有

$$f_0 = \frac{1}{2\pi\sqrt{LC_0}} \tag{5-10}$$

f_0 常选在 1 MHz 以上。

当传感器工作时，$C_x = C_0 \pm \Delta C$，ΔC 为电容变化量，则谐振频率相应的改变量为 Δf

$$f_0 \pm \Delta f = \frac{1}{2\pi\sqrt{L(C_0 \pm \Delta C)}} \tag{5-11}$$

振荡器输出的高频电压将是一个受被测信号调制的调频波。

3. 运算放大器电路

变极距型电容式传感器的电容与极距之间成反比关系，传感器存在原理上的非线性。图 5-9 所示是运算放大器电路原理图。C_x 为电容式传感器，e_s 是交流电源电压，e_o 是输出信号电压。由放大器工作原理有

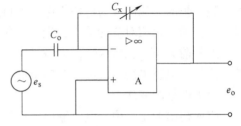

图 5-9　运算放大器电路原理图

$$e_o = -e_s \frac{C_0}{C_x}$$

利用运算放大器的反相比例运算可以使转换电路的输出电压与极距之间的关系变为线性关系，从而使整个测试装置的非线性误差大为减小。

运算式电路的原理较为简单，灵敏度和精度最高。但一般需用"驱动电缆"技术来消除电缆电容的影响，电路较为复杂且调整困难。此外，电容式传感器常用的测量电路还有二极管双 T 型交流电桥及脉冲宽度调制电路。

5.1.3　电容式传感器的特点

1. 电容式传感器的优点

电容式传感器与电阻式、电感式传感器相比，有以下优点。

（1）温度稳定性好。

电容式传感器的电容值一般与电极材料无关，仅取决于电极的几何尺寸，且空气等介质损耗很小，因此只要从强度、温度系数等机械特性考虑，合理选择材料和结构尺寸即可，其他因素（因本身发热极小）影响甚微。而电阻式传感器有电阻，供电后产生热量；电感式传感器存在铜损、磁游和涡流损耗等，引起本身发热产生零点漂移。

（2）结构简单、适应性强。

电容式传感器结构简单，易于制造，易于保证高的精度。能在高温、低温、强辐射及强磁场等各种恶劣的环境条件下工作，适应能力强。尤其可以承受很大的温度变化，在高压力、高冲击、过载情况下都能正常工作，能测量高压与低压差，也能对带磁工件进行测量。此外，传感器可以做得体积很小，以便实现特殊要求的测量。

（3）动态响应好。

电容式传感器固有频率很高，即动态响应时间很短，其介质损耗小，可以用较高频率供电，因此系统工作频率高。可用于测量高速度变化的参数，如测量振动、瞬时压力等。

（4）可以实现非接触测量，具有平均效应。

当被测件不允许采用接触测量的情况下，电容式传感器也可以使用。当采用非接触测量

时，电容式传感器具有平均效应，可以减小工件表面粗糙度等对测量的影响。

电容式传感器除了上述优点外，还因其带电极板间的静电引力很小，所需输入力和输入能量极小，因而可测极低的压力、力和很小的加速度、位移等，灵敏度高、分辨率高，能感知 $0.01\,\mu m$ 甚至更小的位移；由于其空气等介质损耗小，采用差分结构并接成桥式时产生的零点残余电压极小，因此允许电路进行高倍率放大，使仪器具有很高的灵敏度。

2. 电容式传感器的缺点

电容式传感器的主要缺点如下。

（1）输出阻抗高，带负载的能力差。

电容式传感器的容量受其电极的几何尺寸等限制不易做得很大，一般为几十到几百微法，甚至只有几个微法。因此，电容式传感器的输出阻抗高，因而带负载的能力差，易受外界干扰，产生不稳定现象，严重时甚至无法工作。必须采取妥善的屏蔽措施，从而给设计和使用带来不便。容抗大还要求传感器绝缘部分的电阻值极高（几十兆欧以上），否则绝缘部分将作为旁路电阻而影响仪器的性能，为此还要特别注意周围的环境，如温度、清洁度等。若采用高频供电，可降低传感器输出阻抗，但高频放大、传输远比低频复杂，且寄生电容影响大，不易保证工作的稳定性。

（2）寄生电容影响大。

电容式传感器的初始电容量小，而连接传感器和电子线路的引线电容（$1\sim2\,m$ 的导线电容可达 $800\,pF$）、电子线路的杂散电容以及传感器内极板与其周围导体构成的电容等寄生电容却较大，不仅降低了传感器的灵敏度，而且这些电容（如电缆电容）常常是随机变化的，将使仪器工作变得不稳定，影响测量精度。因此对电线的选择、安装、接法都有严格的要求。例如，采用屏蔽性好、自身分布电容小的高频电线作为引线，引线粗而短，要保证仪器的杂散电容小而稳定，否则不能保证高的测量精度。

（3）输出特性非线性。

变极距型电容式传感器的输出特性是非线性的，虽可采用差分型来改善，但不可能完全消除。其他类型的电容式传感器只有忽略了电场的边缘效应时，输出特性才成线性。否则边缘效应所产生的附加电容量将与传感器电容量直接叠加，使其输出特性为非线性。

应该指出的是，随着材料、工艺、电子技术，特别是集成技术的高速发展，使电容式传感器的优点日益突出而缺点不断被克服。电容式传感器正逐渐成为一种高灵敏度，高精度，在动态、低压及一些特殊测量方面大有发展前途的传感器。

【应用案例】

案例 1　电容式物位计

电容式物位计是利用被测物不同，其导电常数不同的特点进行检测的，适用于各种导电、非导电液体的液位或粉状料位的远距离连续测量和指示。由于其结构简单，没有可动部分，因此应用范围较广。图 5-10 所示即为电容式物位计示意图。

案例 2　电容式液位计

电容式液位计如图 5-11 所示，是利用液位高低变化影响电容器电容量大小的原理进行测量的。当电容式液位计中的电介质改变时，其介电常数变化，从而引起电容量发生变化。电容式液位计的结构形式很多，有平极板式、同心圆柱式等。它的适用范围非常广泛，对介质本身性质的要求，相比其他物位测量的方法，它更简单，对导电介质和非导电介质都能测量，此外还能测量有倾斜晃动及高速运动的容器的液位，不仅可作为液位控制器，还能用于连续测量。

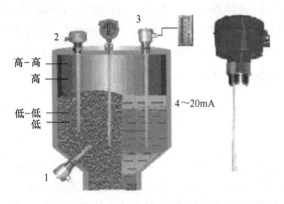

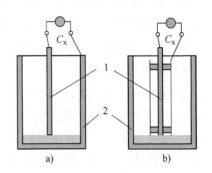

图 5-10 电容式物位计示意图

（图中"高-高""高""低""低-低"对应指示
四点输出物位开关的四组继电器的常开、常闭触点）
1—全自动物位开关 2—四点输出物位开关
3—连续测量物位计

图 5-11 电容式液位计（被测介质为
非导电介质）示意图
a）容器为金属材料 b）容器为非金属材料
1—电极 2—容器

在液位的连续测量中，多用同心圆柱式电容器。图 5-12 所示为用来测量导电介质的单电极电容式液位计示意图。它只用一根电极作为电容器的内电极，一般用紫铜或不锈钢，外套聚四氟乙烯塑料管或涂上搪瓷作为绝缘层，而导电液体和容器壁构成电容器的外电极。棒状电极（金属管）外面包裹聚四氟乙烯塑料套管，放入液体中深度为 h，与同心圆柱状极板构成电容式传感器。当被测液体的液面高度改变时，会引起棒状电极与导电液体之间的电容量变化。

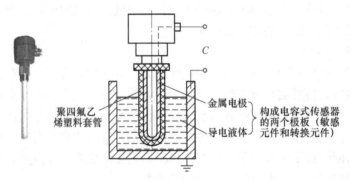

图 5-12 单电极电容式液位计示意图

图 5-13 所示为用于测量非导电介质的同轴双层电极电容式液位计示意图。内电极和与之绝缘的同轴金属套组成电容的两极，外电极上开有很多流通孔使液体流入极板间。

案例 3 电容式料位传感器

图 5-14 所示为电容式料位传感器示意图，它可用来测量固体块状、颗粒体及粉料位的情况。

由于固体摩擦力较大，容易"滞留"，所以一般采用单电极电容式传感器，可用电极棒及容器壁组成的两极来测量非导电固体的料位，或在电极外套以绝缘套管，测量导电固体的料位，此时电容的两极由物料及绝缘套中电极组成。

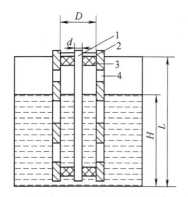

图 5-13 同轴双层电极电容式液位计示意图
1、2—内、外电极 3—绝缘套 4—流通孔

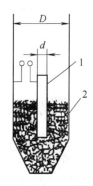

图 5-14 电容式料位传感器示意图
1—电极棒 2—容器壁

案例 4 电容式油量表

在汽车、飞机的油箱油量测量中常常采用电容式油量表。如图 5-15 所示为典型的电容式油量表机构原理图。

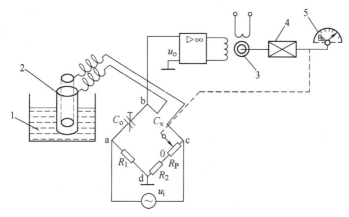

图 5-15 电容式油量表机构原理图
1—油料 2—电容器 3—伺服电动机 4—减速器 5—指示表盘

当油箱中无油时，电容式传感器的电容量为 C_x，调节匹配电容使 $C_o = C_x$，并使电位器 R_P 的滑动臂位于 0 点，即 R_P 的电阻值为 0。此时，电桥满足 $C_x / C_o = R_2 / R_1$ 的平衡条件，电桥输出为零，伺服电动机不转动，油量表指针偏转角 $\theta = 0$。

当油箱中注入油时，液位上升至 h 处，电容的变化量 ΔC_x 与 h 成正比，电容 $C_{x1} = C_x + \Delta C_x$。此时，电桥失去平衡，电桥的输出电压 u_o 经放大后驱动伺服电动机，由减速器减速后带动指针顺时针偏转，同时带动 R_P 滑动，使 R_P 的阻值增大，当 R_P 阻值达到一定值时，电桥又达到新的平衡状态，$u_o = 0$，伺服电动机停转，指针停留在转角 θ_{x1} 处。可从油量表刻度盘上直接读出油位的高度 h。

当油箱中的油位降低时，伺服电动机反转，指针逆时针偏转，同时带动 R_P 滑动，使其阻值减少。当 R_P 阻值达到一定值时，电桥又达到新的平衡状态，$u_o = 0$，于是伺服电动机再次停转，指针停留在转角 θ_{x2} 处。因此，可判定油箱的油量。

由于指针及可变电阻的滑动臂同时为伺服电动机所驱动，因此，R_P 的阻值与 0 之间存在着确定的对应关系，即 0 正比于 R_P 的阻值，而 R_P 的阻值又正比于液位的高度 h。因此，可直接从刻度盘上读出液位高度 h。该装置采用了零位式测量方法，所以放大器的非线性及温度漂移对测量精度影响不大。

【技能提升】

5.1.4　电容式传感器使用中的注意事项

（1）电容式传感器常用于被测物为玻璃、塑料、陶瓷等非金属物体的测量，而当检测对象为高介电常数的物体时，检测距离会明显减小，即使调整灵敏度也往往起不到应有的效果。

（2）电容式传感器的工作原理决定其易受周围环境的干扰。在使用过程中要注意周围金属物体和绝缘物体的含水量的影响；注意高频电场的干扰，多只电容式传感器共同使用时相互间不能靠得太近；不要将其置于强直流磁场环境下使用，以免造成误动作。

（3）电容式传感器受潮湿、灰尘等因素的影响比较大，要做好定期的维护，包括安装位置是否松动、接线盒连接部位是否接触良好、检测面是否有粉尘黏附等。

5.1.5　电容式传感器的其他应用

电容式传感器不但可以用于物位、压力、差压、湿度、成分含量等参数的测量，还广泛应用于位移、振动、角度、加速度、荷重等机械量的精密测量。电容式传感器的其他应用如图 5-16 所示。

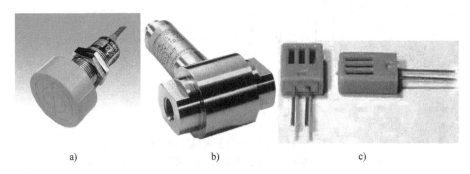

a)　　　　　　　　　b)　　　　　　　　　c)

图 5-16　电容式传感器的其他应用

a）电容式接近开关　b）电容式差压变送器　c）湿敏电容模块

1. 湿敏电容式传感器的使用

湿敏电容一般用高分子薄膜电容制成，常用的高分子材料有聚苯乙烯、聚酰亚胺、酪酸醋酸纤维等。利用这些具有很大吸湿性的绝缘材料作为电容式传感器的介质，在其两侧面镀上多孔性电极。当环境湿度发生改变时，湿敏电容的介电常数发生变化，使其电容量也发生变化，其电容变化量与相对湿度成正比。

野外和家庭中的湿敏电容式传感器如图 5-17 所示。

2. 电容式加速度传感器在汽车中的应用

如图 5-18 所示，加速度传感器以硅微加工技术为基础，既能测量交变加速度（振动），也可测量惯性力、加速度。

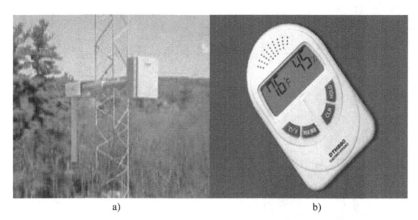

图 5-17 湿敏电容式传感器

a）在野外的使用 b）带报警器的家庭使用型

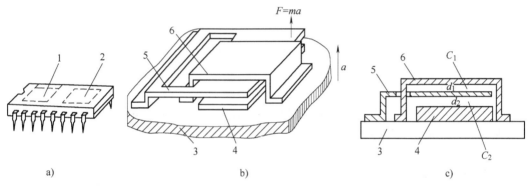

图 5-18 硅微加工加速度传感器

1—加速度测试单元 2—信号处理电路 3—衬底
4—底层多晶硅（下电极） 5—多晶硅悬臂梁 6—顶层多晶硅（上电极）

加速度传感器安装在轿车上，可以作为碰撞传感器。装有加速度传感器的安全气囊如图 5-19 所示，当测得的负加速度值超过设定值时，微处理器据此判断发生了碰撞，于是启动轿车前部的折叠式安全气囊，使其迅速充气膨胀，以托住驾驶员及前排乘客的胸部和头部。

图 5-19 装有加速度传感器的安全气囊

3. 电容式差压变送器

电容式差压变送器如图 5-20 所示，除了可以测量液体的液位，还可以测量流体的流速、流量以及压力等。

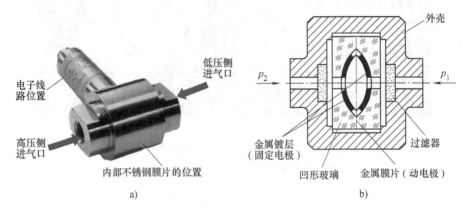

图 5-20 电容式差压变送器
a）实物图 b）内部结构图

4. 电容测厚仪

图 5-21 所示为电容测厚仪的实物图和装置示意图。把两块电容极板用导线连接起来就成为一个极板，而金属带材则是电容器的另一极板，其总电容 $C = C_1 + C_2$。

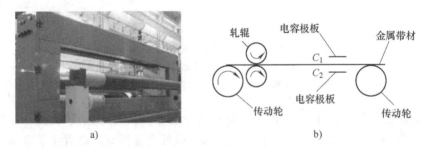

图 5-21 电容测厚仪
a）实物图 b）装置示意图

如果总电容量 C 作为交流电桥的一个臂，电容的变化将引起电桥的不平衡输出，经过放大、检波、滤波，最后在仪表上显示出金属带材的厚度。

5. 电容器指纹识别系统

电容器指纹识别系统是目前最常用的指纹识别器之一，也称为第二代指纹识别系统。它的优点是体积小、成本低、成像精度高，而且耗电量很小，因此非常适合在消费类电子产品中使用。如图 5-22a 所示为 IBM Thinkpad T42/T43 的指纹识别传感器。

指纹识别原理如图 5-22b 所示。指纹识别所需电容式传感器包含一个大约有数万个金属导体的阵列，其外面是一层绝缘的表面，当用户的手指放在上面时，金属导体阵列、绝缘物、皮肤就相应地构成了一个小电容器阵列。它们的电容值随着脊（近的）和沟（远的）与金属导体之间距离的不同而变化。测量并记录各点的电容值，就可以获得具有灰度级的指纹图像。

图 5-22c 所示为指纹经过处理后的成像图。

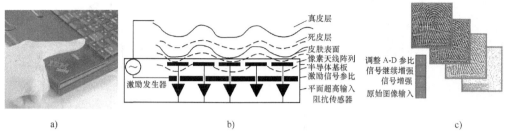

图 5-22　电容器指纹识别系统
a) IBM Thinkpad T42/T43 指纹识别传感器　b) 指纹识别原理　c) 指纹经处理后的成像图

指纹识别系统的电容式传感器发出电子信号，电子信号将穿过手指的皮肤表面和死皮层，直达手指皮肤的活体层（真皮层），直接读取指纹图案。由于深入真皮层，传感器能够捕获更多真实数据，不易受手指表面尘污的影响，辨识准确率高，能有效防止辨识错误。

【巩固与拓展】

自测：

（1）电容式液位计一般做成什么形状？使用时液位高度与其电容值有什么关系？

（2）电容式液位计适合测量导电性液体吗？

（3）电容式传感器一般采取何种测量电路？

（4）用电容式液位计测量液位时，对于导电性液体和非导电性液体，液位计的结构和测量方法有何不同？电容式料位计测量时，辅助电极的作用是什么？

拓展：

（1）在各种工业生产自动化中，料位传感器（见图 5-16）作为自动控制系统中的测量仪器是实现生产过程自动化的一项必要设备。如在粮食烘干和加工过程中，粮食料位的检测与控制是必不可少的。料位失控后，会造成粮食损失或设备损坏。

从本任务的学习中可知，电容式料位计的原理是插入料仓中的电极与料仓壁之间构成电容器，当仓内物料料位变化引起电容量的变化时，通过转换电路得到相应的控制信号。因为电容量是连续变化的，因此电容式料位计可以用作连续式料位测量，也可用作料位开关，作为报警或喂料、卸料设备的输入信号。

试查阅相关资料，设计电容式料位指示仪，监视密封料仓中的料位高度，并能对加料系统进行自动控制。

（2）小制作——简易水位指示及水满报警器。

该水位指示报警器可用于太阳能热水器的水位指示与控制。使用该水位报警器后，可在水箱中缺水或加水过多时自动发出声光报警。水位指示与水满报警电路如图 5-23 所示。它由四个双向模拟开关集成电路 CD4066 和相关元器件组成。每个电路内部有 4 个独立的能控制数字或模拟信号传送的开关。当水箱无水时，由于 $180\,\mathrm{k\Omega}$ 电阻的作用，使 4 个开关的控制端为低电平，开关断开，发光二极管 $VL_1 \sim VL_4$ 不亮。随着水位的增加，加之水的导电性，使得 IC 的 13 脚为高电平，S_1 接通，VL_1 点亮。当水位逐渐增加时，VL_2、VL_3 依次发光指示水位。水满时，VL_4 发光，显示水满。同时 VT 导通，报警器 B 发出报警声，提示水已满。不需要报警时，断开开关 SA 即可。

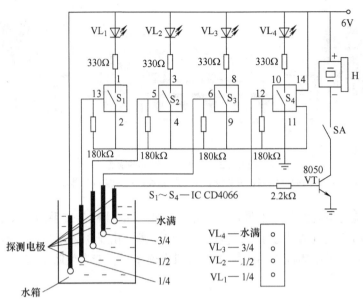

图 5-23　水位指示与水满报警电路

参考元器件：IC 选用四个双向模拟开关集成电路 CD4066。VT 选用 9013 或 8050、3DG12、3DX201 型硅 NPN 中功率晶体管，要求其放大倍数 $\beta > 150$。$VL_1 \sim VL_4$ 用选 F5 mm 高亮度红色发光二极管。R 用 RTX-1/8W 碳膜电阻器。B 选用 YD57-2 型 8 圈式扬声器。电源可用 4 节 1.5 V 电池或 6 V 直流稳压电源。

制作时可制作一个简易面板，并根据实际情况及个人爱好选择合适的报警器 B。调试时将五个探知电极安置在图示水箱的不同水位高度处，接通水位报警电路，给水箱中慢慢注水，在各不同水位对电路报警效果进行调整。

任务 5.2　接近式传感器的物位检测

【任务背景】

在各类自动化生产线中，当工件进入某个固定工位时，检测系统是怎样判别出来的呢？这就需要一类具有位置"感知"能力的传感器——位置传感器的电气控制元件来充当自动化生产线的五官去识别判断了。利用这类传感器对物体进行的测量称为位置测量。位

5-3　接近式传感器

置测量在工业自动化、过程控制和机器人等领域有着广泛的应用。根据输出信号的不同，可以分为连续输出量测量和开关量测量，后者用于对接近的物体、物料或液位进行检测，常称为接近开关、物位开关或接近式传感器，又称为无触点行程开关。

当被测物接近时（相距几毫米至几十毫米）就会引起接近式传感器动作，开关能无接触、无压力、无火花、迅速地发出电气指令，准确反映出运动机构的位置和行程。即使将其用于一般的行程控制，其定位精度、操作频率、使用寿命、安装调整的方便性和对恶劣环境的适应能力，也是一般机械式行程开关所不能相比的。因此接近开关广泛应用于机床、冶金、化工、轻纺和印刷等行业，在自动控制系统中常应用于限位、计数、定位控制和自动保护。

【相关知识】

5.2.1　接近式传感器的分类

1. 按原理分类

常见的接近式传感器有电感式、电涡流式、电容式、霍尔式、干簧式、光电式、热释电式、多普勒式、电磁感应式、微波式、超声波式等。

2. 按结构分类

有一体式，即感应头和信号处理电路置于一体中，以及感应头和信号处理电路分开安装的分离式，和多个感应头组合在一体中的组合式。

3. 按工作电压分类

直流型，即工作电压为 5~30 V；交流型，即工作电压为 AC 220 V 或 AC 110 V。

4. 按输出信号分类

有正逻辑输出方式，即传感器感应到信号时，输出从 0 跳变成 1；负逻辑输出方式，即传感器感应到信号时，输出从 1 跳变成 0。

5. 按输出引线分类

四线制，有 2 根电源线和 2 根正或负逻辑输出的信号线；三线制，有 2 根电源线和 1 根正或负逻辑输出的信号线；二线制中 2 根电源线与信号线合二为一。

6. 按输出电信号性质分类

电流输出：输出 50~500 mA 的电流，能直接驱动执行器；电压输出：用以与各种数字电路相配合；触点输出：用微型继电器的触点输出；光耦输出：感应信号与输出信号隔离，用于计算机控制。

7. 按信号传送方式分类

有线传送：感应信号与后置处理电子线路直接相连；无线传送：用于运动中的物体测试，或不能靠近、不能连线的场合。

5.2.2　常用接近式传感器的基本特性

1. 电涡流式接近式传感器

如图 5-24 所示，电涡流式接近式传感器由高频振荡电路、检波电路、放大电路、整形电路及输出电路组成。敏感元件为检测线圈，它是振荡电路的一个组成部分。当金属物体接近通有交流信号的检测线圈时，就会产生涡流而吸收能量，使振荡电路的振荡减弱以至停振。振荡与停振这两种状态经检测电路转换为开关信号输出。

根据法拉第定律，当传感器线圈通以正弦交变电流 $\dot{I}_1$ 时，线圈周围会产生正弦交变磁场 $\dot{H}_1$ 使置于此磁场中的金属导体中出现感应电涡流 $\dot{I}_2$，$\dot{I}_2$ 又产生新的交变磁场 $\dot{H}_2$。根据楞次定律，$\dot{H}_2$ 的作用将来抵消原磁场 $\dot{H}_1$ 作用，导致传感器线圈的等效阻抗发生变化。

电涡流接近式传感器的传感元件是一匝线圈，俗称为电涡流探头。线圈用多股较细的绞扭漆包线（能提高线圈的品质因数 Q 值）绕制而成，置于探头的端部，外部用聚四氟乙烯等塑料密封。电涡流传感器的探头结构如图5-25所示。探头的直径越大，测量范围就越大，但分辨率就越差，灵敏度也降低，因此大直径电涡流探雷器只能用于定性测量。

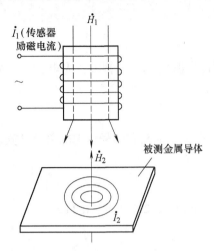

图5-24 电涡流接近式传感器工作原理框图

$\dot{I}_1$—传感器励磁电流

$\dot{H}_1$—传感器励磁电流在线圈产生的正弦交流磁场

$\dot{I}_2$—感应电涡流，$\dot{H}_2$为$\dot{I}_2$产生的交变磁场。

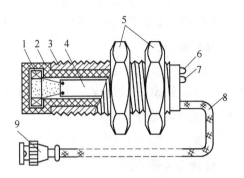

图5-25 电涡流接近式传感器探头结构图

1—电涡流线圈 2—探头壳体 3—壳体上的位置调节螺纹
4—印制电路板 5—支持螺母 6—电源指示灯 7—阈值指示灯
8—输出屏蔽电缆线 9—电缆插头

图5-26所示为常用LJ12A3-4Z/BX型金属接近式传感器，其工作电压为DC 6~36 V，工作电流为0.5~3 mA，最大负载能力为200 mA，检测距离为4 mm，最高频率可达到300 Hz，其信号可以直接驱动负载，也可以间接接至单片机或PLC处理。

电涡流接近式传感器可用于检测深度、间距、位移、表面温度、表面裂纹等参数。电涡流式接近传感器的优点为：体积小、重复定位精度高、外形结构多样、抗干扰性能好、输出形式多、开关频率高、使用寿命长，有些传感器还具有较宽的电压范围及短路保护等功能。但这种接近开关所能检测的物体必须是导电体。

如常用的电涡流位移传感器，其输出信号为模拟电压，当接通电源后，在其探头的感应工作面上将产生一个交变磁场。当金属物

图5-26 LJ12A3-4Z/BX型
金属接近式传感器

体接近此感应面时，金属物体表面将吸取电涡流探头中的高频振荡能量，使振荡器的输出幅度线性衰减，根据衰减量的变化，可计算出与被检物体的距离、振动等参数。该位移传感器属于非接触测量，工作时不受灰尘等非金属因素的影响，寿命较长，可在各种恶劣条件下使用。

2. 电容式接近传感器

电容式接近传感器的检测端通常是构成电容器的一个极板，而另一个极板是开关的外壳。如图5-27a所示，其外壳在测量过程中通常接地或与设备的机壳相连。当有物体移向接近开关时，不论其是否为导体，都会使电容的介电常数发生变化，从而使电容量发生变化，和测量头相连的电路状态也随之发生变化，由此便可控制开关的接通或断开。

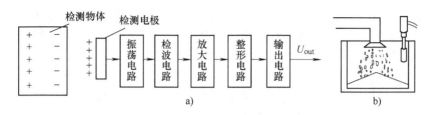

图5-27　电容式接近传感器的原理框图与测量应用

a) 电容式接近传感器检测系统组成框图　b) 电容式传感器测量物位应用示意图

　　电容式接近传感器检测的对象，不限于导体，也可以是绝缘的液体或粉状物等，可检测金属、木材、塑料的颗粒物和管子内液体等各种物体。图5-27b所示为测量料位高度应用示意图。电容式接近传感器常用反应频率为2 000 Hz，额定电压为10~30 V，额定电流为200 mA，检测距离为20 mm，可检测直径0.18 mm或更小的物体，具有频率高、灵敏准确、动作可靠、性能稳定、频率响应快、应用寿命长、抗干扰能力强等特点。

3. 霍尔式接近传感器

　　霍尔元件是一种磁敏元件。利用霍尔元件做成的接近开关就是霍尔开关（Hall Transducer）。当磁性物件移近霍尔式传感器时，霍尔开关产生霍尔效应从而使开关内部电路状态发生变化，由此可识别磁性物体的存在，进而控制开关的通或断。这种接近开关的检测对象必须是磁性物体。其广泛用于工位识别、停动识别、极限位置识别、运动方向识别、运动状态识别等工况。

　　图5-28所示为一款霍尔式接近传感器测量转速及位置示意图，其电源电压为5~30 V，工作距离为5~11 mm，定位精度达到0.02 mm，输出电平可小于0.4 V，响应频率高达100 kHz，有极性保护、浪涌保护和过热保护等多种保护，可以与可编程序控制器直接接口，抗干扰能力强、可靠性高、寿命长。

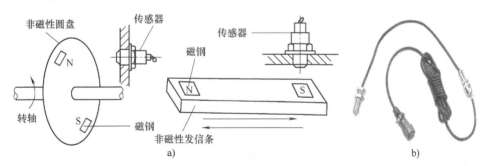

图5-28　霍尔式传感器测量转速及位置示意图

a) 霍尔开关测量转速及水平速度示意图　b) 霍尔式接近开关实物图

　　与电感式传感器相比，霍尔式接近传感器的优点还有电源电压范围宽、体积小、安装方便，能直接与晶体管及TTL、MOS等逻辑电路接口，能在金属部件中紧密安装，可穿过金属进行检测，检测距离随检测体磁场强弱的变化而变化。缺点是不适用于强烈振动的场合。

4. 光电式接近传感器

　　光电传感器是将被测量的变化转换为光量的变化，再通过光电元件把光量的变化转换为电信号的一种测量装置。

物质在光的照射下释放电子的现象称为光电效应，被释放的电子成为光电子，光电子在外电场中运动所形成的电流称为光电流。光电效应分外光电效应、光电导效应和光生伏特效应三种情况，光电导效应和光生伏特效应合称为内光电效应。

当光照射到金属或金属氧化物的光电材料上时，光子的能量传给光电材料表面上的电子，如果入射到表面的光能使电子获得足够的能量，电子会克服正离子对它的吸引力，脱离材料表面而进入外界空间，这种现象称为外光电效应。外光电效应是在光线作用下，电子逸出物体表面的现象。根据外光电效应做出的光电器件有光电管和光电倍增管。

当光照射在物体上，在光线作用下，电子吸收光子能量从键合状态过渡到自由状态，而引起材料电导率的变化，这种现象称为光电导效应。基于这种效应的光电器件有光敏电阻，又称为光导管，为纯电阻元件，其阻值随光照增强而减小。

在光线作用下能够使物体产生一定方向的电动势的现象称为光生伏特效应。基于该效应的光电器件有光电池和光电二极管、光电晶体管。

利用光电效应制作的接近开关称为光电式接近传感器，简称光电开关。它利用被检测物对光束的遮挡或反射导致光电开关输出电平的状态发生变化而判断有无被测物。其检测物体不仅限于金属，所有能反射光线的物体均可被检测。多数光电开关选用的是波长接近可见光的红外线光波型。

图5-29所示为几种不同的光电开关的工作原理图。

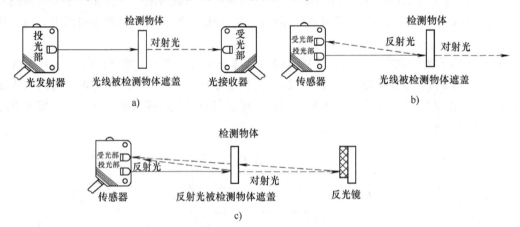

图5-29　不同光电开关的工作原理图
a）对射式光电开关　b）漫反射式（漫射式）光电开关　c）镜反射式光电开关

对射式光电开关（如图5-29a）包含在结构上相互分离且光轴相对放置的发射器和接收器，发射器发出的光线直接进入接收器。当被检测物体经过发射器和接收器之间且阻断光线时，光电开关产生开关信号。当检测物体不透明时，对射式光电开关是最可靠的检测模式。

漫反射式光电开关（如图5-29b）是一种集发射器和接收器于一体的传感器，当有被检测物体经过时，将足够量的光电开关发射器发射的光线反射到接收器，于是光电开关就产生了开关信号。当被检测物体的表面光亮或其反光率极高时，漫反射式光电开关是首选的检测模式。

镜反射式光电开关（如图5-29c）也是集发射器与接收器于一体，发射器发出的光线经过反射镜，反射回接收器，当被检测物体经过且完全阻断光线时，光电开关就产生检测开关信号。

另外，光电开关还有槽式光电开关和光纤式光电开关，如图 5-30 所示。槽式光电开关（如图 5-30a）通常是标准的 U 形结构，属对射式，比较安全可靠，适合检测高速变化的对象，能分辨透明与半透明物体。光纤式光电开关（如图 5-30b）采用塑料或玻璃光纤传感器来引导光线，以实现被检测物体在相近区域的检测。通常光纤式光电开关分为对射式和漫反射式。

图 5-31 所示为 4050 高性能紧凑标准的光电开关，其外壳尺寸为 40 mm×50 mm×15 mm，包括漫反射传感器、偏振和非偏振反射板式传感器、对射式传感器，还包括 3 个自学习颜色通道和 5 个可切换公差的颜色传感器。它具有一体化设计、背景光抑制、对直角和球面光纤的精确检测、带数显和 IO-LINK 的光纤放大、模拟量输出等多种功能。

图 5-30　两种光电开关
a）槽式光电开关　b）光纤式光电开关

图 5-31　4050 高性能紧凑
标准光电式接近传感器

5. 热释电红外传感器

热释电红外传感器是一种通过检测人或动物发射出的红外线而输出电信号的传感器，用能感知温度变化的元件做成的开关称为热释电式接近传感器。将热释电元器件安装在开关的检测面上，当有与环境温度不同的物体接近时，热释电元器件的输出便发生变化，由此便可检测出有无物体接近。热释电晶片广泛用于红外遥感以及热辐射探测器。热释电式接近传感器除了在楼道自动开关、防盗报警上得到应用外，在其他领域也有应用。例如在房间无人时能自动减小空调机功率的控制器；能根据是否有人观看或观众是否已经睡着实现自动关机的电视机智能监控器；能自动记录动物或人的活动的摄影机或数码照相机等。

热释电晶片表面必须罩上一块由一组平行棱柱型透镜所组成的菲涅尔透镜，每一透镜单元都只有一个不大的视场角，当人体在透镜的监视视野范围内运动时，顺次进入第一、第二单元透镜的视场，晶片上两个反向串联的热释电单元将输出一串交变脉冲信号。当然，如果人体静止不动地站在热释电元器件前面，它是"视而不见"的。图 5-32 所示是热释电红外传感器的工作原理示意图，图 5-33 所示是常见的热释电红外传感器。

热释电红外传感器的优点是其本身不发射任何类型的辐射，器件功耗很小，隐蔽性好，价格低廉。

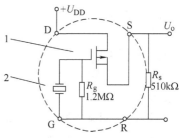

图 5-32　热释电红外传感器
工作原理示意图
1—场效应晶体管　2—热释电元件

图 5-34 所示为由热释电红外传感器构成的红外警戒系统工作原理示意图。当人进入警戒系统范围内时，传感器检测到人体红外线后，因热释电效应将向外释放电荷，后续电路经检测处理后就能产生控制信号。这种探头只对波长为 10 μm 左右的红外辐射敏感，除人体以外的其

他物体不会引发探头动作。

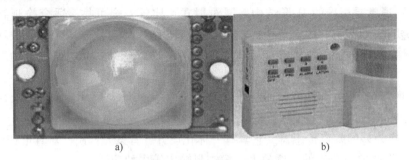

a)　　　　　　　　　　　　　　　b)

图5-33　常见的热释电红外传感器
a）热释电套件　b）热释电报警器

图5-34　红外警戒系统工作原理示意图

【应用案例】

案例1　电涡流式传感器测量注塑机开合模的间隙

图5-35所示为使用电涡流式传感器来测量注塑机开合模间隙的示意图，在注塑机的模板上安装涡流传感器探头，达到对注塑机开合模行程的测量及控制。其体积小巧，精度高，对环境条件要求低。

图5-35　电涡流式传感器测量注
塑机开合模间隙的示意图

案例2　涡流式接近传感器测量物位

图5-36所示为使用涡流式接近传感器来测量液位的示意图。在泵的上下限位点各安装一接近开关，即可控制液位保持在上下限位之间。

案例3　光电开关的应用——超市商品条形码扫描仪

现代商品上都带有一个条形码，该条形码存储了商品的信息，在超市中，收银员只需用扫描仪逐一扫描商品的条形码就可以出现该商品的价格，图5-37所示是扫描仪识别条形码的工作原理示意图，图5-37a是扫描笔的结构，包括一个发光二极管和一个光电晶体管，二极管发出的光经条形码反射后被晶体管接收，来区分有无条纹。如图5-37b所示，光电扫描仪对

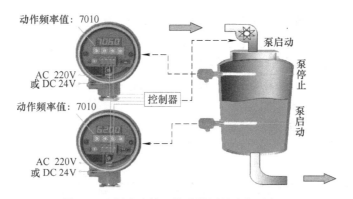

图 5-36　涡流式接近传感器测量液位示意图

条形码发出一组光线，并将条形码反射得到的信息转换为脉冲信息。

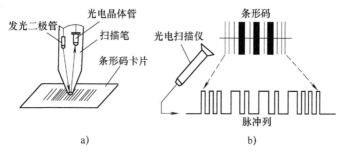

图 5-37　条形码识别的工作原理示意图

案例 4　对射式光电开关应用

图 5-38a 所示是自动启停扶梯的示意图。扶梯入口安装一个对射式光电开关，当有人走到扶梯口要上扶梯时，挡住了光电开关发光部分所发出的光，使得受光部分无法接收到光信号，由此控制扶梯启动，延时一段时间后，扶梯自动停止。如果多人连续走上扶梯时，第一人的信号启动扶梯，定时器开始定时，但之后每一个人的信号都对定时器清零，故定时时间以最后一人为准。

图 5-38b 中，把光电开关的发光部分和受光部分分别安装在门窗的两侧，当小偷经过门窗时，阻断光线，发出报警信号。

图 5-38c 中，上方的光电开关用来检测高工件，下方的光电开关用来检测矮工件，如果上方和下方的光电开关都检测不到光信号，说明经过了一个高工件；如果上方检测到光信号而下方检测不到光信号，说明经过了一个矮工件。

图 5-38d 用来剔除没有瓶盖的瓶子，光电开关对准瓶盖，如果光电开关检测出某个瓶子没有瓶盖，则控制气缸动作把该瓶子推到废品箱。

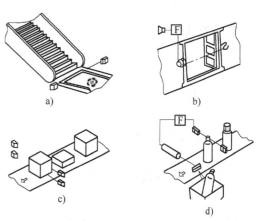

图 5-38　对射式光电开关的应用
a) 自动启停扶梯　b) 门窗防盗控制
c) 工件高度鉴别　d) 缺件剔除

光电检测方法具有精度高、反应快、非接触等优点，光电传感器结构简单，使用方便，形式灵活多样，体积小。近年来，光电系列传感器的品种及产量日益增加，广泛应用在各种工业自动化生产中的产量统计、位置检测、料位控制及纺织机械行业烟草切丝机的自动生产线中，如光电式带材跑偏检测器、包装填充物高度检测、光电色质检测、彩塑包装制袋塑料薄膜位置控制等。

如图5-39所示为光幕式接近传感器，用于制造车间以及安防场所的安全保护和位置检测等。

案例5　光电开关在生产线上物位测量的应用

光电开关广泛应用于工业控制、自动化生产线及安全装置中。如对流水线上的产品进行计数，如图5-40a所示；对装配件是否到位及装配质量进行检验，例如灌装时酒瓶盖是否压上，商标是否漏贴等，如图5-40b所示。

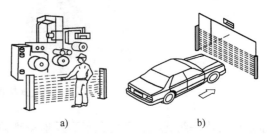

图5-39　光幕式传感器的应用

a）机床防侵入检测　b）车库门车辆通过检测

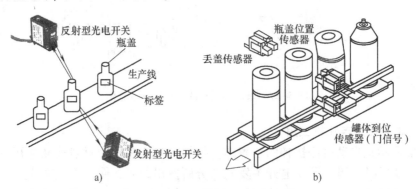

图5-40　光电开关在生产线上的应用

a）产品计数　b）检测瓶盖是否压上

光电开关具有检测距离长、对检测物体的限制小、响应速度快、分辨率高、便于调整等优点。但在光电开关的安装过程中，必须保证传感器到被检测物的距离在"检出距离"范围内，同时考虑被检测物的形状、大小、表面粗糙度及移动速度等因素，在传感器布线过程中注意电磁干扰，不要在水中、降雨时机室外使用。光电开关安装在以下几个场所时，会引起误动作和故障，要避免使用。

（1）尘埃多的场所。

（2）阳光直接照射的场所。

（3）产生腐蚀性气体的场所。

（4）接触到有机溶剂的场所。

（5）有振动或冲击的场所。

（6）直接接触到水、油、药品的场所。

（7）湿度高，可能会结露的场所。

案例6　热释电红外传感器在智能空调中的应用

图5-41所示为热释电红外传感器在智能空调中的应用。智能空调能检测出屋内是否有人，微处理器据此自动调节空调的出风量，以达到节能的目的。空调中，热释电红外传感器的菲涅尔透镜做成球形，从而能感受到屋内一定空间角范围内是否有人，以及人是静止还是走动着。

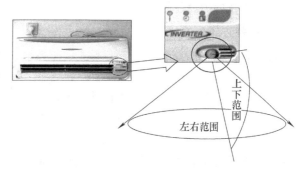

图5-41　热释电红外传感器在智能空调中的应用示意图

【技能提升】

5.2.3　选用接近式传感器的要求与原则

在接近式传感器的选用和安装中，必须认真考虑检测距离与设定距离之间的位置关系，才能保证接近式传感器可靠工作，如图5-42所示。

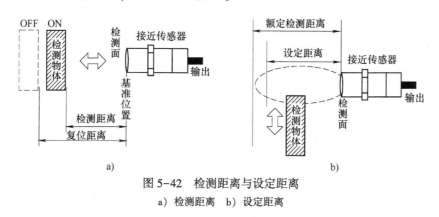

图5-42　检测距离与设定距离

a）检测距离　b）设定距离

1. 动作距离

动作距离是指检测物体按一定方式移动时，从基准位置到传感器动作时测得的基准位置到检测面的空间距离。额定动作距离是指接近式传感器动作距离的标称值。

2. 设定距离

设定距离是指接近式传感器在实际工作中的额定距离，一般为额定动作距离的0.8倍。被测物与接近式传感器之间的安装距离一般等于额定动作距离，以保证工作可靠。安装后还须通过调试，再紧固。

3. 复位距离

复位距离是指接近式传感器动作后，又再次复位时与被测物的距离，它略大于动作距离。

4. 检测距离

检测距离是指接近式传感器的检测面与能检测到物体之间的距离，如图5-44所示。

5. 回差值

回差值是指动作距离与复位距离之间的绝对值。回差值越大，对外界的干扰以及被测物的抖动等抗干扰能力就越强。

6. 安装方式

接近式传感器的安装方式有齐平式和非齐平式两种，如图5-43所示。

齐平式（又称为埋入式）的接近式传感器安装时表面可与被安装的金属物件形成同一表面，这样不易被碰坏，但灵敏度较低；非齐平式（又称为非埋入式）的接近式传感器安装时则要把感应头露出一定高度，否则将降低灵敏度。

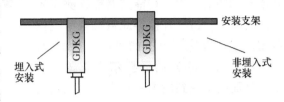

图5-43　齐平式（埋入式）安装和非齐平式（非埋入式）安装

7. 响应频率

响应频率是指接近开关1 s内动作循环的最大次数，重复频率大于该值时，接近开关无反应。

8. 输出形式

输出形式分为NPN二线、NPN三线、NPN四线、PNP二线、PNP三线、PNP四线、DC二线、AC二线、AC五线（自带继电器）等几种。

对于不同材质的检测体和不同的检测距离，应选用不同类型的接近式传感器，以使其在系统中具有较高的性价比。接近式传感器在选型中应遵循以下原则：

（1）在一般的工业生产场所，通常都选用涡流式接近式传感器和电容式接近式传感器。因为这两种接近式传感器对环境条件的要求较低。当被测对象是导电物体或是可以固定在一块金属物上的物体时，一般选用涡流式接近式传感器，因为其响应频率高、抗环境干扰性能好、应用范围广、价格较低。

（2）若所测对象是非金属（如木材、纸张、玻璃等）、液位高度、粉状物高度、塑料、烟草等，则应选用电容式接近式传感器。这种开关响应频率低，但稳定性好。

（3）若被测物为导磁材料，当检测灵敏度要求不高时，可选用价格低廉的磁性接近式传感器或霍尔式接近式传感器。

（4）在环境条件比较好、无粉尘污染的场合，可采用光电开关。光电开关工作时对被测对象几乎无任何影响。因此，光电开关广泛使用在传真机及烟草机械上。

（5）在防盗系统中，自动门通常使用热释电接近式传感器、超声波接近式传感器、微波接近式传感器。有时为了提高识别的可靠性，往往复合使用上述几种接近式传感器。

无论选用哪种接近式传感器，都要注意所用传感器要符合工作电压、负载电流、响应频率、检测距离等各项指标的要求。以下为选用接近式传感器时应考虑的主要因素：

（1）使用要求。

（2）动作距离。

（3）输出信号要求。

（4）工作电源。

（5）信号感应面的位置。

（6）工作环境。

（7）价格。

对于接近式传感器的合理选用，必须从以上几个方面综合权衡，选择最佳组合。

5.2.4 接近式传感器的接线

一般接近式传感器有两线、三线之分，三线制的有 PNP、NPN 两种接法，分别对应相应的 PLC 输入点，比如源型和漏型的输入点。接线时可以根据线的颜色进行区分，棕色或者红色接电源正极，蓝色接电源负极，黑色接输入信号。

NPN 接通时是低电平输出，即接通时黑色线输出低电平（通常为 0 V）。图 5-44a 所示为 NPN 型接近传感器接线原理图，中间电阻代表负载，此负载可以是金属感应物、继电器或 PLC 等，中间三个圆圈代表传感器引出的三根线，其中棕线接正，蓝线接负，黑线为信号线。图中为常开开关，当传感器动作为关闭时黑色和蓝色两线接通，如图 5-44b 所示，这时黑线输出电压与蓝线输出电压相同，自然就是负极电压（通常为 0 V）。

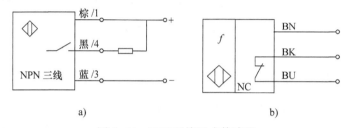

图 5-44 NPN 型接近式传感器
a）接线原理图 b）NPN 接近式传感器动作时的工作状态

PNP 接通时为高电平输出，即接通时黑线输出高电平（通常为 24 V）。图 5-45 所示为 PNP 型三线接近式传感器接线原理图，电阻代表负载，当传感器工作时，图 5-45a 中常开开关闭合，即黑线和棕线接通，如图 5-45b 所示，此时棕线与黑线相当于一条线，电压自然就是正极电压（通常为 24 V）。

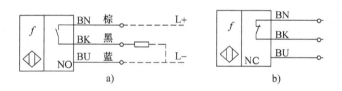

图 5-45 PNP 型接近式传感器
a）接线原理图 b）PNP 接近式传感器动作时的工作状态

需要注意的是，接到 PLC 数字量输入模块的三线制接近式传感器的型式选择端。PLC 数字量输入模块一般可分为两类：一类的公共输入端为电源 0 V，电流从输入模块流出（日本模式），此时一定要选用 NPN 型接近式传感器；另一类的公共输入端为电源正端，电流流入输入模块，即阱式输入（欧洲模式），此时，一定要选用 PNP 型接近式传感器。

两线制接近式传感器受工作条件的限制，导通时开关本身产生一定压降，截止时又有一定的剩余电流流过，因此选用时应予以考虑。三线制接近式传感器虽然多了一根线，但不受剩余电流等不利因素的困扰，工作更为可靠。

有的厂商将接近开关的"常开"和"常闭"信号同时引出，或增加其他功能，此种情况，需按具体产品说明书接线。常见的接近式传感器接线方式如图 5-46 所示。

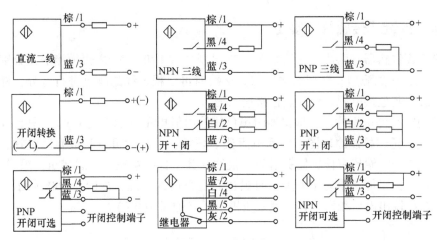

图 5-46 常见的接近式传感器接线图

5.2.5 接近式传感器的装调与维护

接近式传感器在使用和安装时要注意以下事项:

(1) 螺旋式接近式传感器安装时不可采用过大力矩紧固,紧固时务必采用齿垫圈;无螺旋的柱型接近式传感器的安装若采用调节螺钉时,紧固力矩不要超过 20~40 N·cm。

(2) 在金属件上安装接近式传感器时,要防止非检测物体的干扰,要预留一定空间以避免开关误动作。

(3) 在安装电容式接近式传感器时应注意:①检测区不应有金属物体,传感器与周围物体金属距离应大于 80 mm;②远离高频电场。

(4) 防止传感器之间的相互干扰。当开关对置或并列安装时,要保留合适间距,以免相互干扰而产生误动作。

(5) 大部分接近式传感器的动作距离(灵敏度)都可通过微调电位器调节。一般顺时针动作距离增大(灵敏度减低),逆时针反之。切忌在动作距离最大临界状态下使用。

(6) 安装接近式传感器时,要将离开关 10 cm 左右的引线位置用线夹固定,防止开关引线受外力作用而损坏。

(7) 直流接近式传感器应使用绝缘变压器,并确保稳压电源纹波;如有电力线、动力线通过传感器引线周围时,要防止开关损坏或误动作,应将金属管套在开关引线上并接地。

(8) 接近式传感器的使用距离要设定在额定距离以内,以免受温度和电压影响。

要使接近式传感器能长期、稳定地工作,还要经常进行以下检查:

(1) 检查被测物体及接近式传感器的安装位置有无偏移、松动和变形。

(2) 检查传感器的配线及连接部位有无松动、接触不良和断线。

(3) 检查传感器有无黏附金属粉末等沉积物和油污。

(4) 检查使用场所的温、湿度及环境条件有无异常。

(5) 检查传感器检测距离有无异常等。

如果在定期检查中发现问题,要及时处理,适当维修,保证传感器正常工作。

【巩固与拓展】

自测：

（1）简述常用的开关型位置检测传感器有哪些类型及其主要的应用场合。

（2）电容式、电感式和霍尔式接近式传感器的主要应用有哪些区别？

（3）简述光电式开关的主要类型及工作过程。

（4）你还能举出哪些物位测量传感器的例子？

拓展：

图 5-47 所示为由电感式金属传感器、光电开关、光纤传感器、磁性传感器组成的自动化生产线实训设备中的物料分拣系统单元。请对照实训系统，简述这几种传感器的作用。查阅资料了解光纤传感器与光电传感器的区别，并总结它是如何区分检测黑色和白色物件的。

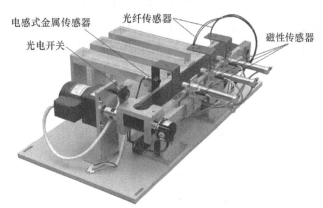

图 5-47　物料分拣系统单元结构图

任务 5.3　技能实训——安全防范系统中的热释电红外传感器

【任务描述】

当前，家中或公共场所的安全以及防护问题十分突出，人们的自我防范意识及安防措施已日益加强。但是目前市场上大部分安全防范系统仍存在结构复杂、造价昂贵，不易被一般用户接受的弊端。试结合本项目中物位检测的知识，查阅资料，设计一种操作简便、工作性能好、价格低廉的便携式红外探头报警器。

要求该报警器能在白天和晚上正常工作，可广泛用于家庭防护、误入危险区域警示、商店营业部来客告知等场合。当有人进入监视区域内时，扬声器能及时报警告知。

【任务分析】

人体都有恒定的体温，一般为 37 ℃左右，这时会发出特定波长为 10 μm 左右的红外线。被动式红外探头就是靠探测人体发射的这种 10 μm 左右的红外线而进行工作的。当红外线通过菲涅尔滤光片增强后就会聚集到红外感应源上，而红外感应源通常采用热释电元器件，这种元器件在接收到人体红外辐射温度发生的变化时就会失去电荷平衡，向外释放电荷，后续电路经检测处理后就能产生报警信号。这就是被动式热释电红外探测器的检测原理，其优点是本身不发射任何类型的辐射，元器件功耗很小，隐蔽性好，价格低廉。

在电子防盗、人体探测器领域中，被动式热释电红外探测器的应用非常广泛，因其价格低廉、技术性能稳定而受到广大用户和专业人士的欢迎。考虑到本任务的使用条件及功能要求，查阅资料后，决定设计采用由热释电式红外探头 IC_1、语音集成电路 IC_2、小型扬声器、晶体管等组成的热释电红外探头报警器。该报警器体积小、无须外部接线、使用方便、性价比高。

【任务实施】

5.3.1 报警器电路图设计及原理

热释电红外探头报警器的电路图如图5-48所示。当有人进入监视区域时，被动式红外探测器件 IC_1 的 MP01 型热释电式红外探测头可以对前方 5 m 范围内的人体活动产生非接触的感测，从而触发电路的 OUT 脚，输出与运动人体频率基本同步的正脉冲信号。该信号直接加到 IC_2 的触发端 TG 脚，使 IC_2 内部电路受触发工作，由其 OUT 脚输出存储的"滴滴，请注意!"电信号，经晶体管 VT 功率放大后，推动扬声器 B 发出响亮的报警声。电路中，R 为 IC_2 外界时钟振荡电阻器，其阻值大小影响语音的速度和音调。

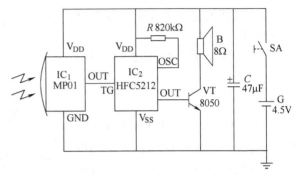

图 5-48　热释电红外探头报警器的电路图

C 为滤波电容器，主要用来降低电池 G 的交流内电阻，使 B 发声更加纯正响亮。试选用合适器件进行电路制作与安装调试。

5.3.2 元器件选型

IC_1 选用 MP01 型热释电式红外探测头，它将菲涅尔透镜、热释电传感器、单片数模混合集成电路组合在一起，构成了一个坚固、小巧、易安装的"一体化"器件。MP01 采用 TO5 封装，典型尺寸 ϕ 为 11~14.5 mm。它共有三个引脚，即电源正极端 V_{DD}、信号输出端 OUT 和公共接地端 GND。由于 MP01 是靠感应热释红外线工作的，所以在夜间也能很容易地检测到运动的人体。

IC_2 选用 HFC5212 型"滴滴，请注意!"语音集成电路。VT 选用 8050 型硅 NPN 中功率晶体管，要求电流放大系数 $\beta>100$。R 选用 RTX-1/8 W 碳膜电阻器。C 选用 CD11-10 V 型电解电容器。B 选用 YD58-1 型小口径 8 Ω、0.25 W 动圈式扬声器。SA 选用 1×1 小型拨动开关。G 选用三节 5 号干电池串联（须配塑料电池架）而成，电压为 4.5 V。

5.3.3 参考电路板制作与调试

IC_2 芯片可通过 5 根 7 mm 长的铜丝直接插焊在电路板对应数标孔内。焊接时应注意：电烙铁外壳一定要良好接地，以免交流感应电压击穿 IC_1、IC_2 内部 COMS 集成电路。焊接好的电路全部装入合适的塑料小盒内。盒面板开孔以伸出 IC_1 探测镜头和 B 的放音孔。盒侧面开孔以固定 SA。

制成的热释电红外探头报警器，一般无须任何调试便可投入使用。如果 IC_2 语音声的音调或速率不理想，可通过更改 IC_2 外接振荡电阻 R 的阻值（620 kΩ~1.2 MΩ）来加以调整。R 阻值大，语音声速慢且低沉；反之，则语音声速快且音高。

实际使用时，热释电红外探头报警器可放在任何需要对人体进行监视的地方（或固定在墙上），将 IC_1 探头正对着来人方向即可。该报警器的有效监视范围是一个半径 5 m，圆心角达 100°的扇形区域。由于本装置实测静态总电流小于 0.2 mA，故十分省电，每换一次新干电池，一般可连续使用数个月。

【项目小结】

物位测量包括介质的液位、料位和界面的测量，在工业自动化、过程控制和机器人等领域应用广泛，可以使用接触式和非接触式传感器进行测量。

电容式物位计利用不同物料位置的变化引起电容式传感器的电容量变化来测量物位。

接近式传感器种类很多，有电容式、超声波式、电感式、霍尔式、光纤式、光电式、光幕式等。

选择不同物位传感器时，要依据被测物导电导磁与否、是否为非金属、有无粉尘污染、量程范围大小、测量精度高低等综合考虑。

表 5-1 列举了常用物位测量用传感器的性能比较情况。

表 5-1　常用物位测量用传感器的性能

类型	测量范围/m	被测介质	精度/%F.S	工作温度/℃	特　点
浮力式	0~50	液体	±1	<200	安装方便，性能可靠，可连续测量，耐高温、高压，液面湍流泡沫对浮体或平衡浮子无大影响，结垢和沉积物对其性能有影响，对干或黏稠介质不适用，需经常保养和维修
电阻式	0~3	液体、固体、黏滞介质	±1.5mm	40~360（探头）	结构及电路简单，可进行远传、控制和报警，适用于导电液体及没有防爆要求的液体测量，电极表面接触状况的改变会引起测量误差
电容式	30	液体、固体、黏滞介质	0.5~2.5	230~540（探头）	结构简单，使用方便，既可测定散装物料，又能测定液体和相关界面，动态响应快，易受环境条件的影响，不适于高精度的导电液体
超声波式	液体为50料位为30	液体、固体、黏滞介质	±1	−20~100	非接触测量，对界面声阻抗不高的液体、粉末、块状体和物位都可测量，寿命长，不受环境影响，使用温度受限，不适于测量有气泡或悬浮物的液体，电路复杂
核辐射式	15	液体	±1~5	−10~100	非接触测量，可对高温高压容器内的介质，高温液态金属、剧毒、腐蚀、易爆和黏滞性强的介质的物位进行测量，因放射线对人体有害，所测介质不能是放射性物质
光电式	0~30	液体	±2mm	−40~80	普通光电式光束扩散角较大，单色性差，易受其他光干扰；激光式精度高，不易受外来光线的干扰

项目 6　环境量的检测

【项目引入】

环境量传感器是将环境量的物质特性（如温湿度、气体和离子等）的变化定性或者定量地转变为电信号的装置，包括温度传感器、湿度传感器、气体传感器、离子敏传感器等。由于环境量的物质种类很多，因此环境量传感器的种类和数量也很多，各种器件的转换原理也各不相同，而且由于转换机理相对复杂等，这类传感器的开发和应用远不及物理量传感器那样成熟和普及。但随着科学技术的发展，环境量传感器在现代化工农业生产和日常生活中的地位越来越重要，人们对其需求日益增多，尤其是各种先进智能化环境量传感器的发展空间非常大。项目 1 中已经介绍温度传感器，故本章重点介绍气敏传感器和湿度传感器的应用。

任务 6.1　气敏传感器对常见气体的检测

【任务背景】

在日常生产和生活中，经常接触到的各种各样的气体直接关系到人们的生命和财产安全，对有害气体或可燃性气体进行有效的检测和控制尤为重要。例如，化工生产中气体成分的检测与控制，煤矿瓦斯浓度的检测与报警，环境污染情况的监测，煤气泄漏、火灾报警、醉酒驾驶的检测与控制等。

气敏传感器又称为"电子鼻"，它能够感知被测环境中某种气体及其浓度，将气体的种类及其浓度有关的信息转换为电信号，根据这些电信号的强弱便可获得各种有害气体或可燃性气体在环境中存在的情况，进而报警或控制。因此，气敏传感器在环境保护、消防、化工、安全生产、日常生活等方面得到了广泛的应用。

本任务通过介绍气敏传感器的工作原理、分类、气敏元件特性、应用及典型案例，让学生掌握常用工农业生产、日常生活中气敏传感器的选择及使用。

【相关知识】

6.1.1　气敏传感器概述

气敏传感器是用来测量气体的类别、浓度和成分的传感器。由于气体种类繁多，性质各不相同，不可能用一种传感器检测所有类别的气体，因此，能实现气-电转换的传感器种类很多。根据工作原理可分为半导体式、接触燃烧式、固体电解质式、电化学式和其他类型。目前实际使用最多的是半导体气敏传感器。

半导体气敏传感器按照半导体与气体的相互作用是在其表面，还是在内部，可分为表面控制型和体控制型；按照半导体变化的物理性质，又可分为电阻型和非电阻型。半导体气敏元件的详细分类见表 6-1。电阻型半导体气敏元件是利用半导体接触气体时，其阻值的改变来检测气体的成分或浓度；而非电阻型半导体气敏元件根据其对气体的吸附和反应，使其某些相关特性发生变化而对气体进行直接或间接检测。

表 6-1 半导体气敏元件的分类

类　　型	主要物理特性	类　　型	气 敏 元 件	检 测 气 体
电阻型	电阻	表面控制型	SnO_2、ZnO 等（烧结体、薄膜、厚膜）	可燃性气体
		体控制型	$La1-xSrCoO_3$ $T-Fe_2O_3$、氧化钛（烧结体） 氧化镁，SnO_2	酒精可燃性气体、氧气
非电阻型	二极管整流特性	表面控制型	铂-硫化镉、铂-氧化钛 （金属-半导体结型二极管）	氢气 一氧化碳 酒精
	晶体管特性		铂栅、钯栅 MOS 场效应管	氢气、硫化氢

自从 20 世纪 60 年代研制成功 SnO_2（氧化锡）半导体气敏元件后，气敏元件进入了实用阶段。SnO_2 敏感材料是目前应用最多的一种气敏材料，它已广泛应用于工矿企业、民用住宅、宾馆饭店等内部对可燃和有害气体的检测。

6.1.2 电阻型半导体气敏材料的导电机理

电阻型半导体气敏传感器是利用气体在半导体表面的氧化还原反应导致敏感元件阻值发生变化而制成的。当半导体器件被加热到稳定状态，在气体接触半导体表面而被吸附时，被吸附的气体分子首先在表面自由扩散，失去运动能量，一部分分子蒸发掉，另一部分残留分子产生热分解而形成化学吸附。当半导体的功函数小于吸附分子的亲和力（气体的吸附和渗透特性）时，吸附分子将从半导体夺得电子而变成负离子吸附，半导体表面呈现电荷层。例如氧气等具有负离子吸附倾向的气体称为氧化型气体或电子接收性气体。如果半导体的功函数大于吸附分子的离解能，则吸附分子将向半导体释放出电子，从而形成正离子吸附。具有正离子吸附倾向的气体有 H_2、CO、碳氢化合物和醇类，它们称为还原型气体或电子供给性气体。

当 N 型半导体材料遇到离解能较小且易于失去电子的还原性气体（即可燃性气体，如一氧化碳、氢、甲烷、有机溶剂等）后发生还原反应，电子从气体分子向半导体移动，半导体中载流子浓度增加，导电性能增强，电阻减少。当 P 型半导体材料遇到氧化性气体（如三氧化硫等）后就会发生氧化反应，半导体中载流子浓度减少，导电性能减弱，因而电阻增大。对混合型材料，无论吸附氧化性气体还是还原性气体，都将使载流子浓度减少，电阻增大。

图 6-1 所示为气体接触 N 型半导体时所产生的器件阻值的变化情况。由于空气中的含氧量大体上是恒定的，因此氧化的吸附量也是恒定的，器件阻值也相对固定。若气体浓度发生变化，其阻值也将变化。

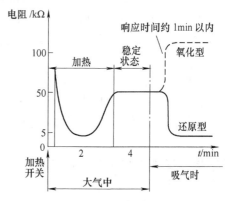

图 6-1 N 型半导体吸附气体时器件阻值变化图

根据这一特性，可以从阻值的变化得知吸附气体的种类和浓度。半导体气敏时间（响应时间）一般不超过1 min。N型材料有SnO_2、ZnO、TiO等，P型材料有MoO_2、CrO_3等。

6.1.3 电阻型半导体气敏传感器的结构

气敏传感器通常由气敏元件、加热器和封装体三部分组成。气敏元件按制造工艺不同可分为烧结型、薄膜型和厚膜型三类。它们的典型结构如图6-2所示。

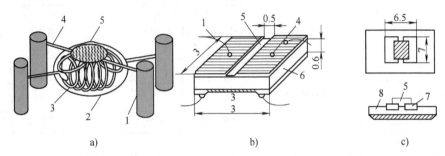

图6-2 半导体传感器的元件结构

a）烧结型气敏元件 b）薄膜型气敏元件 c）厚膜型气敏元件

1—引线 2—玻璃 3—加热器 4—电极 5—半导体 6—绝缘基片 7—Pt电极 8—氧化铝基片

图6-2a所示为烧结型气敏元件。这类元件以SnO_2半导体材料为基体，将铂电极和加热丝埋入SnO_2材料中，用加热、加压、温度为700℃~900℃的制陶工艺烧结成形，因此，称为半导体导瓷，简称半导瓷。半导瓷内的晶粒直径为1 μm左右，晶粒的大小对电阻有一定影响，但对气体检测灵敏度则无很大的影响。烧结型气敏元件制作方法简单，元件寿命长；但由于烧结不充分，元件机械强度不高，电极材料较贵重，电性能一致性较差，应用受到一定的限制。

图6-2b所示为薄膜型气敏元件。它采用蒸发或溅射工艺，在石英基片上形成氧化物半导体薄膜（其厚度约在100 nm以下）。其制作方法也很简单。实验证明，SnO_2半导体薄膜的气敏特性最好；但这种半导体薄膜为物理性附着，元件间性能差异较大。

图6-2c所示为厚膜型气敏元件。这种元件是将SnO_2或ZnO等材料与3%~15%（质量百分比）的硅凝胶混合制成能印刷的厚膜胶，把厚膜胶用丝网印刷到装有铂电极的氧化铝（Al_2O_3）或氧化硅（SiO_2）等绝缘基片上，再经400℃~800℃温度烧结1 h制成。由于这种工艺制成的元件离散度小、机械强度高，适合大批量生产，所以是一种很有前途的元件。

加热器的作用是将附着在敏感元件表面上的尘埃、油雾等烧掉，加速气体的吸附，提高其灵敏度和响应速度。加热器的温度一般控制在200℃~400℃范围内。

加热方式一般有直热式和旁热式两种，因而有直热式和旁热式气敏元件。直热式气敏元件是将加热丝直接埋入SnO_2、ZnO粉末中烧结而成，因此，直热式常用于烧结型气敏结构。直热式结构如图6-3a、b所示。旁热式气敏元件是将加热丝和敏感元件同置于一个陶瓷管内，管外涂梳状金电极作为测量极，在金电极外再涂上SnO_2等材料，其结构如图6-3c、d所示。

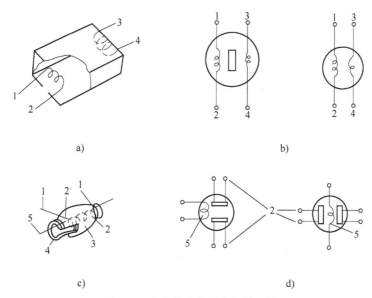

图 6-3　直热式和旁热式气敏元件

a) 直热式结构　b) 直热式结构符号　c) 旁热式结构　d) 旁热式结构符号
1—引线　2—电极　3—SnO$_2$ 烧结体　4—绝缘瓷管　5—加热丝

6.1.4　气敏元件的基本特性

1. SnO$_2$ 系

烧结型、薄膜型和厚膜型 SnO$_2$ 气敏元件对气体的灵敏度特性如图 6-4 所示。气敏元件的阻值 R_c 与空气中被测气体的浓度 C 成对数关系变化。

在气敏材料 SnO$_2$ 中添加铂（Pt）或钯（Pd）等作为催化剂，可以提高其灵敏度和对气体的选择性。添加剂的成分和含量、元件的烧结温度和工作温度都将影响元件的选择性。

例如，在同一工作温度下，含 1.5%（重量百分比）Pd 的元件对 CO 最灵敏；而含 0.2%（重量百分比）Pd 时，对 CH$_4$ 最灵敏。又如同一 Pt 含量的气敏元件，在 200℃ 以下，检测 CO 最好；在 300℃ 时，适于检测丙烷；在 400℃ 以上则检测甲烷最佳。经实

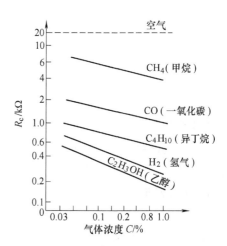

图 6-4　SnO$_2$ 气敏元件灵敏度特性

验证明，在 SnO$_2$ 中添加 ThO$_2$（氧化钍）的气敏元件，不仅对 CO 的灵敏程度远高于对其他气体的灵敏度，而且其灵敏度会随时间产生周期性的振荡；同时，该气敏元件在不同浓度的 CO 气体中，其振荡波形也不一样，如图 6-5 所示，可以利用这一现象对 CO 浓度做精确的定量检测。

SnO$_2$ 气敏元件易受环境温度和湿度的影响，图 6-6 所示为 SnO$_2$ 气敏元件受环境温度、湿度影响的综合特性曲线。由于环境温度、湿度对其特性有影响，所以使用时通常需要加温度补偿。

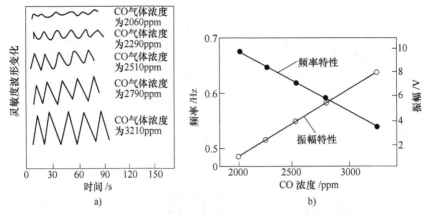

图 6-5　添加 ThO_2 的 SnO_2 气敏元件在不同浓度 CO 气体中的特性

（工作温度为 200℃，添加 1%（重量）的 ThO_2）

a）振荡波形、灵敏度特性　b）幅频特性

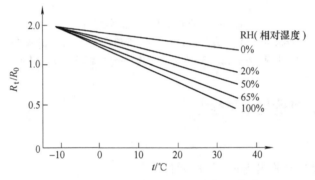

图 6-6　SnO_2 气敏电阻温湿度特性曲线

$\dfrac{R_t}{R_0}$—电阻值变化率，即气敏电阻随温度变化时阻值与标称电阻值的比。

2. ZnO 系

ZnO（氧化锌）系气敏元件对还原性气体有较高的灵敏度。它的工作温度比 SnO_2 系气敏

元件约高 100℃，因此不及 SnO_2 系元件应用普遍。同理，要提高 ZnO 系元件对气体的选择性，也需要添加 Pt 和 Pd 等添加剂。例如，在 ZnO 中添加 Pd，则对 H_2 和 CO 呈现出较高的灵敏度，而对丁烷（C_4H_{10}）、丙烷（C_3H_8）、乙烷（C_2H_6）等烷烃类气体则灵敏度很低，如图 6-7a 所示。如果在 ZnO 中添加 Pt，则对烷烃类气体有很高的灵敏度，而且含碳量越高，灵敏度越高，而对 H_2、CO 等气体则灵敏度很低，如图 6-7b 所示。

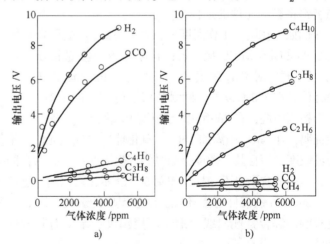

图 6-7　ZnO 系气敏元件的灵敏度特性

a）添加 Pd 后灵敏度特性　b）添加 Pt 后灵敏度特性

【应用案例】

案例1 自动排风扇控制器

当厨房由于油烟污染或由于液化石油气泄漏（或其他燃气）达到一定浓度时，它能自动开启排风扇，净化空气，防止事故。

如图6-8所示为自动排风扇控制器电路图。该电路采用QM-N10型气敏传感器，它对天然气、煤气、液化石油气有较高的灵敏度，同时对油烟也有较高的敏感。传感器的加热电压直接由变压器二次电压（6 V）经R_{12}降压后提供；工作电压由全波整流后，经C_1滤波及R_1、VD_5稳压后提供。传感器负载电阻由R_2及R_3组成（更换R_3阻值的大小，可调节控制信号与待测气体浓度的关系）。R_4、VD_6、C_2及IC_1组成开机延时电路，调整使其延时为60 s左右（防止初始稳定状态误动作）。

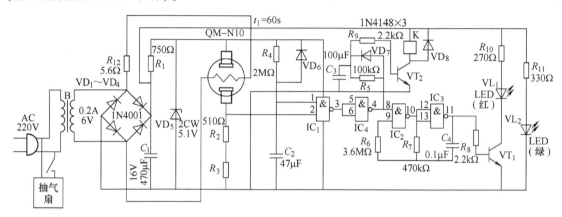

图6-8 自动排风扇控制器电路图

当到达报警浓度时，IC_1的2端为高电平，使IC_4输出高电平，此信号使VT_2导通，继电器吸合（启动排气扇）；组成排气扇延时停电电路，使IC_4出现低电平后10 s才使继电器线圈K释放。另外，IC_4输出高电平使IC_2、IC_3组成的压控振荡器起振，其输出使VT_1的导通或截止交替出现，则LED（红色）产生闪光报警信号，LED（绿色）为工作指示灯。

案例2 简易酒精测试器

图6-9、图6-10所示分别为TGS813型酒精传感器和简易酒精测试器电路图。电路中采用

图6-9 TGS813型酒精传感器

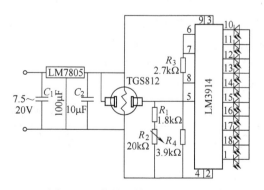

图6-10 简易酒精测试器电路图

的 TGS812 型酒精传感器对酒精有较高的灵敏度（对 CO 也敏感）。其加热及工作电压都是 5 V，加热电流约为 125 mA。传感器的负载电阻为 R_1 及 R_2，其输出直接连接 LED 显示驱动器 LM3914。当无酒精蒸汽时，其输出电压很低，随着酒精蒸汽浓度的增加，输出电压上升，则 LM3914 驱动器点亮 LED（共 10 个）的数目也增加。

该测试器工作时，被测试者只要向传感器呼一口气，根据点亮 LED 的数目便可知其是否饮酒，并可大致了解饮酒量为多少。调试方法是让在 24 h 内不饮酒的人呼气，仅使 1 个 LED 被点亮，然后将输出电压稍调小一点即可。若更换其他型号的传感器，则参数要调整。

案例 3 便携式矿井瓦斯超限报警器

矿井瓦斯超限报警器的工作原理如图 6-11 所示。气敏传感器 QM-N5 为对瓦斯的敏感元件。闭合开关 S，大小为 4 V 的电源通过 R_1 对气敏元件 QM-N5 预热。当矿井无瓦斯或瓦斯浓度很低时，气敏元件 A 与 B 间的等效电阻很大，经与电位器 RP 分压，晶闸管 VT 的动触点电压低于 0.7 V，不能触发晶闸管 VT。因此，由 LC179 和 R_2 组成的警笛振荡器无供电，扬声器不发声。如果瓦斯浓度超过安全标准，气敏元件 A 和 B 间的等效电阻迅速减小，致使 VT 的动触点电压高于 0.7 V，从而触发 VT 导通，接通警笛电路的电源，警笛电路产生振荡，扬声器发出报警声。可通过调节电位器 RP 来设定报警浓度。

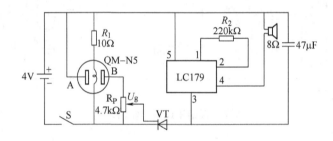

图 6-11 矿井瓦斯超限报警器工作原理图

【技能提升】

6.1.5 半导体气敏传感器的应用

气敏传感器主要用于报警器及控制器。作为报警器，超过报警浓度时，发出声光报警；作为控制器，超过设定浓度时，输出控制信号，由驱动电路带动继电器或其他元件完成控制动作。半导体气敏传感器由于具有灵敏度高、响应时间和恢复时间快、使用寿命长以及成本低等优点，从而得到了广泛的应用。半导体气敏传感器按其用途可分为以下几种类型：气体泄漏报警型、自动控制型、自动测试型等。表 6-2 给出了半导体气敏传感器的各种检测对象及应用场合。

表 6-2 半导体气敏传感器的各种检测对象及应用场合

分　类	检测对象气体	适用情况
爆炸性气体	液化石油气、煤气 甲烷	用于家庭燃气安全的检测 用于煤矿燃气安全的检测

（续）

分　类	检测对象气体	适用情况
有毒气体	一氧化碳 硫化氢、含硫的有机化合物 卤素、卤化物、氨气等	用于家用煤气安全的检测 用于特殊场所相关气体的检测 用于特殊场所相关气体的控制
环境气体	氧气 二氧化碳 水蒸气 大气污染性气体（SO_x，NO_x 等）	家庭、办公室气体安全的检测 家庭、办公室气体安全的检测 电子设备、汽车水蒸气的检测 环保用相关气体的检测
工业气体	氧气 一氧化碳（不完全燃烧） 水蒸气（食品加工）	发电机、锅炉用气体的检测 发电机、锅炉用气体的检测 电炊灶用气体的检测
其他	呼出气体中的酒精、烟等	酒驾检测用、火灾预警用气体的检测

【巩固与拓展】

自测：

（1）气敏传感器可分为哪几种类型？常用的半导体气敏元件是什么？

（2）为什么多数气敏传感器都附有加热器？

（3）简述 N 型半导体气敏元件的检测原理。

（4）如何提高 ZnO 气敏电阻对 H_2、CO 气体的选择性？

【知识拓展】

（1）图 6-12 所示为一有害气体鉴别、报警与控制电路图，电路一方面可鉴别实验中有无有害气体产生，鉴别液体是否有挥发性；另一方面可自动控制排风扇排气，使室内空气清新。请查阅资料，了解 MQS2B 气体传感器的作用及整个电路的工作原理。

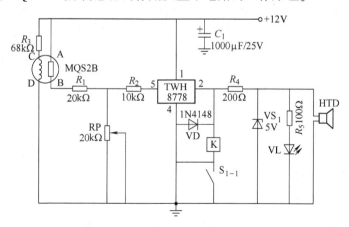

图6-12 有害气体鉴别、报警与控制电路图

（2）小制作——吸烟报警器

吸烟报警器控制电路如图 6-13 所示。该报警器安装在禁止吸烟的场合，当有人吸烟而导致烟雾缭绕时，其会发出响亮刺耳的语音"不要吸烟"，以提醒吸烟者自觉停止吸烟。电路由

单稳态触发器、语音集成电路、气敏传感器、升压功放报警器等组成。单稳态电路延时时间按图中设定为 10 s，只要室内的烟雾或可燃性气体不被驱散，IC_1 中 2 脚的电位不超过 $1/3V_{DD}$，它将一直输出高电平从而持续报警，只有烟雾消除后，MQK-2 的 B、L 极间阻值复原至 30 kΩ 以上，使 IC_1 中 2 脚的电位大于 $1/3V_{DD}$，IC_1 才翻转输出低电平，从而停止报警。选择合适器件，完成该电路的制作与调试。

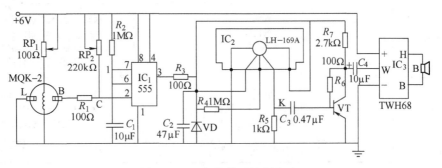

图 6-13 吸烟报警器控制电路

任务 6.2 湿敏传感器对湿度的检测

【任务背景】

湿度的检测已广泛应用于工业、农业、国防、科技、生活等各个领域，湿度不仅与工业产品的质量有关，而且是评估环境条件的重要指标。

6 湿敏传感器

在生产和生活中，湿度的检测与控制起着极其重要的作用，如大规模集成电路生产车间内，当相对湿度低于 30%RH 时，容易发生静电而影响生产；面粉厂、煤场等粉尘大的地方，当湿度较小而产生静电时，容易发生爆炸；而纺织厂为了减少棉纱断头，车间要保持相当高的湿度（60%RH~70%RH）；一些存放烟草、茶叶和药材的仓库，湿度过大时会发生变质或霉变现象；农业上，温室育苗、菌类培养、水果蔬菜保鲜等都离不开湿度的检测与控制；此外居室内湿度的检测与控制也很重要，湿度过大会对家具有一定的损害；湿度太小，呼吸道发干，容易上火。

本任务通过介绍湿敏电阻的原理、分类、结构、应用及典型案例，让学生掌握常见湿度的检测及控制方法。

【相关知识】

6.2.1 湿度的概念和湿度检测

湿度是指大气中的水蒸气含量，通常采用绝对湿度和相对湿度两种表示方法。绝对湿度是指在一定温度和压力条件下，每单位体积的混合气体中所含水蒸气的质量，单位为 g/m^3，一般用符号"AH"表示。相对湿度是指气体的绝对湿度与同一温度下达到饱和状态的绝对湿度之比，一般用符号"%RH"表示。相对湿度给出大气的潮湿程度，它是一个无量纲的量，在实际使用中多使用相对湿度这一概念。

湿敏传感器是能够感受外界湿度变化，并通过器件材料的物理或化学性质变化，将湿度转化为有用信号的器件。湿度检测较之其他物理量的检测显得困难，这首先是因为空气中水蒸气含量小得多；另外，液态水会使一些高分子材料和电解质材料溶解，一部分水分子电离后与溶入水中的杂质结合成酸或碱，使湿敏材料受到不同程度的腐蚀和老化，从而丧失其原有的性质；再者，湿度信息的传递必须靠水对湿敏器件直接接触来完成，因此湿敏器件只能直接暴露于待测环境中，不能密封。通常在各种气体环境下对湿敏器件有下列要求：稳定性好、响应时间短、寿命长、有互换性、耐污染和受温度影响小等。微型化、集成化及廉价是今后湿敏器件的发展方向。

6.2.2　湿敏传感器的分类

下面介绍两类目前已发展比较成熟的湿敏传感器。

1. 氯化锂湿敏电阻

氯化锂湿敏电阻是利用吸湿性盐类潮解时，离子电导率发生变化而制成的测湿元件。它由引线、基片、感湿层与电极组成，湿敏电阻结构示意图如图 6-14 所示。

氯化锂通常与聚乙烯醇组成混合体，在氯化锂（LiCl）的溶液中，Li 和 Cl 均以正负离子的形式存在，而 Li^+ 对水分子的吸引力强，离子水合程度高，其溶液中的离子导电能力与浓度成正比。当溶液置于一定温湿场中，若环境相对湿度高，溶液将吸收水分，使浓度降低，因此，其溶液电阻率增高。反之，环境相对湿度变低时，则溶液浓度升高，其电阻率下降，从而实现对湿度的测量。氯化锂湿敏元件的湿度-电阻特性曲线如图 6-15 所示。

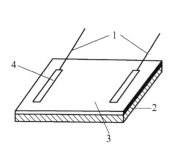

图 6-14　湿敏电阻结构示意图
1—引线　2—基片　3—感湿层　4—金电极

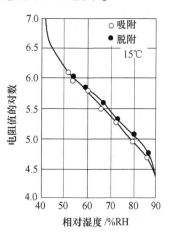

图 6-15　氯化锂湿度-电阻特性曲线

由图可知，在 50%RH～80%RH 范围内，电阻与湿度的变化呈线性关系。为了扩大湿度测量的线性范围，可以将多个氯化锂（LiCl）含量不同的器件组合使用，如将测量范围分别为（10%～20%）RH、（20%～40%）RH、（40%～70%）RH、（70%～90%）RH 和（80%～99%）RH 的五种器件配合使用，则可自动地转换完成整个湿度范围的湿度测量。

氯化锂湿敏元件的优点是滞后小，不受测试环境风速的影响，检测精度高达 ±5%，但其耐热性差，不能用于露点以下测量，器件性能重复性不理想，使用寿命短。

2. 半导体陶瓷湿敏电阻

半导体陶瓷（简称半导瓷）湿敏电阻通常由两种以上的金属氧化物半导体材料混合烧结而成的多孔陶瓷。这些材料有 $ZnO-LiO_2-V_2O_5$ 系、$Si-Na_2O-V_2O_5$ 系、$TiO_2-MgO-Cr_2O_3$ 系、

Fe_3O_4 等，前三种材料的电阻率随湿度增加而下降，故称为负特性湿敏半导体陶瓷，最后一种的电阻率随湿度增加而增大，故称为正特性湿敏半导体陶瓷（以下简称半导瓷）。

（1）负特性湿敏半导瓷的导电原理。

由于水分子中的氢原子具有很强的正电场，当水在半导瓷表面吸附时，就有可能从半导瓷表面俘获电子，使半导瓷表面带负电。如果该半导瓷是 P 型半导体，则由于水分子的吸附使表面电势下降，将吸引更多的空穴到达其表面，于是，其表面层的电阻下降。若该半导瓷为 N 型半导体，则由于水分子的附着使表面电势下降，如果表面电势下降较多，不仅使表面层的电子耗尽，同时吸引更多的空穴到达表面层，有可能使到达表面层的空穴浓度大于电子浓度，出现所谓表面反型层，这些空穴称为反型载流子。它们同样可以在表面迁移而表现出电导特性。因此，由于水分子的吸附，使 N 型半导瓷材料的表面电阻下降。由此可见，不论是 N 型还是 P 型半导瓷，其电阻率都随湿度的增加而下降。图 6-16 所示为几种负特性半导瓷阻值与湿度的关系。

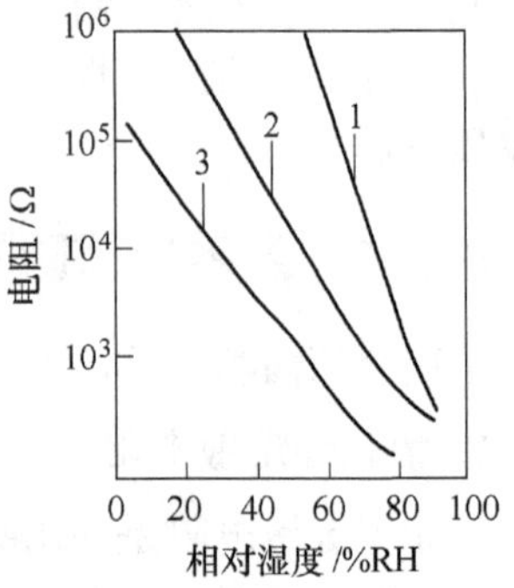

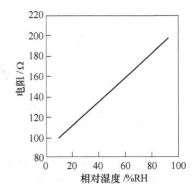

图 6-16　几种负特性半导瓷的
湿敏特性
1—$ZnO\text{-}LiO_2\text{-}V_2O_5$ 系
2—$Si\text{-}Na_2O\text{-}V_2O_5$ 系
3—$TiO_2\text{-}MgO\text{-}Cr_2O_3$ 系

（2）正特性湿敏半导瓷的导电原理。

正特性湿敏半导瓷在材料的结构、电子能量状态等方面与负特性湿敏半导瓷有所不同。当水分子附着在半导瓷的表面使电势变负时，导致其表面层电子浓度下降，但这还不足以使表面层的空穴浓度增加到出现反型程度，此时仍以电子导电为主。于是，表面电阻将由于电子浓度下降而加大，这类半导瓷材料的表面电阻将随湿度的增加而加大。如果对于某一种半导瓷，它的晶粒间的电阻并不比晶粒内电阻大很多，那么表面层电阻的加大对总电阻起不到多大作用。不过，通常湿敏半导瓷材料都是多孔的，表面电导占比很大，故表面层电阻的升高，必将引起总电阻值的明显升高。但是，由于晶体内部低阻支路仍然存在，正特性半导瓷总电阻值的升高没有负特性材料阻值下降那么明显。图 6-17 所示为 Fe_3O_4 正特性湿敏半导瓷电阻阻值与湿度的关系曲线。从图 6-16 与图 6-17 可以看出，当相对湿度从 0% RH 变化到 100%RH 时，负特性材料的阻值均下降 3 个数量级，而正特性材料的阻值只增大了约一倍。

图 6-17　正特性 Fe_3O_4 半导瓷的湿敏特性

（3）典型半导瓷湿敏元件。

1）$MgCr_2O_4\text{-}TiO_2$ 陶瓷湿敏元件。氧化镁复合氧化物——二氧化钛湿敏材料通常制成多孔陶瓷型"湿-电"转换器件，它是负特性半导瓷，$MgCr_2O_4$ 为 P 型半导体，它的电阻率低，阻值温度特性好，结构如图 6-18a 所示。在 $MgCr_2O_4\text{-}TiO_2$ 陶瓷片的两面涂覆有多孔金电极。金电极与引线烧结在一起，为了减少测量误差，在陶瓷片外设置由镍铬丝制成的加热线圈，以便对器件加热清洗，避免器件遭到污染。整个器件安装在陶瓷基片上，电极引线一般采用铂-铱合金。

$MgCr_2O_4\text{-}TiO_2$ 陶瓷湿度传感器的电阻值与相对湿度之间的关系，如图 6-18b 所示，传感器的电阻值既随所处环境相对湿度的增加而减小，又随周围环境温度的变化而有所变化。

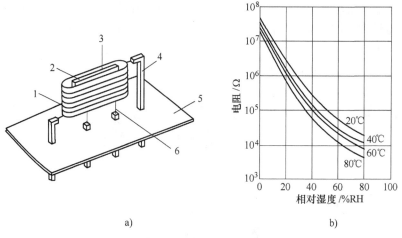

图 6-18　$MgCr_2O_4$-TiO_2 陶瓷湿度传感器结构图及相对湿度与电阻关系图

a）结构图　b）相对湿度与电阻关系图

1—加热线圈　2—湿敏陶瓷片　3—金属电极　4—固定端子　5—陶瓷基片　6—引线

2）ZnO-Cr_2O_3 陶瓷湿敏元件。ZnO-Cr_2O_3 湿敏元件的结构是将多孔材料的金电极烧结在多孔陶瓷圆片的两表面上，并焊上铂引线，然后将敏感元件装入有网眼过滤的方形塑料盒中用树脂固定，其结构如图 6-19 所示。

ZnO-Cr_2O_3 传感器能连续稳定地测量湿度，而不需要加热除污装置，因此功耗低于 0.5 W，其体积小，成本低，是一种常用的测湿传感器。

3）四氧化三铁（Fe_3O_4）湿敏元件。四氧化三铁湿敏元件由基片、电极和感湿膜组成，构造如图 6-20 所示。基片材料选用滑石瓷，光洁度为 10~11 级，该材料的吸水率低，机械强度高，化学性能稳定。基片上制作一对梭状金电极，最后将预先配制好的 Fe_3O_4 胶体液涂覆在梭状金电极的表面，进行热处理和老化。Fe_3O_4 胶体之间的接触呈凹状，粒子间的空隙使薄膜具有多孔性，当空气相对湿度增大时，Fe_3O_4 胶膜吸湿，由于水分子的附着，强化颗粒之间的接触，降低颗粒间的电阻，并增加更多的导流通路，所以元件阻值减小。当处于干燥环境中时，胶膜脱湿，胶粒间接触面减小，元件阻值增大。当环境温度不同时，涂覆膜上所吸附的水分也随之变化，使梭状金电极之间的电阻产生变化。

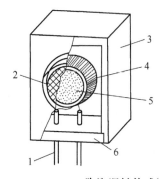

图 6-19　ZnO-Cr_2O_3 陶瓷湿敏传感器结构

1—引线　2—滤网　3—塑料外壳　4—陶瓷烧结元件

5—多孔金电极　6—树脂固封

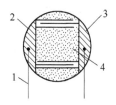

图 6-20　Fe_3O_4 湿敏元件的构造图

1—引线　2—滑石瓷　3—金电极　4—Fe_3O_4 胶粒

Fe_3O_4 湿敏元件在常温、常湿下性能比较稳定，有较强的抗结露能力，测湿范围广，有较为一致的湿敏特性和较好的温度-湿度特性，但元件有较明显的湿滞现象，响应时间长，吸湿过程（60%RH→98%RH）需要 2 min，脱湿过程（98%RH→12%RH）需 5~7 min。

图 6-21 所示为各种常见的湿度传感器。

图 6-21　各种湿度传感器

【应用案例】

案例 1　汽车驾驶室挡风玻璃自动去湿器

图 6-22 所示是一种用于汽车驾驶室挡风玻璃的湿度传感器安装示意图及自动去湿电路，

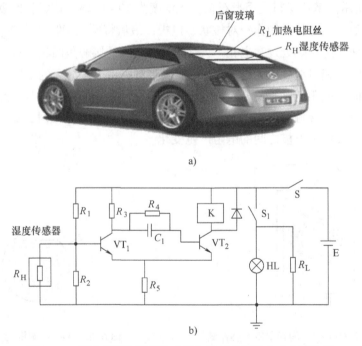

图 6-22　挡风玻璃的湿度传感器安装示意图及自动去湿电路

a）安装示意图　b）自动去湿电路

其目的是防止驾驶室的挡风玻璃结露或结霜。晶体管 VT_1，VT_2 为施密特触发电路，VT_2 的集电极负载为继电器 K 的线圈绕组。R_1、R_2 为 VT_1 的基极电阻，R_H 为湿敏元件 H 的等效电阻。在不结露时，调整各电阻值，使 VT_1 导通，VT_2 截止。一旦湿度增大，湿敏元件 H 的等效电阻 R_H 值下降到某一特定值，R_2 与 R_H 的并联电阻值减小，使 VT_1 截止，VT_2 导通，VT_2 集电极负载-继电器 K 的线圈通电，它的常开触点 S_1 接通加热电源 E 并且点亮指示灯，电阻丝 R_L 通电，挡风玻璃被加热，可驱散湿气。当湿气减少到一定程度时，R_2 与 R_H 的并联电阻值回到不结露时的阻值，VT_1、VT_2 恢复初始状态，指示灯熄灭，电阻丝断电，停止加热，从而实现了自动去湿控制。

案例 2 家用房间湿度控制电路

如图 6-23 所示，该湿度控制电路的工作原理为：对两个可变电阻 RP_1、RP_2 分别设定两个比较电压，即相当于设定了值不同的两个湿度临界点。

当湿度偏大，超过两个临界点中的较大值，将导致去湿继电器工作。

当湿度过小，低于两个临界点中的较小值，将导致加湿继电器工作。

当湿度处于两个临界点之间时，去湿继电器和加湿继电器均不工作。

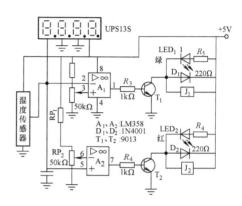

图 6-23　湿度控制电路

【技能提升】

6.2.3　其他湿敏传感器——湿敏电容式传感器

除了工业上常用的半导体陶瓷湿敏元件、氯化锂湿敏电阻和有机高分子膜湿敏电阻式湿度检测元件，常用的湿度检测方法还有湿敏电容式传感器。

湿敏电容一般使用高分子薄膜电容制成，当环境湿度发生改变时，湿敏电容的介电常数发生变化，使其电容量也发生变化，其电容变化量与相对湿度成正比。湿敏电容式传感器的结构如图 6-24 所示。

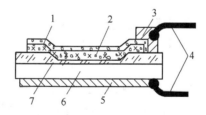

图 6-24　湿敏电容式传感器的结构图

1—多孔金电极　2—感湿膜　3，5—铝电极　4—引脚　6—单晶硅基底　7—SiO_2 绝缘膜

6.2.4　湿敏电阻式和湿敏电容式传感器的比较

表 6-3 为湿敏电阻式与湿敏电容式传感器在结构、机理、分类、特性及应用上的简单比较。

表 6-3　湿敏电阻式与湿敏电容式传感器的比较

	湿敏电阻		湿敏电容
结构	 感湿膜　柱状	电极　梳状　引线	高分子薄膜　上部电极　下部电极　玻璃基片
工作机理	湿度引起电阻值的变化		湿度引起电容量的变化
类型	金属氧化物湿敏电阻、硅湿敏电阻和陶瓷湿敏电阻等		湿敏电容一般是用高分子薄膜电容制成的，常用的高分子材料有聚苯乙烯、聚酰亚胺、醋酸纤维等
性能特点	响应速度快、体积小、线性度好、较稳定、灵敏度高、产品的互换性差		响应速度快、湿度的滞后量小、产品互换性好、灵敏度高、便于制造、容易实现小型化和集成化、精度较湿敏电阻式传感器低
使用场合	洗衣机、空调、录像机、微波炉等家用电器及工业、农业等领域的湿度检测和控制		气象、航空航天、国防工程、电子、纺织、烟草粮食、医疗卫生以及生物工程等各个领域的湿度测量和控制

6.2.5　选择湿敏传感器的依据

1. 确定测量范围

与测量重量、温度一样，选择湿度传感器首先要确定测量范围。除了气象、科研部门外，高温、湿度的测控一般不需要全湿程（0~100%RH）测量。

2. 选择测量精度

测量精度是湿度传感器最重要的指标，每提高一个百分点，对湿度传感器来说就是上了一个台阶，甚至是上一个档次。因为要达到不同的精度，其制造成本相差很大，售价也相差甚远。所以使用者一定要量体裁衣，不宜盲目追求"高、精、尖"。如在不同温度下使用湿度传感器，其示值还要考虑温度漂移的影响。

众所周知，相对湿度是温度的函数，温度严重地影响着指定空间内的相对湿度。温度每变化0.1℃将产生0.5%RH的湿度变化（误差）。使用场合如果难以做到恒温，则追求过高的测湿精度是不合适的。大多数情况下，如果没有精确的控温手段，或者被测空间是非密封的，±5%RH的精度就足够了。对于要求精确控制恒温、恒湿的局部空间，或者需要随时跟踪记录湿度变化的场合，再选用±3%RH以上精度的湿度传感器。相对湿度测量仪表，即使在20℃~25℃下，要达到2%RH的准确度仍是很困难的。通常产品资料中给出的湿度特性是在温度为20℃±10℃的洁净气体中测量的。

3. 考虑时间漂移和温度漂移

在实际使用中，由于尘土、油污及有害气体的影响，使用时间一长，电子式湿度传感器会老化，精度下降，电子式湿度传感器年漂移量一般在±2%，甚至更高。一般情况下，生产厂商会标明1次标定的有效使用时间为1年或2年，到期需重新标定。

6.2.6 湿敏传感器的主要参数

湿敏传感器的主要参数如下。

(1) 相对湿度。

(2) 湿度温度系数。

(3) 灵敏度。

(4) 测湿范围。

(5) 湿滞效应。

(6) 响应时间。

6.2.7 使用湿敏传感器时的注意事项

湿度传感器是非密封性的，为保护测量的准确度和稳定性，应尽量避免在酸性、碱性及含有机溶剂的环境中使用，也要避免在粉尘较大的环境中使用。为正确反映待测空间的湿度，还应避免将传感器安放在离墙壁太近或空气不流通的死角。如果被测的房间太大，则应放置多个传感器。

有的湿度传感器对供电电源要求比较高，否则将影响测量精度，或者传感器之间相互干扰，甚至无法工作。使用时应按照技术要求提供合适的、符合精度要求的供电电源。

传感器需要进行远距离信号传输时，要注意信号的衰减问题。当传输距离超过 200 m 以上时，建议选用频率输出信号的湿度传感器。

【巩固与拓展】

自测：

(1) 湿敏元件的材料有哪些？湿敏元件的工作机理是什么？

(2) 简述湿敏传感器的测量电路的工作过程及特点。

(3) 氯化锂和陶瓷湿敏电阻各有何特点？

【知识拓展】

(1) 试分析图 6-25 所示卷烟仓库湿度智能数据采集系统的组成，说明系统中现场采集服务器、智能数据采集仪、湿度传感器等部分的作用。

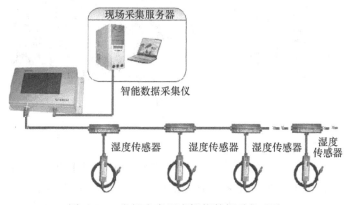

图 6-25 卷烟仓库湿度智能数据采集系统

（2）试分析图6-26中简易育秧棚的湿度指示仪电路的工作原理。

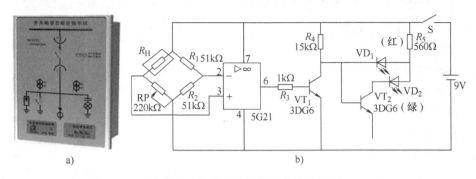

图6-26　简易育秧棚的湿度指示仪

a）育秧棚湿度指示仪　b）育秧棚湿度指示仪的电路图

任务6.3　技能实训——节水灌溉系统中的无线传感器

【任务描述】

农业灌溉是我国的用水大户，其用水量约占全国总用水量的70%。据统计，因干旱我国粮食每年平均受灾面积达两千万公顷，损失粮食约占全国因灾减产粮食的50%。长期以来，由于技术管理水平落后，导致灌溉用水浪费十分严重，农业灌溉用水的利用率仅为40%，传统农田灌溉如图6-27所示。请查阅资料，设计一种节水灌溉控制系统，使该系统能实现土壤墒情的连续在线监测，做到农田节水灌溉的自动化控制，既能够提高灌溉用水的利用率，缓解我国水资源日趋紧张的矛盾，也能为作物提供良好的生长环境。

图6-27　传统农田灌溉示意图

【任务分析】

通过分析该任务可知，要做到节水灌溉的自动化控制，就必须要检测到土壤温湿度的变化，根据土壤墒情和农作物用水规律来实施精准灌溉。实时检测土壤墒情信息，控制灌溉时机和水量，可以有效提高用水效率。而人工定时测量墒情，不但耗费大量人力，而且不能做到实时的动态监控；如果采用有线监控系统，则需要较高的布线成本，不便于扩展，且给农田耕作带来不便。

因此针对本任务目标，决定开发基于无线传感器网络的节水灌溉系统。考虑到 ZigBee 是一种低复杂度、低功耗、低数据率、低成本、高可信度、大网络容量的双向无线通信技术，所以该系统主要用低功耗的无线传感器网络节点通过 ZigBee 自组网方式构成。利用 ZigBee 技术的无线传感网络与 GPRS（通用分组无线服务技术）网络相组合的体系结构，基于 CC2530 芯片设计无线节点，从而避免了布线不便、灵活性较差的缺点，能实现节水灌溉的自动化控制，有助于改善农业灌溉用水利用率低和灌溉系统自动化水平低的现状。

【任务实施】

6.3.1　系统体系结构

该系统以单片机为控制核心，由无线传感器节点、无线路由节点、无线网关、监控中心四部分组成。通过 ZigBee 自组网，监控中心、无线网关之间通过 GPRS 进行墒情及控制信息的传递，能实时监测土壤温湿度的变化，根据土壤墒情和作物用水规律实施精准灌溉。

每个传感器节点通过温湿度传感器，自动采集墒情信息，并结合预设的湿度上下限进行分析，判断是否需要灌溉及何时停止。每个节点通过太阳能电池供电，电池电压被随时监控，一旦电压过低，节点会发出报警信号，节点立即进入休眠状态直至电量充足。无线网关连接 ZigBee 无线网络与 GPRS 网络，是基于无线传感器网络的节水灌溉系统的核心部分，负责无线传感器节点的管理。传感器节点与路由节点自主形成一个多跳的网络。温湿度传感器分布于监测区域内，将采集到的数据发送给就近的无线路由节点，路由节点根据路由算法选择最佳路由，建立相应的路由列表，其中列表中包括自身的信息和邻居网关的信息。通过网关把数据传给远程监控中心，便于用户监控管理。

图 6-28 所示为基于本任务设计的无线传感器网络的节水灌溉控制系统组成框图。

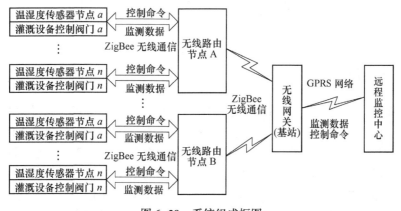

图 6-28　系统组成框图

6.3.2　传感器节点模块

土壤水分是限制作物生长的关键性因素，土壤墒情信息的准确采集是进行农田的节水灌溉、最优控制的基础和保证，对于节水技术有效实施具有关键性的作用。本系统传感器节点硬

件结构图如图6-29所示。

　　系统采用TDR3A型土壤温湿度传感器，该传感器集温度和湿度测量于一体，具有密封、防水、精度高等特点，是测量土壤温湿度的理想仪器。温度的量程为-40℃~80℃，精度为0.2级；湿度的量程为0~100%RH，在0~50%RH范围内精度为2%RH，温湿度传感器输出信号为4~20mA的标准电流环，在主控制器电路上先进行I/U转换，然后进行A-D转换，变为数字信号后通过射频天线发射出去。

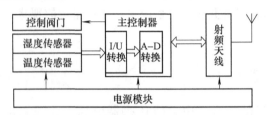

图6-29　传感器节点硬件结构图

6.3.3　无线通信模块

　　基于无线传感器网络的节水灌溉控制系统建立在ZigBee无线通信技术和GPRS网络技术的基础上。系统采用ZigBee全球通用的2.4GHz工作频带，传输速率为250KB/s。无线传感器节点、无线路由节点、无线网关的通信模块均采用CC2530芯片，在结构上也有一定的一致性。网关负责无线传感网络的控制和管理，实现信息的融合处理，连接传感器网络与GPRS网络，实现两种通信协议的转换，同时发布监测终端的任务，并把收集到的数据通过GPRS网络传到远程监控中心。无线网关硬件结构图如图6-30所示。

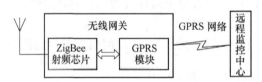

图6-30　无线网关硬件结构图

6.3.4　软件设计

　　本节水灌溉控制系统中，监测数据与控制命令在无线传感器节点、无线路由节点、无线网关和监控中心之间传送。无线传感器节点打开电源，初始化，建立链接后进入休眠状态。当无线网关接到中断请求时触发中断，经过无线路由节点激活无线传感器节点，发送或接收信息包，处理完毕后继续进入休眠状态，等待有请求时再次激活。在同一个信道中只有两个节点可以通信，通过竞争机制来获取信道。每个节点周期性睡眠和监听信道，如果信道空闲，则抢占主信道，如果信道繁忙则根据退避算法退避一段时间后重新监听信道状态。在程序设计中主要采用中断的方法完成信息的接收和发送。传感器节点程序流程如图6-31所示。

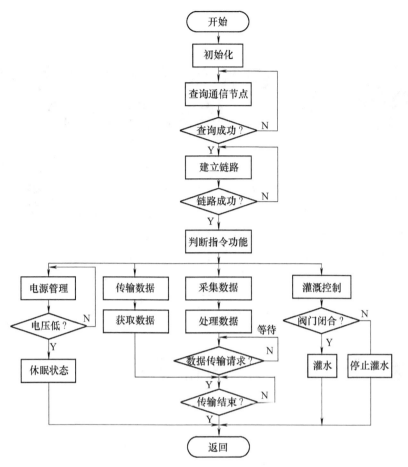

图 6-31　传感器节点程序流程图

【项目小结】

目前常用的气敏传感器为半导体式的气敏传感器，分为电阻型和非电阻型两类。气敏电阻传感器按工作原理分为还原型和氧化型两大类；按结构可以分为烧结型、薄膜型和厚膜型。由于被测气体类型或浓度不同导致气敏电阻式传感器的阻值不同，检测其电阻变化，即可得知气体类型或浓度。常用的湿度传感器有氯化锂湿敏电阻、半导体陶瓷湿敏电阻、高分子湿敏电容传感器等。

<table>
<tr><td>项目 7</td><td>现代检测技术中新型
传感器的应用</td></tr>
</table>

【项目引入】

RFID 介绍

随着现代科学技术的飞速发展，人们的生活水准也在加速提升，因此无论在工业领域还是日常生活中，都在快速普及高效、高质量的自动化技术。实现自动化的首要条件在于使用自动化系统取代嗅觉、触觉、听觉等感官，传感器便因此应运而生了。传感器作为信息采集的首要部件，是实现自动测量和自动控制的主要环节，是现代信息产业的源头和重要组成部分。

前面已经介绍了许多类型的传感器，然而传感器的实际应用并不一定是将一种传感器作为一个简单的仪表来进行测量，而是需要多种传感器组合而成协同工作，这就是现代检测系统的主要特点。

任务 7.1 RFID 在物流自动化领域的应用

【任务背景】

现代物流企业要为客户提供准确、快捷、安全、优质的服务，必须对仓储、运输、配送、装卸搬运、流通加工等物流业务全过程，利用现代计算机信息技术进行信息的采集、储存、传输、加工分析和管理，对业务流程进行管理、跟踪和控制。在现代物流中，由于传统的条形码是可视传播技术，容易因为磨损或皱折而被拒读，而且条形码难以唯一标识某个单品。无线射频识别（Radio Frequency Identification，RFID）技术智能标签的出现克服了条形码的这些缺点，它通过自身芯片来保证数据的安全性，并提供数据量更大的信息。

RFID 已被广泛应用于各类工业自动化、商业自动化和交通运输控制管理等领域，例如物流自动化、汽车或火车的监控系统、高速公路自动收费系统、门禁系统、仓储系统、车辆防盗等。随着成本的下降和标准化的实施，RFID 技术得到全面推广和普遍使用，当下主要应用在物流自动化、商品识别、设备管理等领域，如图 7-1 所示。

图 7-1　RFID 在物流自动化领域的应用

【相关知识】

7.1.1 认识 RFID 技术

RFID 技术是一种无线自动识别技术，它通过射频信号自动识别目标对象，获取相关数据。

其主要特点有：自动化、非接触性、快速读取、读写距离远、使用寿命长、信息储存量大、非人工干预可完成识别工作，可在各种恶劣环境中作业等。RFID 读写器可以同时识别多个标签，能识别高速运动的物体，且操作方便快捷。

1. 系统组成

典型的射频识别系统由电子标签、读写器和后台数据管理系统组成，如图 7-2 所示。

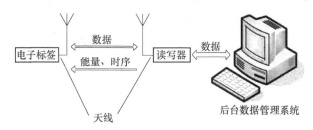

图 7-2　RFID 系统的基本组成

（1）电子标签。

电子标签也称为射频标签或应答器，由耦合元件、芯片以及天线组成，每个标签具有独一无二的电子编码，一般附着在被标识的物体表面，是 RFID 的数据信息载体，通常用来保存固定格式的数据，如图 7-3 所示。需要指出的是，电子标签不含电池，它接收到读写器的电磁信号后整流为直流电供芯片工作，可做到免维护。每个电子标签都有全球唯一的 ID 号，且有用户数据区，可供用户写入信息，它的重量轻，体积小，寿

图 7-3　电子标签

命非常长，价格便宜，通过合理的加工工艺可以实现大规模批量生产。

按照数据调制方式的不同，电子标签一般可分为被动式、半主动式和主动式三类。表 7-1 对三种形式的标签做了比较。特别要注意的是，半主动式标签也有内部电源，但只为内部计算提供能量，与读写器间实现数据通信所需的能量仍然要从读写器所发射的电磁波中获取。

表 7-1　三种形式电子标签的比较

方　式	能量来源	特　　点
被动式	电磁感应	价格低廉、体积小、工作寿命长、工作距离较短（一般 20~40 cm）、容量小（128 B）
半主动式	电磁感应、电池	较被动式反应速度更快、容量更大、工作距离更远；较主动式寿命更长
主动式	自身电池	读取距离长（可达 100 m）、容量大（16 KB）、对信号强度要求低、寿命较短（2~4 年）

（2）读写器。

读写器又称为阅读器或射频卡，主要由射频模块（包括接收单元和发送单元）、控制模块及读写天线构成，一般分为固定式和手持式，如图 7-4 所示。读写器通过电感耦合或电磁反向散射耦合与电子标签进行数据通信。另外，读写器能够向上位机提供一些必要的信息，实现与数据管理系统的数据交换。

a)   b)

图7-4 读写器
a）固定式 b）手持式

（3）后台数据管理系统。

一个完整的后台数据管理系统主要由中间件、信息处理系统和数据库组成，主要用来存储、处理 RFID 系统的相关信息。作为后台数据管理系统的一个重要组成部分，中间件是一个独立的系统软件或服务程序，能够对数据进行过滤和处理，还具有对读写器进行协调控制和降低射频辐射等功能。

2. 工作原理

RFID 系统的工作原理：当附有电子标签的物体进入读写器的读写区域时，读写器发出的信号会激活标签；同时读写器接收到标签反射回来的微波信号后，将电子标签内的代码信息识别出来。这些识别信息作为物体的特征数据被传送到特定的计算机做进一步处理，从而完成与物体相关的信息查询和管理等应用。

3. 技术优势

RFID 技术将为数据采集的应用带来重大的变革，与条形码相比，RFID 技术的突出优势有以下几点。

（1）扫描速度快。

RFID 技术可同时辨别和读写许多 RFID 标签；但是一次只能扫描一个条形码。

（2）形状多样化和体积小型化。

RFID 在读写上并不受尺寸大小与形状的限制，RFID 标签向小型化与多样化发展，以应用于不同的产品。

（3）耐久性和抗污染能力。

由于条码是附着于塑料袋或外包装纸箱上的，因此特别容易受到折损，而 RFID 卷标是将数据存在芯片中，所以可免受污损。

（4）可重复使用，降低成本。

现今的条形码印刷之后就无法更改，而 RFID 标签内储存的数据可以新增、修改和删除，信息更新方便。

（5）无屏障阅读和穿透性。

在被覆盖的情况下，RFID 能穿透纸张、木材和塑料等非金属或非透明的材质，并能进行穿透性通信。

（6）安全性非常好。

标签中信息以电子方式存储在芯片上，可以对数据进行密码保护，保证数据的安全性。另外，标签数据不但可以帮助企业大幅提高信息、货物管理的效率，而且可以使制造企业和销售企业之间的信息互联，从而更加准确地接收反馈信息，优化整个供应链。

7.1.2　RFID 物流系统的构成环节

物流系统一般分为商品生产、商品入库、商品库存管理、商品出库 4 个环节，RFID 物流系统使用 RFID 标签作为物流系统的依托，在商品生产过程中嵌入 RFID 标签显得尤为关键。在引入 RFID 标签后，物流系统的 4 个环节就能够以 RFID 标签为依托紧密衔接。在每个环节中，RFID 系统都会发挥强大的作用，促使这些物品的物流环节更为高效、准确、安全。

1. 商品的生产环节

传统物流系统的起点在入库或出库，但在 RFID 物流系统中，所有的商品在生产环节就应该已经实现 RFID 标签，如图 7-5 所示。由于在一般的物流中，大部分 RFID 标签都以不干胶标签的形式使用，只需贴在物品包装上即可。RFID 标签信息的录入，分为以下四个步骤。

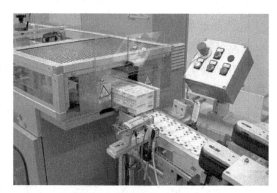

图 7-5　商品的生产环节

（1）描述相应商品的信息，包括生产部门、完成各生产工序的责任人、使用期限、项目编号、安全级别等，RFID 标签全面的信息录入成为过程追踪的有力支持。

（2）在数据库中将商品的相关信息录入到相应的 RFID 标签项中。

（3）将商品相应的信息进行编辑整理，得到商品的原始信息和数据库。需要注意的是，这是物流系统中的第一步，也是 RFID 开始介入的第一个环节，需要绝对保证这个环节中的商品信息和 RFID 标签项的准确性。

（4）完成信息录入后，使用阅读器进行信息确认，检查 RFID 标签信息是否与商品信息一致；同时进行数据录入，显示每一件商品的 RFID 标签信息录入的完成时间和经手人。为保证 RFID 标签的唯一性，可将相同产品的信息进行排序编码，方便相同物品的清查。

2. 商品的入库环节

商品的入库环节（见图 7-6）要求非常严格。传统物流系统的入库有三个要素是严格控制的：经手人员、物品、记录。这个过程需要耗费大量的人力、时间，并且要求多层检查才能确保准确性。在 RFID 的入库系统中，通过 RFID 的信息交换系统，这三个环节能够得到高效、准确的控制。

在 RFID 的入库系统中，通过在入库口通道处的阅读器，识别商品的 RFID 标签，从而

图 7-6　商品的入库环节

在数据库中找到相应的商品信息并自动输入到 RFID 的库存管理系统中。系统记录入库信息并

进行核实，若合格则录入库存信息，如有错误则提示错误信息。在 RFID 的库存信息系统中，可直接指引叉车上的射频终端，选择空货位并找出最佳途径，抵达空位。阅读器确认商品就位后，随即更新库存信息。商品入库完毕后，可以通过 RFID 系统打印机打印入库清单，责任人进行确认。

3. 商品的库存管理

商品入库后还需要利用 RFID 系统进行库存检查和管理（见图 7-7）。这个环节包括通过阅读器对分类的商品定期进行盘查，分析商品库存的变化情况；商品出现移位时，通过阅读器自动采集货物的 RFID 标签，在数据库中找到相应的信息，并将信息自动录入库存管理系统中，记录商品的品名、数量、位置等信息，核查是否出现异常情况。在 RFID 系统的帮助下，大量减少传统库存管理中的人员工作量，实现商品安全、高效的库存管理。

4. 商品的出库环节

商品的出库环节如图 7-8 所示。在 RFID 的出库系统管理中，管理系统按商品的出库订单要求，自动确定最优提货路径，确定提货区。RFID 系统通过车载终端提醒工作人员载货，经扫描货物和货位的 RFID 标签，确认出库物品，同时更新库存。当物品到达出库口通道时，阅读器将自动读取物品的 RFID 标签，并在数据库中调出相应的信息，与订单信息进行对比，若正确即可出库，货物的库存量相应减除；若出现异常，仓储管理系统出现提示信息，方便工作人员进行处理。

图 7-7　商品的库存管理

图 7-8　商品的出库环节

7.1.3　物流系统中使用 RFID 的注意事项

1. RFID 电子标签的技术参数

普通 RFID 的工作频率有低频（LF、100 ~ 135 kHz）、高频（HF、13. 56 MHz）、超高频（UHF、433 MHz 及 800/900 MHz，其中，欧洲：865 ~ 868 MHz，美国：902 ~ 928 MHz）以及微波段（MF、2. 45 GHz 和 5. 8 GHz）。我国 RFID 起步较晚，频率主要在 UHF、800/900 MHz 这个频段。这个波段还包括了公共通信、立体声广播传输等行业，为保证 RFID 信息的安全性，应在频率使用上尽量避免与公共频率重合。因此，RFID 的频率规划必须考虑发射功率与占用带宽，一般多选用在 2 ~ 4 倍 EIRP（有效全向发射功率）的 UHF 频段发射功率。与全向天线相比，有效全向发射功率为可由发射机获得在最大天线增益方向上的发射功率。而在占用带宽方面，常用 RFID 系统的带宽一般为 200 ~ 250 kHz，各个国家使用的带宽有所不同。

2. RFID 物流系统的实现

在 RFID 的物流系统中，每一项工作的实现都必须依赖高效的计算机系统，包括硬件、软件及数据库的支持。硬件方面需要计算机的跟踪，RFID 物流系统中每一个环节都需要独立的计算机，并且保证这个计算机内信息的安全性。软件方面的构建将更加复杂，需要整个系统对 RFID 系统的识别信息进行储存、处理，同时能够将数据库的信息进行核对，得到经过确认的结果，这个后台的计算量将取决于整个 RFID 物流系统的需求。同时，强大的数据库功能将更好地支持每个环节，大大提高工作的相应速度和准确性。

【应用案例】

RFID 技术在货物运输调度管理系统中的应用（见图 7-9）

车辆调度管理系统是智能物流系统的重要组成部分，采用先进的信息通信技术，收集道路交通的动态、静态信息，并进行实时分析，根据分析结果安排车辆的行驶路线和出行时间，以达到充分利用有限的运输资源，提高车辆的使用效率，同时也可以了解车辆的运行情况，加强车辆的管理。

RFID 技术可以作为物流调度系统信息采集的有效手段，应用在车辆调度管理系统中。例如将 RFID 技术应用于货车车辆管理系统，通过信息自动、准确、远距离、不停车的采集，使调度系统准确地掌握运输车辆进出的实时动态信息。通过实施该系统可有效提高流动货物的管理水平，对采集的数据利用计算机进行研究分析，可以掌握车辆运行的规律，杜绝物流车辆管理中存在的漏洞。同时，针对特殊用户群体的需求，采用导航通信用

图 7-9 RFID 技术在货物运输调度
管理中的应用

户机（利用 GPS 卫星/CDMA 基站定位通信网络解决在地下车场、隧道等位置的定位），与 RFID 技术相结合，可以方便地时时在线监控、调度异地车辆，随时掌握物资、人员及车辆本身的状况。

【技能提升】

7.1.4 RFID 技术在农产品管理中的应用

使用 RFID 技术对农产品生产、加工、存储和销售的全过程进行跟踪，追溯食品的生产和加工过程，能够有效加强农产品的管理，如图 7-10 所示。

将 RFID 技术应用于农业食品安全，首先是建立完整、准确的食品供应链信息记录。借助 RFID 对物体的唯一标识和数据记录，对食品供应链全过程中的产品、属性信息和参与方信息等进行有效的标识和记录。其次，食品的跟踪与追溯要求在食品供应链中的每一个加工点，不仅要对加工成的产品进行标识，还要采集所加工食品原料上已有的标识信息，并将其全部信息标识在加工成的产品上，以备下一个加工者或消费者使用。

基于这种覆盖全供应链、全流程的数据记录、数据与物体之间的可靠联系，可确保消费者口中食品的来源清晰，并可追溯到具体的动物个体或农场、生产加工企业和人员、储运过程等中间环节。RFID 技术是一个 100% 追踪食品来源的解决方案，因而可回答消费者有关"食品

从哪里来、中间处理环节是否完善"等问题，并给出详尽、可靠的回答，可有效监控食品安全问题。

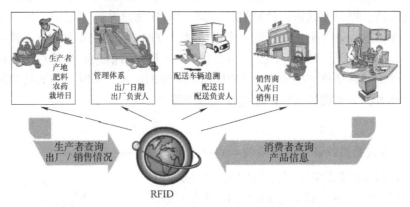

图7-10 RFID技术在农产品管理中的应用

在生产阶段，生产者把产品的名称、品种、产地、批次、施用农药、生产者信息及其他必要的内容存储在RFID标签中，利用RFID标签对初始产品的信息和生产过程进行记录；在产品收购时，利用标签的内容对产品进行快速分拣，根据产品的不同情况给予不同的收购价格。

在加工阶段，利用RFID标签中的信息对产品进行分拣，只有符合加工条件的产品才能允许进入下一个加工环节。对进入加工环节的产品，利用RFID标签中记录的信息，对不同的产品进行有针对性的处理，以保证产品质量；加工完成后，由加工者把加工者信息、加工方法、加工日期、产品等级、保质期、存储条件等内容添加到RFID标签中。

在运输和仓储阶段，利用RFID标签和沿途安装的固定读写器跟踪运输车辆的路线和时间。在仓库进口、出口处安装固定读写器，对产品的进、出库自动记录。利用RFID标签中记录的信息，迅速判断农产品是否适合在某仓库存储，还可以存储多久；在出库时，根据存储时间选择优先出库的产品，避免经济损失；同时，利用RFID还可以实现仓库的快速盘点，帮助管理人员随时了解仓库里产品的状况。

在销售阶段，商家利用RFID标签了解购入商品的状况，帮助商家对产品实行准入管理。收款时，利用RFID标签能够更迅速地确认顾客购买商品的价格，减少顾客等待的时间。商家可以把商场的名称、销售时间、销售人员等信息写入RFID标签中，在顾客退货和商品召回时，对商品进行确认。

当产品出现问题时，由于产品的生产、加工、运输、存储、销售等环节的信息都保存在RFID标签中，根据RFID标签的内容可以追溯全过程，可帮助确定问题出现的环节和问题产品的范围。利用读写器在仓库中迅速找到尚未销售的问题产品，消费者也能利用RFID技术，确认购买的产品是否是问题产品及是否在召回的范围内。

另外，在把信息加入RFID标签的同时，通过网络把信息传送到公共数据库中，普通消费者或购买产品的单位把商品的RFID标签内容与数据库中的记录进行比对，能够有效地帮助识别假冒产品。

【巩固与拓展】

自测：

（1）什么是RFID？试分析RFID系统的工作原理。

（2）简述 RFID 物流系统的构成环节？

（3）试分析 RFID 技术对现代物流运输行业的影响。

拓展：

（1）如图 7-11 所示，试分析 RFID 技术在图书馆借还书系统中的应用。

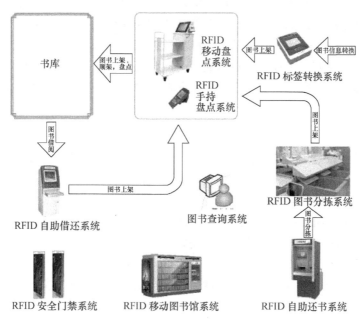

图 7-11 RFID 技术在图书馆借还书系统中的应用

（2）如图 7-12 所示，试分析 RFID 技术在超市电子货架标签中的应用。

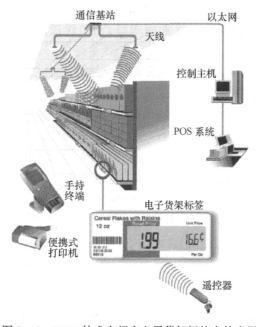

图 7-12 RFID 技术在超市电子货架标签中的应用

任务7.2 图像传感器在机器视觉自动化检测中的应用

【任务背景】

随着传感器、模式识别等技术的发展，针对工业自动化检测需求的视觉和图像技术逐步成熟，制造业信息获取的能力加强。视觉和图像技术用于摄像头、传感器、雷达等智能硬件内，能够获取图像信息并进行分析。信息从单一维度数据拓展为速度、尺寸、色谱等多维度立体海量数据，并与设计信息和加工控制信息集成，为后续工况监测、质量检验等生产环节提供数据支撑。使制造业信息获取能力得到提升，信息获取效率大幅提高。各类图像传感器广泛应用于工业生产领域。

【相关知识】

机器视觉技术，就是用机器代替人眼来进行测量和判断。在以智能制造为核心的工业4.0时代，机器视觉产业正呈现出快速增长的势头，已经在智能机器人、无人机、自动驾驶、智能医生、智能安防、VR/AR等领域得到了广泛应用。

在工业应用方面，机器视觉一般用于物品识别、外观检测和定位。机器视觉配合逻辑控制、运动控制、数据采集、通信网络等其他功能，能够完成图像识别、检测、视觉定位、物体测量和分拣等作业内容，特别是将机器视觉技术嵌入工业机器人控制系统，通过精准化的识别和抓取，大幅提高生产过程的柔性和灵活性，优化自动化系统解决方案。

随着网络技术的不断发展，机器视觉与大数据、云计算等网络技术相结合，可以实现数据获取后服务功能的延伸，从简单的生产检测中衍生出新的服务内容。通过机器视觉技术获取数据信息，并通过网络技术开展大数据计算，辅助进行设备的运营监测和产品的质量分析，提升生产线的智能化水平。

在机器视觉系统中，相机是其中必不可少的"眼睛"，它将光学影像转换为电子信号，其使用的图像传感器早期采用模拟信号（如摄像管），而现在，数字工业相机已经逐渐成为主流。在可见光波段范围内，其所使用的图像传感器按照芯片类型主要分为感光耦合元件（CCD，Charge-Coupled Device）和互补式金属氧化物半导体（CMOS，Complementary Metal-Oxide-Semiconductor）传感器两种。

图像传感器是相机的核心，数字工业相机要把光信号转换为一个数字化的灰度值信息，图像传感器的第一步是将光子转换为电子，具有一定入射能量的光子击中半导体硅表面，使电子脱离原子，形成游离电子，光子转换为电子的数量取决于光的波长和强度、光电转换的量子效率（QE，Quantum Efficiency）。在电子数字化之前，它们存储在像素有效区域内，称为阱（Well）。一旦完成光采集，就测量阱中的电荷，这个测量的输出结果称为信号。最后，电子信号通过一个模-数转换单元（A-DU）转换为一定位数的灰度值。数字相机的工作基本原理如图7-13所示。

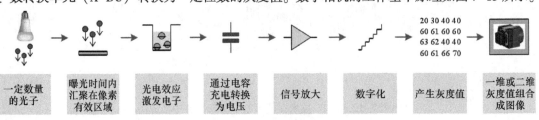

| 一定数量的光子 | 曝光时间内汇聚在像素有效区域 | 光电效应激发电子 | 通过电容充电转换为电压 | 信号放大 | 数字化 | 产生灰度值 | 一维或二维灰度值组合成图像 |

图7-13 数字相机的工作基本原理

可见光、近红外（NIR，Near Infrared）和紫外（UV，Ultraviolet）光谱范围的数字工业相机主要使用 CCD 和 CMOS 传感器。

7.2.1 CCD 图像传感器

CCD（Charge Coupled Device）图像传感器由 CCD 电荷耦合器件制成，是固态图像传感器的一种，是贝尔实验室的 W. S. Boyle 和 G. E. Smith 于 1969 年发明的新型半导体传感器。它是在 MOS 集成电路的基础上发展起来的，能进行图像信息的光电转换、存储、延时和按顺序传送。它的集成度高、功耗小、结构简单、耐冲击、寿命长、性能稳定，因而应用广泛。

1. CCD 电荷耦合器件

CCD 电荷耦合器件是按一定规律排列的 MOS（金属–氧化物–半导体）电容器组成的阵列，其构造如图 7-14 所示。

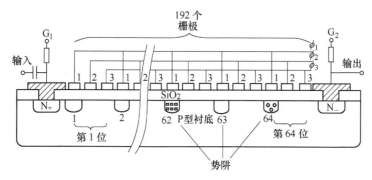

图 7-14　64 位线阵 CCD 结构原理示意图

在 P 型或 N 型硅衬底上生长一层很薄（约 1200 A）的二氧化硅，再在二氧化硅薄层上依次沉积金属或掺杂多晶硅形成电极，称为栅极。该栅极和 P 型（或 N 型）硅衬底形成了规则的 MOS 电容器阵列，再加上两端的输入及输出二极管构成了 CCD 电荷耦合器件芯片。

每一个 MOS 电容器实际上就是一个光敏元件，如图 7-15 所示。

图 7-15　MOS 电容器组成的光敏元件及数据面的显微照片
a）CCD 光敏元件显微照片　b）CCD 读出移位寄存器的数据面显微照片

当光照射到 MOS 电容器的 P 型硅衬底上时，会产生电子空穴对（光生电荷），电子被栅极吸引并存储在势阱中。入射光越强，产生的光生电子–空穴对越多，势阱中收集到的电子就越多，入射光弱则反之，无光照的 MOS 电容器则无光生电荷。这样就把光的强弱变成与其成比例的电荷数，实现了光电转换。势阱中的电子处于存储状态，即使停止光照，一定时间内也不会损失，这就实现了对光照的记忆。MOS 电容器可以设计成线阵或面阵。一维的线阵接收一条光线的照射，二维的面阵接收一个平面的光线照射。CCD 摄像机、照相机的光电转换示意图如图 7-16 所示。

CCD 电荷耦合器件的集成度很高，在一块硅片上制造了紧密排列的许多 MOS 电容器光电元件。每个感光元件对应图像传感器中的一个像点，称为像素。一般在半导体硅片上制有成百上千个相互独立的感光元件，如图 7-17 所示。这些感光元件按线阵或面阵有规则地排列。线阵的光电元件数目从 256~4096 个或更多。面阵的光电元件的数目可以是 500×500 个（25 万个），甚至 2048×2048 个（约 400 万个）以上。如果照射在这些感光元件上的是一幅明暗起伏的图像，则在这些元件上就会感应出与光照强度相对应的光生电荷，这就是电荷耦合器件光电效应的基本原理。

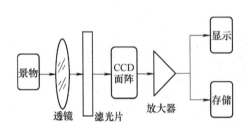

图 7-16　面阵 MOS 电容器的光电转换示意图

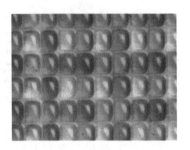

图 7-17　CCD 显微照片（放大 7000 倍）

在 CCD 芯片上同时集成了扫描电路，它们能在外加时钟脉冲的控制下，产生三相时序脉冲信号，由左到右，由上到下，将存储在整个面阵的光电元件下面的电荷逐位、逐行、快速地以串行模拟脉冲信号输出。输出的模拟脉冲信号可以转换为数字信号存储，也可以输入视频显示器显示出原始图像。

2. 应用范围

CCD 图像传感器单位面积光电元件的位数很多，一个光电元件形成一个像素，成像分辨率高、信噪比大、动态范围大，可以在微光下工作。彩色图像传感器采用三个光电二极管组成一个像素的方法。被测景物图像的每一个光点由彩色矩阵滤光片分解为红、绿、蓝三个光点，分别照射到每一个像素的三个光电二极管上，各自产生的光生电荷分别代表该像素的红、绿、蓝三个光点的亮度。经输出和传输后，可在显示器上重新组合，显示出每一个像素的原始色彩，这就构成了彩色图像传感器。CCD 彩色图像传感器具有高灵敏度和良好的色彩还原性。

固态图像传感器的输出信号具有以下特点：

（1）与成像位置对应，具有时间先后性，即能输出时间系列信号。

（2）串行的各个脉冲可以表示不同的信号，即能输出模拟信号。

（3）能够精确反映焦点面的信息，即能输出焦点面信号。

将不同的光源、光学透镜、光导纤维、滤光片及反射镜等光学元件灵活地组合，可以获得固态图像传感器的各种用途，如图 7-18 所示。

由图 7-18 可知，CCD 图像传感器的主要用途如下：

（1）组成测试仪器，可测量物位、尺寸、工件损伤等。

（2）作为光学信息处理装置的输入环节，可用于传真技术、光学文字识别技术以及图像识别技术、传真、摄像等。

（3）作为自动流水线装置中的敏感器件，可用于机床、自动售货机、自动搬运车以及自动监视装置等。

（4）作为机器人的视觉，可监控机器人的运行。

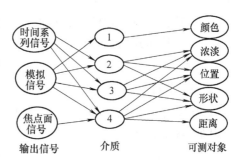

图 7-18　CCD 图像传感器的用途

1—滤光片　2—光导纤维　3—平行光　4—透镜

7.2.2　CMOS 图像传感器

CMOS 应用于工业数字相机的过程，可以分为三个主要发展阶段。第一阶段从 20 世纪 70 年代到 90 年代初期，这个阶段数字相机出现并开始应用到工业领域，但整体价格非常昂贵。由于当时制造工艺水平的限制，难以满足 CMOS 图像传感器对硅晶片一致性和更小晶圆的要求，CCD 在图像质量上具有绝对的优势，相机中基本使用的都是 CCD 传感器。第二阶段从 20 世纪 90 年代到 21 世纪 10 年代初期，由于半导体光刻技术的发展，提升了 CMOS 的设计制造水平，推动了 CMOS 传感器向低功耗、高集成度以及低制造成本的方向发展，CMOS 开始和 CCD 一样成为主流图像传感器的技术；第三阶段从 21 世纪 10 年代初期到现在，由于 CMOS 传感器在智能手持电子设备上的大量应用，推动了 CMOS 技术的新发展以及制造成本的大幅下降。同时工业数字相机更高带宽接口的应用，嵌入式设备对高性能、低功耗、低成本相机的新需求，CMOS 传感器满足了其速度和功耗的需求，使得 CMOS 相对于 CCD 传感器更具有优势。

与 CCD 图像传感器是由 MOS 电容器组成的阵列不同，CMOS 图像传感器由一定规律排列的互补型金属-氧化物-半导体场效应管（MOSFET）组成的阵列。

1. CMOS 型光电转换器件

NMOS 管和 PMOS 管可以组成共源、共栅、共漏 3 种形态的单级放大器，也可以组成镜像电流源电路和比例电流源电路。以 E 型 NMOS 场效应晶体管作为共源放大管，以 E 型 PMOS 场效应晶体管构成的镜像电流源作为有源负载，就构成了 CMOS 型放大器。可见，CMOS 型放大器是由 NMOS 场效应晶体管和 PMOS 场效应晶体管组合而成的互补放大电路。由于与放大管互补的有源负载具有很高的输出阻抗，因而电压增益很高。

CMOS 型光电变换器件的工作原理如图 7-19 所示。与 CMOS 型放大器源极相连的 P 型半导体衬底充当光电变换器的感光部分。当 CMOS 型放大器的栅源电压为零时，CMOS 型放大器处于关闭状态，P 型半导体衬底受光信号照射产生并积

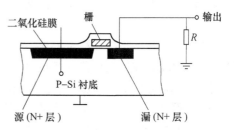

图 7-19　CMOS 型光电变换器件的工作原理图

蓄光生电荷，可见 CMOS 型光电变换器件同样有存储电荷的功能。当积蓄过程结束，栅源之间加上开启电压时，源极通过漏极负载电阻对外接电容充电而形成电流，即光信号转换为电信号输出。

2. 应用范围

CMOS 图像传感器与 CCD 图像传感器一样，可用于自动控制、自动测量、摄影摄像、图像识别等各个领域。

CMOS 相比 CCD，最主要的优势就是非常省电，CMOS 的耗电量只有普通 CCD 的 1/3 左右。

CCD 存储的电荷信息，需在同步信号控制下一位一位地实施转移后读取，电荷信息转移、读取、输出需要有时钟控制电路和三组不同的电源相配合，整个电路较为复杂，速度较慢。CMOS 光电传感器经光电转换后直接产生电压信号，信号读取十分简单，还能同时处理各单元的图像信息，速度比 CCD 快得多。

CMOS 主要问题是在处理快速变化的影像时，由于电流变化过于频繁而过热。所以暗电流抑制至关重要，如果抑制不好就容易出现噪点。因此，CMOS 图像传感器对光源的要求要高一些，分辨率也没有 CCD 高。

新型背照式 CMOS 是将传统 CMOS 表面的电子电路布线层移到感光面的背部，使感光面前移接近微型透镜，以获得约两倍于传统的正照式 CMOS 的光通量，从而使 CMOS 传感器可在低光照、夜视环境下使用，大大提高低光照的对焦能力。

【应用案例】

案例1　图像传感器在机器视觉检测控制技术中的应用

机器视觉检测控制技术是用机器视觉、机器手代替人眼、人手来进行检测、测量、分析、判断和决策控制的智能测控技术。与其他检测控制技术相比，其优点主要包括：

① 智能化程度高，具有人无法比拟的一致性和重复性；

② 信息感知手段丰富，可以采用多种成像方式，获取空间、动态、结构等信息；

③ 检测速度快，准确率高，漏检率和误检率低；

④ 实时性好，可满足高速大批量在线检测的需求；

⑤ 机器视觉与智能控制技术结合，可实现基于视觉的高速运动控制、视觉伺服、精确定位等的优化控制，极大地提高控制精度。因此，机器视觉检测控制技术已经广泛应用于精密制造生产线、工业产品质量在线自动化检测、智能机器人、工程机械等多个领域，在提高我国精密制造水平，保障汽车、电子、医药、食品、工业产品质量和重大工程施工安全等方面发挥巨大的作用。

智能制造装备的机器视觉检测控制系统由光源和成像系统、视觉检测软硬件、装备和运动控制系统构成。在视觉检测和控制过程中，精密成像机构和成像系统自动获取图像，图像经过 I/O 接口传输到图像处理硬件中，并经过预处理、标定分割、检测识别、分类决策等过程，获得位姿、质量、分类等信息。运动控制系统根据作业任务，通过 PLC 或 I/O 接口板控制执行器、机器人进行位置、速度、力的闭环控制。视觉检测控制系统通过通信系统、整机控制器、装备等其他系统的有机结合，实现自动化操作。

精密电子视觉检测与分拣装备应用于电子制造生产线上，完成精密地识别、定位、抓取、检测和分拣等制造工序。如图 7-20 所示，该装备由电路板视觉引导和质量检测主控系统、上料机械手、PLC、高分辨率成像与视觉检测系统、下料机械手、视觉引导分拣控制器和主控系统构成。

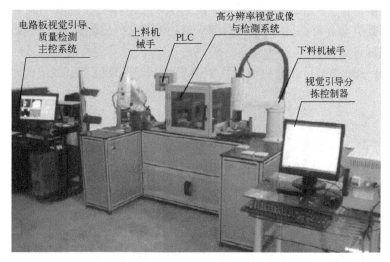

图 7-20　精密智能电子组装的视觉检测与分拣装备图

该装备作业包括上料、检测和分拣 3 个环节。在上料环节，上料机械手采用手眼成像模式，在给定位置对电路板成像，采用 PatMax 算法方法识别和定位电路板，并结合相机内外参数获取电路板中心位姿。上料机械手运动到给定位姿，末端执行器抓取对象，并移动到传送系统的夹具上方，再次成像并通过夹具定位获取夹具空间位姿。机械手移动执行器到夹具正上方，并放置电路板到夹具上。在检测环节，夹具在 PLC 的控制下移动到检测工位，并采用多个相机获取高分辨率的图像，进行组装和缺陷检测。在分拣环节，当电路板运动到下料工位时，下料机械手采用手眼模式成像，识别和计算出夹具位姿，并移动到夹具中心位置，执行器抓取对象，根据质量检测结果将对象放置到不同位置，最终进行精密电子组装。

案例 2　图像传感器在航天卫星中的应用

比利时赛普拉斯半导体公司专为航天应用开发了三款重量级 CMOS 图像传感器，装有该传感器的欧洲航天局（ESA）的 Proba-2 卫星于 2009 年 11 月 2 日成功发射升空，如图 7-21 所示。

图 7-21　图像传感器在航天卫星中的应用

赛普拉斯的新型 HAS2 图像传感器是专为高精度行星跟踪而设计的，被意大利 SELEX Galileo 公司设计的新型行星跟踪器所选用。该器件具有 1024×1024 像素（18 μm）并支持片上非破坏性读出以及多窗口。HAS2 传感器适用于航空航天，符合 ESA 的欧洲航天局（ESA）欧洲空间元器件协调委员会（ESCC）的规范体系。HAS2 图像传感器还用于极紫外太阳望远镜科学设备，以便观测日冕。

此外，STAR-250 图像传感器还被荷兰 TNO 公司用于其新型数字太阳传感器。

【巩固与拓展】

自测：

（1）CCD 的 MOS 电容器阵列是如何将光照转换为电信号并转移输出的？

（2）CCD 图像传感器上使用光电元器件与分离式的移位寄存器有什么优点？

（3）平板计算机和手机的摄像头为什么一般都采用 CMOS 彩色图像传感器？CMOS 图像传感器采用什么办法提高低光照环境下的清晰度？

拓展：

（1）用手机和数码相机进行拍照，体会像素和相片清晰度的关系。

（2）用计算机摄像头、数码相机、USB 接口传输线、微型计算机、显示器等组成如图 7-22 所示的工作现场图像传输网络。观察计算机摄像头摄入的图像与数码相机摄入的图像的差别，并分析原因。

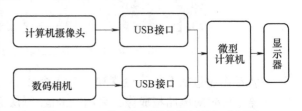

图 7-22　工作现场图像传输网络组成框图

任务7.3　传感器在机器人感知系统中的应用

【任务背景】

随着科学技术的日新月异，以人工智能、机器人、数字化制造等为代表的新技术的快速发展，正重新构筑国际制造业的竞争格局。

传感器在机器人中的应用如图 7-23 所示。机器人之所以被称为"人"，是因为它是一种典型的仿生装置。所谓仿生，就是利用科学技术，把人体或生物体的行为和思维进行部分模拟。而机器人是让机器模仿人的动作进行工作，使机器人能够像人一样具有视觉、听觉、嗅觉、触觉等感知能力，而这种感知正是通过传感器实现的。

【相关知识】

机器人是由计算机控制的复杂机器，其动作机构具有类似人的肢体及感官功能，动作程序灵活，有一定程度的智能，在一定程度上可以不依赖人的操纵而工作。传感器在机器人的控制中起了非常重要的作用，机器人通过传感器获取感觉信息。正因为有了传感器，机器人才具备了类似于人类的知觉

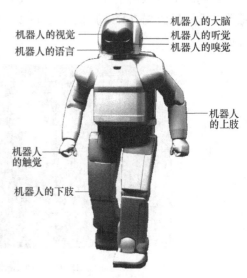

图 7-23　传感器在机器人中的应用

功能和反应能力。传感器处于机器人连接外界环境的接口位置，是机器人获取信息的窗口。要使机器人拥有智能，对环境变化做出反应，首先，必须使机器人具有感知环境的能力，用传感器采集信息是机器人智能化的第一步；其次，如何采取适当的方法，将多个传感器获取的环境信息综合加以处理，控制机器人进行智能作业，是提高机器人智能程度的重要体现。

因此，传感器及其信息处理系统，是构成机器人智能的重要部分，它为机器人智能作业提供决策依据。

7.3.1　机器人传感器的分类

机器人所用的传感器一般分为内部传感器和外部传感器（即感觉传感器）两大类。内部传感器是以机器人本身的坐标轴来确定其位置，其功能是检测机器人自身的状态，用于系统控制，使机器人按照规定动作作业，如限位开关、编码器、加速度计、角度传感器等。外部传感器用于机器人对周围环境和目标物的状态特征进行感知而获取信息，从而使机器人对环境有自校正和自适应能力，如光电传感器、接近开关、视觉传感器、触觉传感器、压力传感器等。

具体来讲，机器人传感器的分类及应用见表 7-2。

表 7-2　机器人传感器的分类及应用

传感器	检测对象	传感器装置	应用
视觉	空间形状	面阵电荷耦合元件、CMOS 图像传感器、电视摄像机	物体识别和判断
	距离	激光测距仪、超声测距仪、立体图像摄影机	移动控制
	物体位置	光电位置敏感元件、线阵电荷耦合元件	位置判断与控制
	表面形状	面阵电荷耦合元件	检查、异常检测
	光亮度	光电管、光敏电阻	判断对象的有无
	物体颜色	色敏传感器、彩色电视摄像机	物料识别、颜色选择
触觉	接触	微型开关、光电传感器	控制速度、位置、姿态
	握力	应变片、半导体压力元件	控制握力、识别握持物体
	负荷	应变片、负荷单元	张力控制、指压控制
	压力大小	导电橡胶、高分子感压元件	姿态、形状判别
	压力分布	应变片、半导体感压元件	装配力控制
	力矩	压阻元件、转矩传感器	控制手腕、伺服控制双向力修正
	滑动	光电编码器、光纤	控制握力、测量质量或表面特征
接近觉	接近程度	光敏元件、激光探测元件	作业程序控制
	接近距离	光敏元件	路径搜索、控制
	倾斜度	超声换能器、电感式传感器	平衡、位置控制
听觉	声音	麦克风	语音识别、人机对话
	超声波	超声波换能器	移动控制
嗅觉	气体成分	气体传感器、射线传感器	化学成分分析
	气体浓度		
味觉	味道	离子敏传感器、pH 酸度计	化学成分分析

7.3.2　机器人视觉传感器

机器人视觉的作用过程与人眼十分相似，只不过它用于接收景物信息的不是眼睛和视网膜，而是光学系统和传感器，光学系统相当于人眼的晶状体，传感器相当于人眼的视网膜。机器人的视觉系统通常是利用光电传感器构成的。多数是用电视摄像机和计算机技术来实现的，故又称计算机视觉。视觉传感器的工作过程可分为检测、分析、描绘和识别四个主要步骤。

客观世界中三维景物经由传感器（如摄像机）成像后成为平面二维图像，再经处理部件对两幅二维图像加以运算处理，给出景象的特征和空间描述。应该指出的是，实际的三维物体形态和特征是相当复杂的，特别是由于识别的背景千差万别，而机器人视觉传感器的视角又在时刻变化，引起图像时刻发生变化，所以机器人视觉在技术上的难度是较大的。

带有视觉系统的机器人可以完成许多工作，如识别机械零件、装配作业、安装和修理作业、精细加工等，如图7-24所示为带有视觉系统的机器人在对药片按颜色进行分拣。而对特殊机器人来说，视觉系统是使机器人在危险环境中自主规划、完成复杂作业所必不可少的。

图7-24　机器人按颜色分拣药片

7.3.3　机器人触觉传感器

拥有触觉的机器人仿生手臂如图7-25所示。人的触觉是通过四肢和皮肤对外界物体的一种物性感知。机器人触觉实际上是对人的触觉的某些模仿，承担着执行操作过程中所需要的微观判断的任务，在控制机器人操作细微变化时十分有用。触觉传感器能感知被接触物体的特征以及传感器接触外界物体后的自身状况，如是否握牢对象物体或对象物体在传感器的什么位置。

机器人触觉传感器分为简单的接触传感器和复杂的触觉传感器两大类。简单的接触传感器只能探测与

图7-25　拥有触觉的机器人仿生手臂

周围物体是否接触，一般用单个开关型传感器即可；复杂的触觉传感器不仅能够探测是否与周围物体有接触，而且能够感知被探测物体的外部轮廓，它所用的是阵列式传感器。当接触力作用时，这些传感器以通断方式输出高低电平，实现传感器对被接触物体的感知。

广义上说，机器人的触觉可分为接触觉、压觉、力觉、滑觉等几种。

1. 接触觉传感器

接触觉传感器用来检测机器人的某些部位与外界物体接触与否，例如，感受是否抓住零件、是否接触地面等。如图7-26所示为几种典型的接触觉传感器的结构。图7-26a为金属圆顶式高密度的接触觉传感器，图7-26b为能进行高灵敏度封装的接触觉传感器，图7-26c为采用斯坦福大学研制的导电橡胶制成的接触觉传感器，图7-26d采用的是导电橡胶制成的细

丝结构的接触觉传感器。

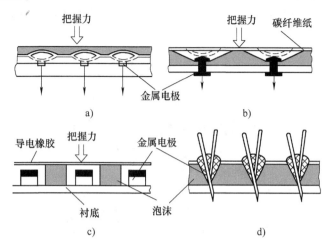

图 7-26　接触觉传感器的几种典型结构

2. 压觉传感器

压觉传感器用来检测机器人手指握持面上承受的压力大小和分布。压觉传感器应做到小型、轻便、响应快、阵列密度高、再现性好、可靠性高等。压觉传感器的敏感材料可由各类压敏材料制成，常用的有压敏导电橡胶或塑料、碳素纤维、感应高分子等。

目前，压觉传感器主要有以下几种。

（1）压阻效应式压觉传感器。

利用某些材料的内阻随压力变化而变化的压阻效应制成的压阻器件，将它们密集配置成阵列，即可检测压力的分布。如压敏导电橡胶或塑料等。

（2）压电效应式压觉传感器。

利用某些材料在压力的作用下，其相应表面上会产生电荷的压电效应制成的压电器件，如压电晶体等，将它们制成类似人类皮肤的压电薄膜，来感知外界的压力。其优点是耐腐蚀、频带宽和灵敏度高等，但缺点是无直流响应，不能直接检测静态信号。

（3）集成压敏压觉传感器。

利用半导体力敏器件与信号电路构成集成压敏压觉传感器。它常用的有三种：压电型（如 ZnO/Si-IC）、电阻型 SIR（硅集成电阻型）和电容型 SIC（硅集成电容型）。其优点是体积小、成本低、便于与计算机连用，缺点是耐压负载小、不柔软。

（4）利用压磁传感器、扫描电路、针式差动变压器式触觉传感器构成的压觉传感器。

其中压磁传感器具有较强的过载能力，但体积较大。

图 7-27 所示是利用半导体技术制成的高密度智能压觉传感器，它是一种很有发展前途的压觉传感器。其中传感器件以压阻式与电容式居多。虽然压阻式器件比电容式器件的线性好，封装也简单，但是其力灵敏度要比电容式器件小一个数量级，温度灵敏度比电容式器件大一个数量级。因此电容式压觉传感器，特别是硅电容式压觉传感器已得到广泛的应用。

3. 力觉传感器

力觉传感器是用来检测机器人的手臂和手腕所产生的力或其所受反力的传感器。手臂部分和手腕部分的力觉传感器，可用于控制机器人手所产生的力，在进行费力的工作中以及限制性作业、协调作业等方面是有效的，特别是在镶嵌类的装配工作中，它是一种特别重要的传感器。

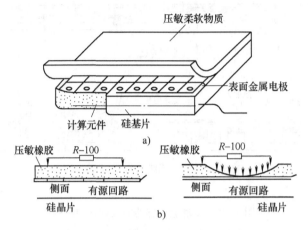

图 7-27　半导体高密度智能压觉传感器

力觉传感器的元器件大多使用半导体应变片。将这种传感器件安装于弹性结构的被检测处，就可以直接或通过计算机检测具有多维的力和力矩。

检测机器人手指力的方法一般是从螺旋弹簧的应变量推算出来的。在图 7-28a 所示的结构中，由脉冲电动机通过螺旋弹簧去驱动机器人的手指。所检测出的螺旋弹簧的转角与脉冲电动机转角之差即为变形量，从而也就可以知道手指所产生的力。可以控制这种手指，令其完成搬运一类的工作。手指部分的应变片，是一种控制力量大小的元器件。对于以精密镶嵌为代表的装配操作，就必须检测出手腕部分的力并进行反馈，以控制手臂和手腕。图 7-28b 所示是装配机器人腕力传感器的结构示意图。这种手腕是具有弹性的，通过应变片而构成力觉传感器，从这些传感器的信号，就可以推算出力的大小和方向。

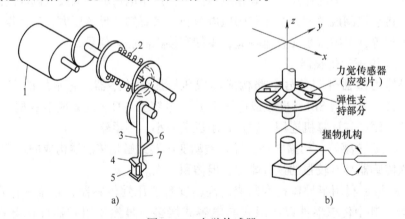

图 7-28　力觉传感器

a）脉冲电动机的指力传感器　b）装配机器人腕力传感器

1—脉冲电动机　2—螺旋弹簧　3—手指　4—指尖　5—接触滚柱　6—指托　7—应变片

4. 滑觉传感器

滑觉传感器是用来检测在垂直于握持方向的物体的位移、旋转和由重力引起的变形，以达到修正受力值，防止滑动，进行多层次作业，测量物体重量和表面特性等目的。

实际上，滑觉传感器是用于检测物体接触面之间相对运动大小和方向的传感器，也就是用于检测物体的滑动。例如，利用滑觉传感器判断机械手是否握住物体，以及应该使用多大的力等。当手指夹住物体，做把它举起交给对方、加速、减速运动的动作时，物体有可能在垂直于所加握力方向的平面内移动，即物体在机器人手中产生滑动，为了能安全正确地工作，滑动的检测和握力的控制就显得十分重要。常见的滑动检测方法如下：

（1）将滑动转换为滚珠或滚柱的旋转。

（2）用压敏元件和触针，检测滑动时的微小振动。

（3）检测出即将发生滑动时手爪部分的变形和压力，通过手爪载荷检测器进行检测，从而推断出滑动的大小等。

如图 7-29a 所示为滚珠式滑动传感器。图中的滚球表面是导体和绝缘体配置成的网眼，从物体的接触点可以获取断续的脉冲信号，它能检测全方位的滑动。

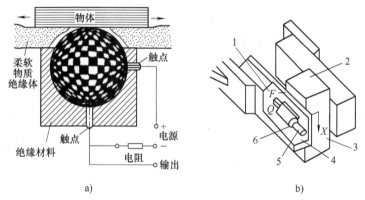

图 7-29 滑觉传感器

a）滚珠式滑动传感器 b）滚柱式滑动传感器

1—握持力 2—被握物体 3—滑动位移 4—手爪 5—弹簧片 6—滚柱

滚柱式滑动传感器是常用的一种滑觉传感器，图 7-29b 所示是它的结构原理图。由图可知，当手爪中的物体滑动时，将使滚柱旋转，滚柱带动安装在其中的光电传感器和缝隙圆板而产生脉冲信号。这些信号通过计数电路和 D-A 转换器转换为模拟电压信号，再通过反馈系统，构成闭环控制，不断修正握力，达到消除滑动的目的。

7.3.4 接近觉传感器

拥有接近觉的焊接机器人如图 7-30 所示，接近觉是机器人能感知相距几毫米到几十厘米内对象物、障碍物及对象物表面性质的传感器。其目的是在接触对象前得到必要的信息，以便后续动作。这种感觉是非接触的，实质上可以认为是介于触觉与视觉之间的感觉。接近觉为机器人的后续动作提供必要的信息，供机器人决定是以什么样的速度逼近对象物体，以及逼近或避让的路径。常见的接近觉传感器有电磁式、光电式、电容式、气动式、超声式、红外线、微波式等。

接近觉传感器的检测有以下几种方法：

（1）触针法。检测出安装于机器人手前端触针的位移。

（2）电磁感应法。根据金属对象物体表面上的涡流效应，检测出阻抗的变化，进而测出线圈电压的变化。

（3）光学法。通过光的照射，检测出反射光的变化、反射时间等。

（4）气压法。根据喷嘴与对象物体表面之间间隙的变化，检测出压力的变化。

（5）超声波、微波法。检测出反射波的滞后时间、相位偏移。

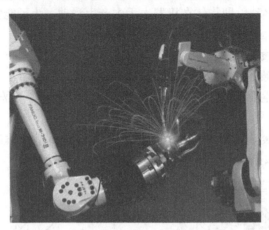

图7-30 拥有接近觉的焊接机器人

以金属表面为对象的焊接机器人大多采用电磁感应法，如图7-31a所示为利用涡流原理的接近觉传感器的原理图。在励磁线圈中有高频电流通过，用连接成差动结构的测量线圈可测出由涡流引起的磁通变化。这种传感器具有优良的温度特性和抗干扰能力强等特点。当温度在200℃以下时，其测量范围为0~8mm，精度为4%以下。

在处理一般物体的情况下，当有必要将敏感头小型化时，可采用光学法，如图7-31b所示。它是利用光电二极管的接近觉传感器将发光元件和感光元件的光轴相交而构成的传感器。反射光量（接收信号的强弱）表示了某一距离的点（光轴的交点）的峰值特性。利用这种特性的线性部分来测定距离，测出峰值点就可确定物体的位置。

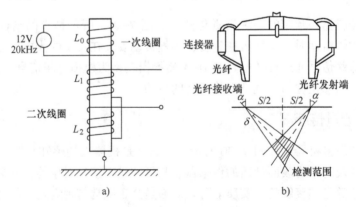

图7-31 接近觉传感器

a）电感式接近觉传感器 b）反射光式接近觉传感器

7.3.5 听觉传感器

听觉也是机器人的重要感觉器官之一。由于计算机技术语音学的发展，现在已经实现用机器人代替人耳，通过语音处理及识别技术识别讲话内容，能正确理解一些简单的语句，拥有听觉的机器人如图 7-32 所示。然而，由于人类的语言是非常复杂的，无论何种语言，其词汇量都非常大，即使是同一个人，他的发音也随着环境及其身体状况有所变化，因此，要使机器人的听觉具有接近人耳的功能还相去甚远。

机器人由听觉传感器实现"人-机"对话。一台高级的机器人不仅能听懂人的讲话，而且能讲出人能够听懂的语言，赋予机器人这些智慧与技术的手段统称语言处理技术，前者为语音识别技术，后者为语音合成技术。

图 7-32　拥有听觉的机器人

具有语音识别功能，能检测出声音或声波的传感器称为听觉传感器，通常用话筒等振动检测器作为检测元件。机器人听觉系统中的听觉传感器的基本形态与传声器相同，所以在声音的输入端问题较少，其工作原理多利用压电效应、磁电效应等技术。

语音识别分为特定语音识别和自然语音识别两种类型。特定语音识别是预先提取特定讲话者发音的单词或音节的各种特征参数并记录在存储器中，要识别的声音与之相比较，从而确定讲话者的信息，该项技术目前已进入了实用阶段。自然语音识别比特定语音识别要困难得多，该项技术尚在研究阶段。

特定语音识别大规模集成电路已经商品化，其代表型号有 TMS320C25FNL、TMS320C25GBL、TMS320C30GBL 和 TMS320C50PQ 等，采用这些芯片构成的听觉传感器控制系统如图 7-33 所示。这类听觉传感器，可以有效地用于控制机器人如何进行操作，从而构成语音控制型机器人，现在正在研制可确认声音合成系统的指令以及可与操作员对话的机器人。

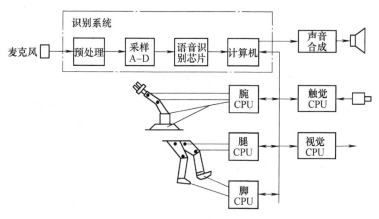

图 7-33　特定语音识别听觉传感器系统结构图

7.3.6　感觉传感器

感觉传感器的功能是部分或全部地再现人的视觉、触觉、听觉、冷热觉、病觉（异觉）、嗅觉、味觉等感觉。拥有感觉传感器的机器人如图 7-34 所示。这类传感器的基本原理是建立在前面各种传感器的基本原理基础之上的，但也有其特殊性。

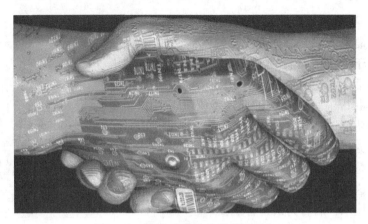

图 7-34 拥有感觉传感器的机器人

（1）冷热觉传感器用来检测对象物体的温度或导热率以确定对象物体的温度特性。

（2）嗅觉和味觉传感器统称为化学感觉传感器，它的功能是确定对象物体的酸、甜、苦、咸及芳香的程度，以确定对象物体的化学特性。所以这类传感器均以前面的传感器为基础，在工艺和结构上做适当的改进而制成。

嗅觉传感器主要采用气体传感器、射线传感器来检测空气中的化学成分及其浓度等，因此在恶劣环境下检测放射线、可燃气体及有毒气体的传感器是很重要的，这对于我们了解环境污染、预防火灾和毒气泄漏报警等具有重大的意义。

通过研究人的味觉可以看出，在发展离子传感器与生物传感器的基础上，可配合微型计算机进行信息的组合来识别各种味道。通常味觉是对液体进行化学成分的分析。实用的味觉方法有 pH 计法、化学分析器法等。一般味觉传感器可探测溶于水中的物质，嗅觉传感器探测气体状的物质，一般情况下，探测化学物质时嗅觉传感器比味觉传感器更敏感。

【应用案例】

案例 1　压力传感器在喷涂机器人上的应用

喷涂机器人又称为喷漆机器人，是可进行自动喷漆或喷涂其他涂料的工业机器人，如图 7-35 所示。喷漆机器人主要由机器人本体、计算机和相应的控制系统组成，机体多采用 5 或 6 自由度关节式结构，手臂有较大的运动空间，并可做复杂的轨迹运动，其腕部一般有 2~3 个自由度，可灵活运动，完成各种复杂的喷涂工作。喷漆机器人一般采用液压驱动，具有动作速度快、防爆性能好等特点。由于喷漆机器人相对人工喷漆来说具有效率高、效果好、利用率高等优点，因此被广泛应用于汽车、仪表、电器、搪瓷等工艺生产部门。

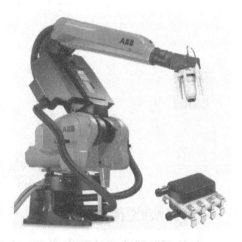

图 7-35　喷涂机器人

由于喷漆机器人在工作过程中几乎是全自动的，因此需要事先进行相关参数的设定，并通过控制设备对工作过程进行测量和监控，以便根据实际情况进行调节，确保其始终处于最佳的喷涂状态。其中最重要的是利用压力传感器对喷漆时的压力进行测量，喷口气体压力的大小直接影响喷涂的质量，若压力过小，会导致原料浪费且容易因过喷导致漆料横流而破坏喷漆图案。若压力过大，同样会因为喷漆飞溅而产生浪费，在近距离查看时，喷涂表面会有很强的颗粒感，影响喷涂效果的美观。通过压力传感器对喷口的气体压力实时测量，并将测量数据发送给控制系统，通过与系统预设值进行比较进而判断压力过大或过小，并以此对压力大小进行调节，使压力一直处于合适的范围内。这样，通过对压力的控制和调节，既节省了原料又提高了利用率，也使得喷涂的质量得到了保证。

案例 2　倾角传感器在管道检测机器人中的应用

管道检测机器人如图 7-36 所示，是能够在外部人员的操作和控制下，沿着管道内部行走并完成相关作业任务的自动设备，主要用于对城市地下错综复杂的各类管道进行综合管理及故障排查，以便于更好地维护地下管路，保证城市生活的正常进行。由于地下管道分布情况千变万化，为保证管道机器人能顺利完成检测工作，需要对其行走时的状态加以监控。其中，最重要的是利用倾角传感器对管道机器人水平角度的测量。

图 7-36　管道检测机器人

对于目前大多数采用轮式驱动的管道机器人来说，行驶过程中水平角度直接影响其稳定状态，进而决定工作的成败。由于地下管道内部是一个弧面，甚至有可能遇到上升或下降的情况，因此在管道机器人行驶时，比较容易发生倾斜，当倾斜角度过大时就会导致侧翻，从而影响机器人执行任务的进度。为防止此类情况的发生，可以采用倾角传感器对其运动时的水平角度进行测量，以便操作人员实时了解当前的水平状态。当管道机器人的倾斜角度过大时，控制人员可以及时对机器人的行走路线加以调整，以使其回到安全的行走状态。

【技能提升】

7.3.7　机器人的应用领域

随着机器人技术的迅猛发展，越来越多的机器人已经应用在表演、竞技、交谈、迎宾、家庭、保洁、医疗、救助、反恐、侦查、攻击、焊接、搬运等领域。未来机器人将朝着更加智能、服务、类人化的方向发展。图 7-37 所示为机器人的典型应用领域实例。

a)

b)

c)

d)

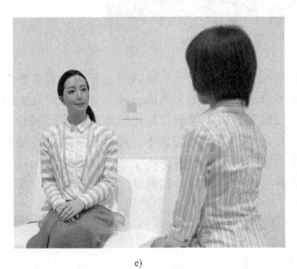

e)

f)

图 7-37　机器人的典型应用领域

a）表演机器人　b）骑车机器人　c）踢球机器人　d）运动机器人

e）交谈机器人　f）迎宾机器人

图7-37　机器人的典型应用领域（续）

g）家庭机器人　h）保洁机器人　i）医疗机器人　j）救助机器人

k）爬壁机器人　l）侦察机器人

m)   n)

o)   p)

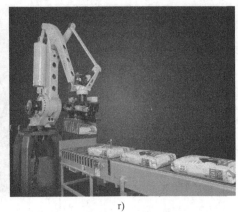

q)   r)

图7-37 机器人的典型应用领域（续）

m）搏击机器人 n）攻击型无人机 o）反恐机器人

p）排爆机器人 q）焊接机器人 r）搬运机器人

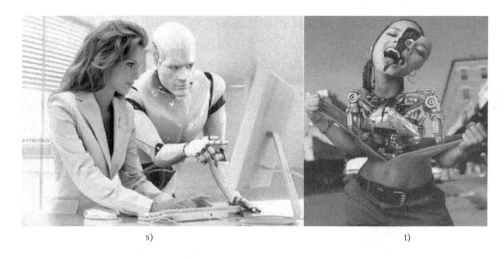

图 7-37　机器人的典型应用领域（续）

s）未来智能机器人　t）未来类人机器人

【巩固与拓展】

自测：

（1）机器人主要有哪些种类？

（2）机器人传感器的工作原理是什么？主要用途是什么？

拓展：

泳池清洁机器人是能够在水下自主完成池底清洁工作的自动设备，如图 7-38 所示。它能够帮助人们轻松地实现泳池底部日常垃圾和污垢的清理。要能够实现水下自主清理功能，机器人除了要有很好的防水性能外，还要有一双能够识路的"双眼"，而这双眼睛便是其自身的路径导航系统。试分析泳池清洁机器人用到的传感器类型和工作原理。

图 7-38　泳池清洁机器人

任务7.4　技能实训——智能移动小车中的传感器

【任务描述】

智能移动小车（见图 7-39）是典型的机电一体化智能产品，是智能机器人在小车方面的体现。

智能移动机器人运动时要求在复杂环境中选取最优路径的同时还要避开障碍物。该机器人避障的关键问题之一是在运动过程中如何利用传感器对环境的感知，首要是快速理解周围的环境情况，并将其转化为控制命令，来确保机器人在移向给定目标位置处时能够稳定、安全地避开所有阻碍前行的物体。传感器在机器人运动规划过程中主要为系统提供两种信息：机器人附近障碍物的存在信息、障碍物与机器人之间的距离信息。

目前常用于探测环境障碍物信息的传感器有：CCD 传感器、超声波传感器、红外传感器、激光测距仪等。从经济角度考虑，普遍采用的是超声波传感器和红外传感器两种。超声波传感器自身具有一定的局限性，如盲区、镜面反射、虚假目标等。在移动机器人环境感知系统中，往往会安装一些红外传感器作为补充。红外传感器的探测距离比较短，通常被用作近距离障碍物的识别，多用于机器人的紧急避障。

本任务基于对智能移动小车的检测控制要求，进行一种基于多传感器的自主移动机器人在多障碍物环境中的智能避障设计。利用四探头一体防水超声波传感器和红外传感器为有效的环境感知提供障碍物的距离值，采用主控芯片 STM32F407 处理多传感器获取的距离值，并将控制指令输入到执行单元。通过其主控制电路、各个传感器接口的设计来实现移动机器人避障控制系统的硬件设计。

a) b)

图 7-39 智能移动小车示意图

a）双轮差速驱动智能小车 b）四轮驱动智能小车

【任务分析】

智能移动机器人运动单元通常由安置在底座的万向轮和底座后左、右方的两个驱动轮构成。实际运行轨迹是由安置在底座后左、右方的驱动轮采用差速进行控制的。

当机器人按照指令向给定位置处运行时，根据检测到的物体间距，分别选择红外传感器和四探头一体超声波传感器进行检测，并把相应的距离信息传送到 STM32F407 主控电路，控制电路对传送过来的数据信息进行分析，通过机器人专用轮毂电动机控制机器人左、右轮的转速以及运行姿态，进而使机器人在其活动范围内躲避阻碍物体。

设计时采用四探头一体超声波传感器的 4 个探头和 3 个红外传感器来勘查周围阻碍机器人前行的不同物体的距离情况，并测出机器人的中心到各个物体的间距值。将采集到的障碍物距离信息输送到主控电路去支配机器人的左、右轮的转速，从而完成机器人精准避开障碍物的任务。

【任务实施】

7.4.1 控制器系统硬件设计

控制器系统硬件组成结构如图 7-40 所示，主要由主控模块、执行模块、信息采集模块组成。执行模块包括电动机和电动机驱动单元。信息采集模块采用超声波测距和红外测距的组合。

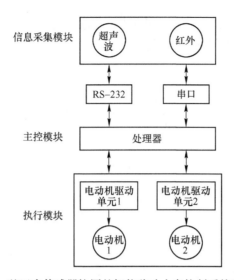

图 7-40 基于多传感器协同的智能移动小车控制系统组成框图

1. 主控模块电路设计

主控模块能完成对各种信息数据的处理，主控芯片选用 STM32F407，为更多传感器的使用提供了丰富的 I/O 接口，有通用同步/异步收发器（USART）、A-D 转换器（分辨率为 12 位，转换时间为 1 μs，有 24 个测试通道）等。主控电路板如图 7-41 所示。

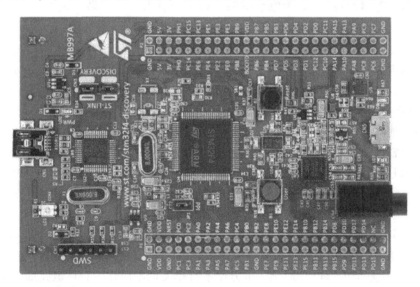

图 7-41 主控电路板

2. 电源模块

电源电路系统设计如图 7-42 所示，智能小车各模块由+12 V 电池供电，电动机驱动器的工作电压是+12 V，主控芯片的工作电压是+5 V。由于各模块的工作电压不同，因此采用+12 V 转+5 V 的电压转换模块，实现对整个系统的同时供电。控制系统使用的 12 V 电源电压先通过 LM2596 芯片，再通过稳压二极管 1N5822 和 LC 电路（滤波作用）将电压稳定控制在 5 V。通过连接在引脚 4 上的电位器，利用串联分压原理改变输出电压的大小，调节电位器使其输出电压为+5 V。因主控芯片 STM32F407VET6 的工作电压是 3.3 V，因此需要通过 REG1117-3.3 稳压芯片将电压降低到 3.3 V 来保证其运行。

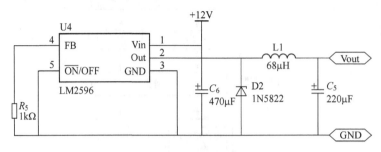

图7-42 电源电路硬件原理图

3. 电动机驱动单元

采用意法半导体公司的专用电动机驱动芯片 L293D 驱动小车左、右轮的直流电动机。该芯片可提供 600 mA 驱动电流，为每个电动机提供 1.2 A 的脉冲电流。宽电压范围为 4.5~36 V，热耗少，内部 ESD（静电释放）保护，抗噪性能好。L293D 引脚排列如图 7-43 所示。

L293D 为四通道输出，可用于控制 2 个电动机，其中 Vcc_1、Vcc_2 端口为电源输入端，Vcc_1 为芯片工作电源输入端，Vcc_2 为电动机的工作电源输入端，最高可达 36 V，设计时采用电动机标准值供电。其余引脚均为控制信号输入端，配合控制 2 个电动机的各种工作状态，如正转、反转、刹车和停止。其中 EN1 和 EN2、1 A、2 A 端口配合控制一个电动机，另外 3 个端口配合控制另外一个电动机。实际使用中与主控制器输出信号连接，当引脚输入为高电平状态时，其控制的电动机处于运行状态，反之则处于停止状态。引脚 1Y、2Y、3Y、4Y 为电动机控制输出端，其中 1Y、2Y 两路用于控制一个电动机的动作，另两个端口用于控制另外一个电动机的动作。

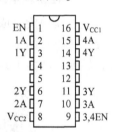

图7-43 L293D
引脚排列

当 EN1 和 EN2 端输入为低电平时，电动机工作状态为停止，只有 EN1 和 EN2 端输入为高电平时，电动机才能工作在正转、反转、制动状态。而控制端 1 A 和 2 A 输入电平为反相时，电动机才能转动。两端口输入电平同相时，电动机工作在制动状态下，这种状态相当于电动机停止状态。故为了减少控制端的输入，可将 1 A 和 2 A 的状态设置为始终反相，使电动机工作在转动模式，而电动机停转可直接控制 EN 端输入为低电平。故在电路设计中，在主控制器的通用I/O端口与 L293D 控制端之间添加两个反相器，从而可使用单个 I/O 端口控制电动机实现转向改变。这样使整个电路设计简化，也方便进行相关程序设计。具体电路如图 7-44 所示。

电动机采用带编码器的直流电动机，编码器自带霍尔传感器，电动机旋转一周，在信号反馈端输出 11 个脉冲信号，根据单位时间内输出的脉冲个数就可以测得电动机转速。编码器电动机外形如图 7-45 所示。

4. 超声波测距传感器

超声波测量的优点是：超声波对外界光照和电磁场不敏感，不受光、电磁波以及粉尘等外界因素影响；超声波一般对被测目标无损害；超声波传播速度在相当大范围内与频率无关。超声波模块通过串口与单片机通信，发送特定的数据包。超声波模块如图 7-46 所示，有两对电气端口，一对 5 V 电源端口，一对触发信号输入（TRIG 口）和回响信号输出（ECHO 口）。

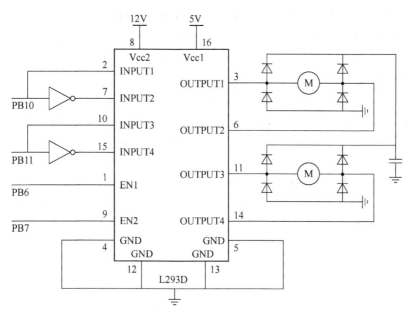

图 7-44　电动机驱动板电路图

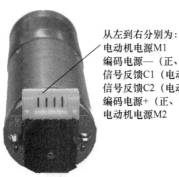

从左到右分别为:
电动机电源M1
编码电源—(正、负极不可接错)
信号反馈C1(电动机转子转1圈反馈11个信号)
信号反馈C2(电动机转子转1圈反馈11个信号)
编码电源+(正、负极不可接错)
电动机电源M2

图 7-45　编码器电动机外形图

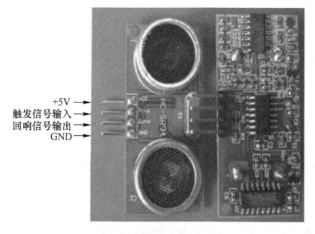

+5V →
触发信号输入 →
回响信号输出 →
GND →

图 7-46　超声波模块

通过 TRIG 口触发测距时，触发信号输入端需要至少 10 μs 的高电平信号，能够自动产生并发送 8 个频率为 40 kHz 的方波信号，同时自动检测返回信号。当有信号返回时，通过 ECHO 口输出一个高电平，最后的距离测量数据取决于 ECHO 口输出高电平的持续时间，即超声波从发射到返回的时间。测试距离的计算公式是：测试距离=（高电平时间×声速）/2。

检测发射至收到回波的时间间隔来计算出对应距离值的渡越时间检测法也是超声波测距原理之一。设计时选用的四探头一体防水超声波传感器，测量距离为 0.3~2.5 m，工作频率为 40 kHz，此频率在空气中传播效率最佳。该传感器具备开机自动探测障碍物、抗电磁能力强、精确数字显示障碍物距离等特点。

超声波传感器与主控芯片的接口电路如图 7-47 所示。选用 RS-232 与主控芯片的通信方式，经 RS-232 转 TTL 电路后把 TX1、RX1 与主控芯片 STM32F407 的 PA9、PA10 引脚进行接线，实现障碍物距离值的处理，其中 RS-232 转 TTL 电路图如图 7-48 所示。

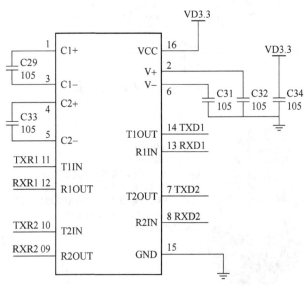

图 7-47　四探头一体超声波传感器与主控芯片接口电路图

5. 红外测距传感器

红外测距传感器基于周边环境中各物体与传感器之间间距值不同而导致反射强度的不同来进行测距的。对背景光和温度的适应能力比较强，价格实惠。传感器在不同表面上的响应也不同。该方案中选用的红外测距传感器型号为夏普公司的 SHARP GP2Y0A02，可用于对机器人的测距、避障以及高级路径规划，其外形图如图 7-49 所示，测量距离为 20~150 cm，传感器输出模拟电压和反射物间距特性如图 7-50 所示，红外测距传感器与主控芯片的接口电路如图 7-51 所示。输出值经过 A-D 电路转换为对

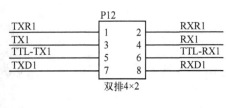

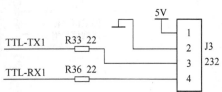

图 7-48　RS-232 转 TTL 电路图

应的实际障碍物距离数值，与主控芯片 STM32F407 的 PA7 引脚进行接线，实现障碍物距离值的处理。

图 7-49　红外测距传感器外形图

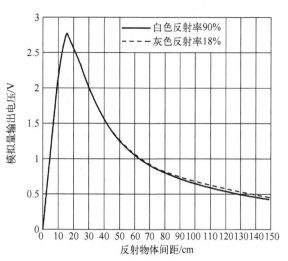

图 7-50　红外测距传感器的输出特性

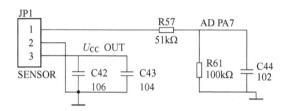

图 7-51　红外测距传感器的接口电路图

7.4.2　控制器系统软件设计

1. 移动避障控制策略

避障流程是通过传感器发射红外线采集信息，检测器将采集到的信息进行处理，处理后的信息发送至主控制器，再按照程序指令将后续命令发送至电动机驱动电路。

移动机器人从起点至指定目标点的过程中，本体安装的多传感器会自主发出检测障碍物的信号，当检测到障碍物和机器人之间的距离在规定范围之内时，要对不同传感器检测的障碍物距离值分别进行处理，把所有的信息都发送到主控制器，根据控制规则发出执行命令，驱动轮毂电动机使其调整运行姿态的同时准确避开障碍物。整个过程中需要反复判断是否避开了阻碍前行的物体，以及是否到了给定目标处，图 7-52 所示为完成以上动作的流程。3 个红外传感器，分别安装在小车前端的左侧、右侧、中间，用来判断障碍物的不同情况并做出不同的动作：3 个传感器都没有检测到障碍物，直行；左侧传感器发现有障碍物，与左侧和中间都发现有障碍物时情况相同，执行右转后直行的命令；右侧传感器发现障碍物，与右侧和中间都发现障碍物时情况相同，执行左转后直行的命令；左右两侧传感器都检测到障碍物而中间没有障碍物时，直行；3 个传感器都发现障碍物时，后退、右转、直行。

2. 串口接收及中断程序

主控芯片 STM32F407VET6 接收到串口传送的数据信号后，将其存入 Res 变量中，再利用设计好的分支程序进行选择，执行不同功能，包括控制移动平台智能小车的前进、后退、左转、右转和停止等运动状态。如图7-53所示是该系统程序流程图。

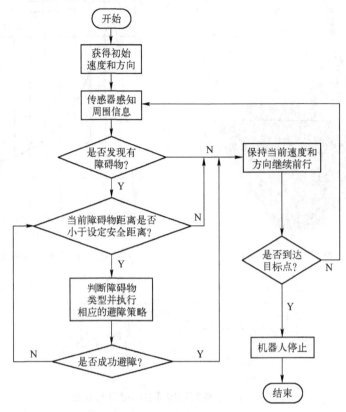

图7-52 机器人避障的程序流程图

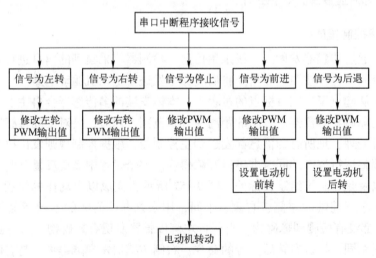

图7-53 串口接收程序流程图

利用USART2串口中断，可实现控制板与定位模块（标签）数据的传输，获取定位信息。如图7-54所示为串口USART2发生中断时的步骤流程图。

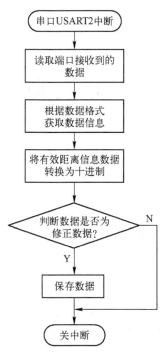

图 7-54 串口中断程序

【项目小结】

本项目引入现代检测技术中应用较多的新型传感器，介绍了 RFID 在物流自动化领域的应用、图像传感器在机器视觉自动化检测中的应用及多传感器在机器人中的应用。在技能实训环节，介绍了传感器在智能移动小车避障中的应用。

参 考 文 献

[1] 金发庆. 传感器技术与应用 [M]. 4 版. 北京：机械工业出版社，2019.

[2] 高晓蓉. 传感器技术 [M]. 成都：西南交通大学出版社，2003.

[3] 梁森，王侃夫，黄杭美. 自动检测与转换技术 [M]. 4 版. 北京：机械工业出版社，2019.

[4] 汤小华. 传感器应用技术 [M]. 上海：上海交通大学出版社，2013.

[5] 张永花，龙志文. 传感器技术 [M]. 上海：华东师范大学出版社，2014.

[6] 贾海瀛. 传感器技术与应用 [M]. 北京：清华大学出版社，2011.

[7] 王煜东. 传感器技术与应用 [M]. 3 版. 北京：机械工业出版社，2017.

[8] 张玉莲. 传感器与自动检测技术 [M]. 2 版. 北京：机械工业出版社，2020.

[9] 工业自动化仪表与系统手册编委会. 工业自动化仪表与系统手册 [M]. 北京：中国电力出版社，2008.

[10] 陈建元. 传感器技术 [M]. 北京：机械工业出版社，2008.

[11] 王庆有. 光电传感器应用技术 [M]. 2 版. 北京：机械工业出版社，2020.

[12] 胡向东，刘京诚，余成波，等. 传感器与检测技术 [M]. 4 版. 北京：机械工业出版社，2021.

[13] 单振清，宋雪臣，田青松. 传感器与检测技术应用 [M]. 北京：北京理工大学出版社，2013.

[14] 周小益. 检测技术及应用 [M]. 哈尔滨：哈尔滨工业大学出版社，2012.

[15] 王健婷. 传感器应用技术 [M]. 北京：中国劳动社会保障出版社，2012.

[16] 秦志强，谭立新，刘遥生. 现代传感器技术及应用 [M]. 北京：电子工业出版社，2010.

[17] 武昌俊. 自动检测技术及应用 [M]. 3 版. 北京：机械工业出版社，2017.

[18] 于彤. 传感器原理及应用 [M]. 3 版. 北京：机械工业出版社，2019.

[19] 王元庆. 新型传感器及其应用 [M]. 北京：机械工业出版社，2002.